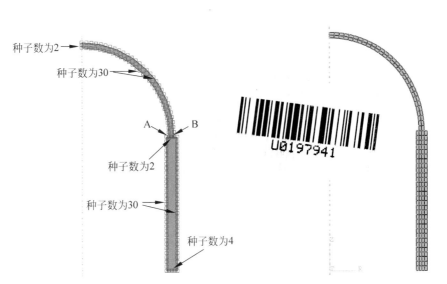

种子数为2

种子数为30

A   B

种子数为2

种子数为30

种子数为4

图 3-4　各边所布种子数　　　　　　图 3-5　实例 vessel-1 的网格模型

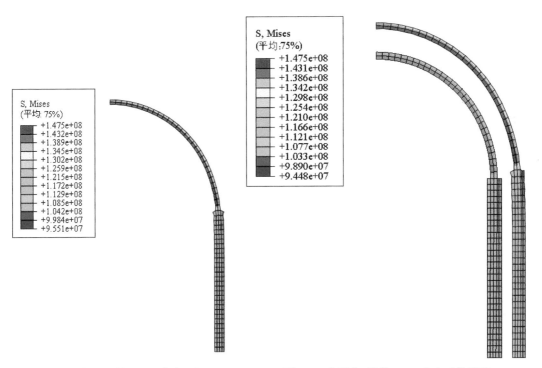

S, Mises
(平均: 75%)
+1.475e+08
+1.432e+08
+1.389e+08
+1.345e+08
+1.302e+08
+1.259e+08
+1.215e+08
+1.172e+08
+1.129e+08
+1.085e+08
+1.042e+08
+9.984e+07
+9.551e+07

S, Mises
(平均:75%)
+1.475e+08
+1.431e+08
+1.386e+08
+1.342e+08
+1.298e+08
+1.254e+08
+1.210e+08
+1.166e+08
+1.121e+08
+1.077e+08
+1.033e+08
+9.890e+07
+9.448e+07

图 3-6　变形后的 Mises 应力云图　　　　图 3-7　变形前、后的 Mises 应力对比云图

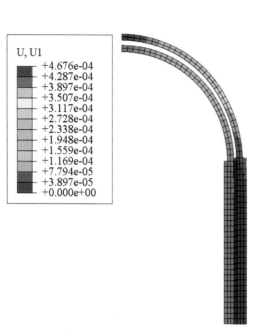

图 3-8　筒体在 X 方向上的变形量对比云图

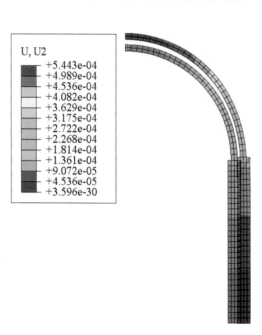

图 3-9　筒体在 Y 方向上的变形量对比云图

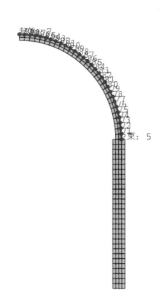

图 3-11　路径 circular 节点图

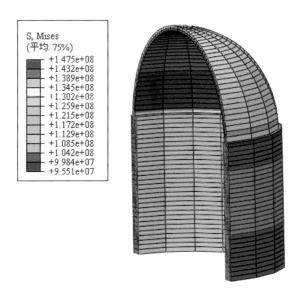

S, Mises
(平均: 75%)
+1.475e+08
+1.432e+08
+1.389e+08
+1.345e+08
+1.302e+08
+1.259e+08
+1.215e+08
+1.172e+08
+1.129e+08
+1.085e+08
+1.042e+08
+9.984e+07
+9.551e+07

图 3-14　扫掠 180°后的 Mises 应力图

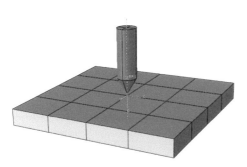

图 4-1　子弹和铝板模型

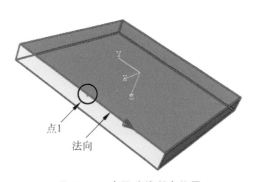

图 4-6　一点及法线所在位置

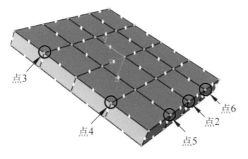

图 4-7　分割平面的点

图 4-8　Display Group-2 的几何元素

图 4-9　最终的装配模型

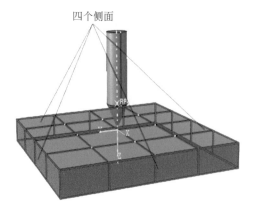

四个侧面

图 4-12　边界条件 BC-1 的作用区域

法线

分割点

顶点

图 4-14　分割点及法线位置

图 4-15　分割后的实例 bullet-1

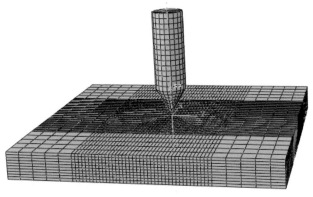

图 4-17　网格模型图

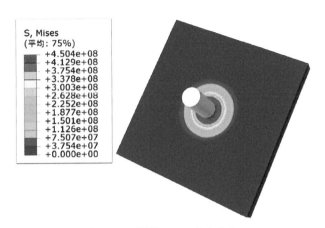

图 4-18　铝板 Mises 应力分布

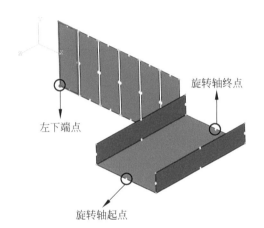

图 5-2　左下端点及旋转轴起点和终点

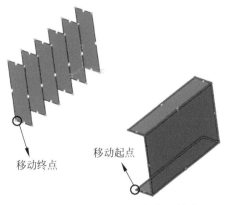

图 5-3　移动 Part-7 的起点及终点

图 5-6　载荷效果图

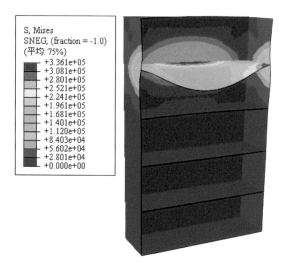

S, Mises
SNEG, (fraction = -1.0)
(平均: 75%)
　+3.361e+05
　+3.081e+05
　+2.801e+05
　+2.521e+05
　+2.241e+05
　+1.961e+05
　+1.681e+05
　+1.401e+05
　+1.120e+05
　+8.403e+04
　+5.602e+04
　+2.801e+04
　+0.000e+00

图 5-7　书架受力变形后的 Mises 应力云图

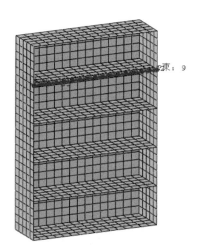

图 5-8　路径 Path-1

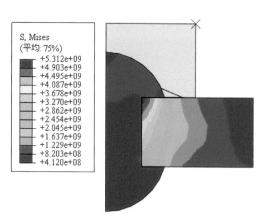

S, Mises
(平均: 75%)
　+5.312e+09
　+4.903e+09
　+4.495e+09
　+4.087e+09
　+3.678e+09
　+3.270e+09
　+2.862e+09
　+2.454e+09
　+2.045e+09
　+1.637e+09
　+1.229e+09
　+8.203e+08
　+4.120e+08

图 6-13　变形后的 Mises 应力云图

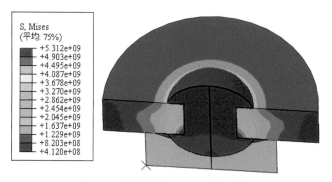

S, Mises
(平均: 75%)
　+5.312e+09
　+4.903e+09
　+4.495e+09
　+4.087e+09
　+3.678e+09
　+3.270e+09
　+2.862e+09
　+2.454e+09
　+2.045e+09
　+1.637e+09
　+1.229e+09
　+8.203e+08
　+4.120e+08

图 6-14　等效三维 Mises 应力云图

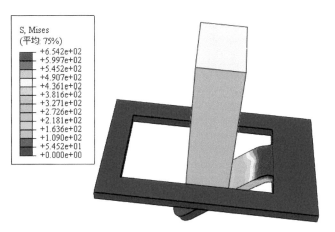

图 7-11　Mises 应力云图

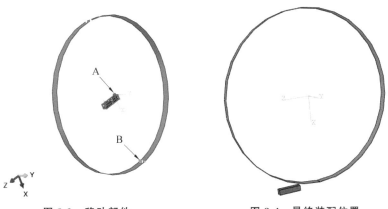

图 8-3　移动部件　　　　　　　　图 8-4　最终装配位置

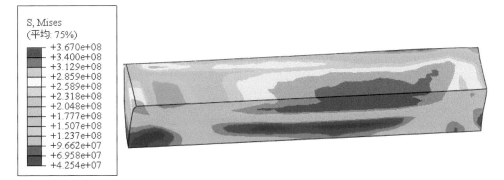

图 8-9　Mises 应力云图

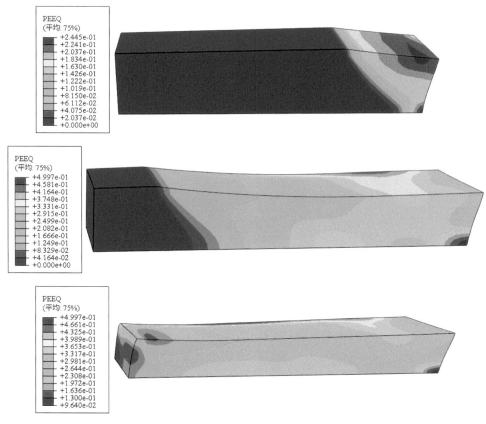

图 8-10 不同时刻板材的塑性变形情况

图 8-11 Path-1 路径

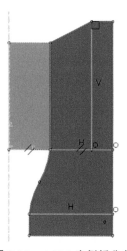

图 9-14 rigid-1 实例拆分草图

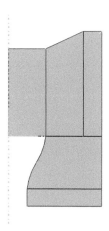

图 9-15　完成网格控制属性设置的装配体

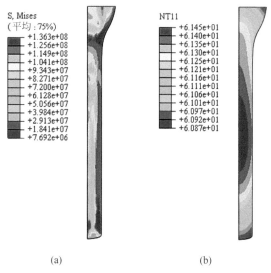

(a)　　　　　　　　　　　　(b)

图 9-16　铝棒挤压变形后的 Mises 应力及冷却完成后的节点温度云图

图 10-1　辊轮模型图

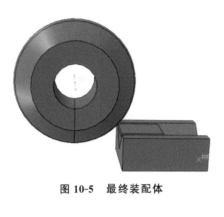

图 10-5 最终装配体

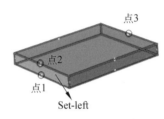

图 10-8 平板拆分示意图

图 10-10 装配体单元种子分布

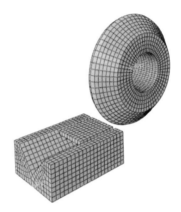

图 10-11 装配体网格模型

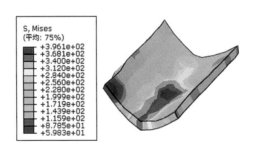

图 10-12 辊压完成后平板的 Mises 应力

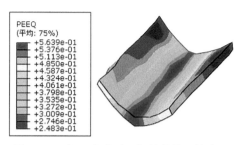

图 10-13　辊压完成后平板的等效塑性应变

图 11-1　弯曲模具示意图

图 11-10　压管圆柱面的 twopoint 集合

图 11-11　实例 pipe-1 的 pipefront 表面集合

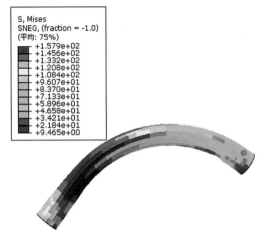

图 11-14　铝管变形后的 Mises 应力云图

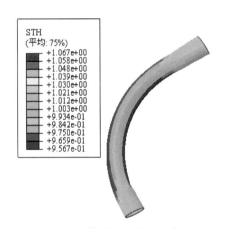

图 11-15　铝管成形后厚度分布云图

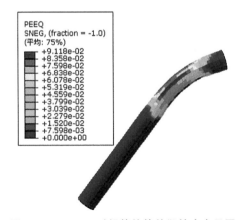

图 11-17　0.045s 时铝管的等效塑性应变云图

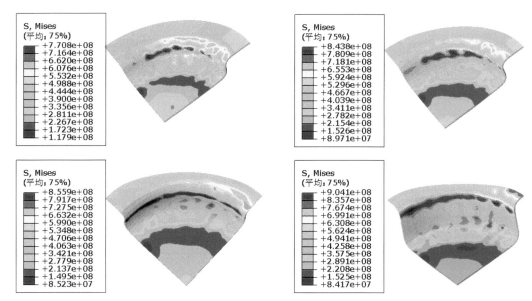

图 12-9　不同时刻平板的应力云图

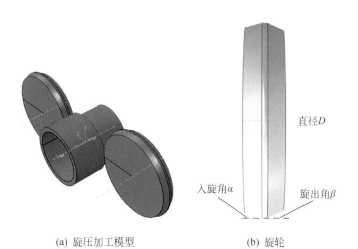

(a) 旋压加工模型　　　　　(b) 旋轮

图 13-1　施压加工示意图

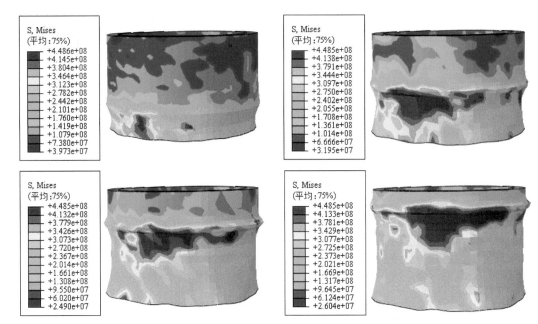

图 13-14　不同时刻毛坯的 Mises 应力云图

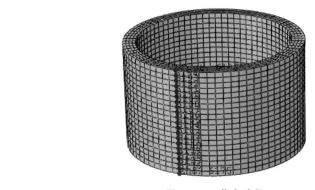

图 13-15　节点路径

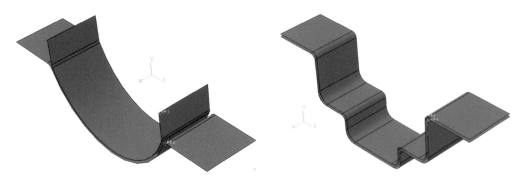

图 14-1　两套弯曲模具示意图

图 14-8　平移各实例后装配图

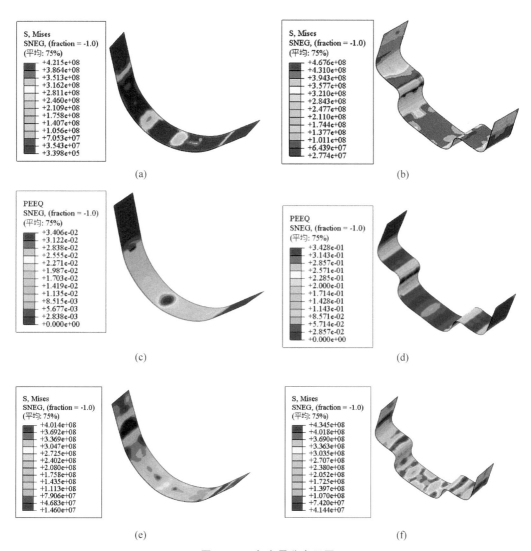

(a)

(b)

(c)

(d)

(e)

(f)

图 14-16　各变量分布云图

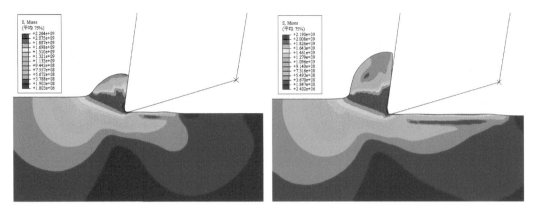

(a) t=0.04s   (b) t=0.08s

图 15-7　实例 Base-1 的 Mises 应力云图

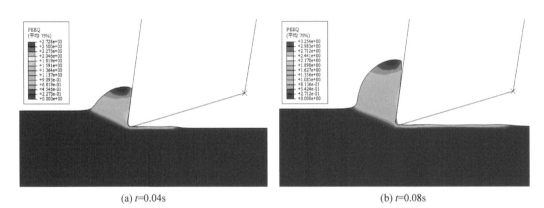

(a) t=0.04s   (b) t=0.08s

图 15-8　实例 Base-1 的等效塑性应变云图

Abaqus 基础
及其在塑性加工中的应用

刘文辉 主编 / 唐建国 陈宇强 刘筱 副主编

清华大学出版社
北京

图书在版编目（CIP）数据

Abaqus基础及其在塑性加工中的应用/刘文辉主编.—北京：清华大学出版社，2020.12（2024.8重印）
ISBN 978-7-302-56985-5

Ⅰ.①A… Ⅱ.①刘… Ⅲ.①金属压力加工－塑性力学－应用软件 Ⅳ.①TG301

中国版本图书馆 CIP 数据核字（2020）第 232791 号

责任编辑：陈凯仁 朱红莲
封面设计：常雪影
责任校对：赵丽敏
责任印制：丛怀宇

出版发行：清华大学出版社
      网 址：https：//www.tup.com.cn，https：//www.wqxuetang.com
      地 址：北京清华大学学研大厦 A 座   **邮 编：**100084
      社 总 机：010-83470000   **邮 购：**010-62786544
      投稿与读者服务：010-62776969，c-service@tup.tsinghua.edu.cn
      质量反馈：010-62772015，zhiliang@tup.tsinghua.edu.cn
印 装 者：涿州市般润文化传播有限公司
经 销：全国新华书店
开 本：185mm×260mm   **印 张：**14   **插 页：**8   **字 数：**359 千字
版 次：2020 年 12 月第 1 版   **印 次：**2024 年 8 月第 3 次印刷
定 价：45.00 元

产品编号：089833-01

前　言

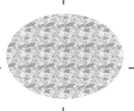

Abaqus 有限元分析软件拥有世界上最大的非线性力学用户群,是国际上最先进的大型通用非线性有限元分析软件之一。它广泛应用于机械、土木、石油化工、冶金、船舶、航空航天、汽车交通、水利水电、国防军工、电子等领域。

本书分为两篇:上篇为 Abaqus 应用基础,主要介绍 Abaqus 功能模块、基本分析过程及应用;下篇为 Abaqus 在塑性加工中的应用,主要运用 Abaqus 软件模拟分析典型塑性加工工艺。

读者对象

本书的学习操作采用中文和英文结合的方法,主要面向 Abaqus 软件的初级和中级用户,对于高级用户也有一定的参考价值。本书可以为理工科机械、材料、力学类师生学习 Abaqus 软件的教材,也可为机械制造、汽车交通、航空航天等领域的工程技术人员和科研工作者的参考书。

随书资源文件

随书提供了本书案例操作的视频资料,供读者在阅读本书时进行操作练习和参考,具体链接见案例后的学习视频网址。

本书作者

本书主要由刘文辉编写,西北工业大学李恒和中南大学唐建国对本书给予了大力支持,陈宇强、唐昌平、刘筱、朱必武、宋宇峰、支倩、刘阳、谭欣荣、胡强、肖明月、罗号、肖春华、罗忠宇等参与了本书的编写工作。

读者服务

Abaqus 有限元分析涉及多个领域的知识,是一项复杂且庞大的课题,笔者深感无法在一本书中将其全部覆盖,由于笔者水平有限,书中难免会有错误和纰漏之处,敬请各位专家和广大读者批评指正。

编者
2020 年 9 月

目 录

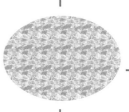

上篇　Abaqus 应用基础

下篇　Abaqus 在塑性加工中的应用

上　篇

Abaqus 应用基础

第 1 章

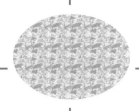

Abaqus 基础

Abaqus 是一款功能强大的有限元分析软件,其核心是求解器模块,Abaqus/Standard 和 Abaqus/Explicit 是相互补充的、集成的分析模块。本章将简要介绍 Abaqus 的软件发展历程和使用环境。Abaqus 提供了强大的帮助文件系统,并且包含一套完整的帮助文档。通过本章的学习,读者能够了解 Abaqus 软件特点、文件系统和帮助系统。

1.1 Abaqus 简介

Abaqus 由世界知名的有限元软件公司 Abaqus 公司(原称 HKS)于 1978 年推出,2005 年被法国达索公司收购,并于 2007 年更名为 SIMULIA。由于不断吸收最新的分析理论,Abaqus 软件已被全球工业界广泛接受,并拥有世界最大的非线性力学用户群体,Abaqus 已成为国际上最先进的大型通用非线性有限元分析软件。

Abaqus 使用非常方便,很容易建立复杂问题的模型。对于大多数数值模拟问题,用户只需要提供结构的几何形状、边界条件、材料性质、载荷情况等工程数据。对于非线性问题的分析,Abaqus 能自动选择合适的载荷增量和收敛准则,在分析过程中对这些参数进行调整,保证结果的精确性。

此外,Abaqus 拥有丰富的单元库,可以模拟各种复杂的几何形状,并且其拥有丰富的材料模型库,可用于模拟绝大多数常见工程材料,如金属、聚合物、复合材料、橡胶、可压缩的弹性泡沫、钢筋混凝土及各种地质材料等。

1.2 Abaqus 分析模块

Abaqus 包括三个主要的分析模块:Abaqus/Standard、Abaqus/Explicit 和 Abaqus/CFD。Abaqus/Standard 是通用的有限元分析模块,它可以分析多种不同类型的问题,其中包括很多非线性问题。Abaqus/Explicit 是显式动力学有限元分析模块。此外,Abaqus/Standard 中还附带了 Abaqus/Aqua、Abaqus/Design 及 Abaqus/Foundation 三个特殊用途的分析模块。另外,Abaqus 还提供了

Moldflow 接口和 Adams 接口。

　　Abaqus/CAE(Complete Abaqus Environment)是针对 Abaqus 的交互式图形界面,用于建模、管理、监控 Abaqus 的分析过程和结果的可视化处理。Abaqus/CAE 的集成工作环境包括 Abaqus 的模型建立、交互式提交作业、监控运算过程及结果评估等能力。本书主要介绍 Abaqus/CAE、Abaqus/Standard 及 Abaqus/Explicit 的基础知识及其在塑性加工过程中的应用。

1.2.1　Abaqus/CAE

　　Abaqus/CAE(Complete Abaqus Environment)是 Abaqus 的交互式图形环境。图 1-1 所示为 Abaqus/CAE 视窗,它可以便捷地生成或者输入分析模型的几何形状,为部件定义材料特性、边界条件、载荷等模型参数。

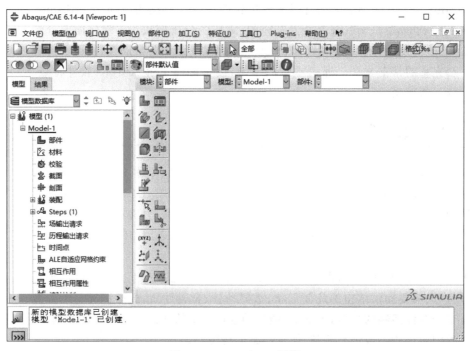

图 1-1　Abaqus/CAE 视窗

　　Abaqus/CAE 模块是运用 Abaqus 软件进行分析求解的人机交互界面,在 CAE 模块下,用户可以实现模型建立、材料定义、分析类型的定义、载荷及边界约束的施加、网格划分、结果后处理等与分析相关的任何定义。

　　Abaqus/CAE 是目前唯一采用"基本特征"(Base Feature)参数化建模方法的有限元前处理程序。用户可通过拉伸、旋转、放样等方法来创建参数化几何体,也可以导入各种通用 CAD 系统建立的几何体,并运用参数化建模方法对模型进行编辑。

　　Abaqus/CAE 能够创建完整的有限元模型,并且为初学者和经验丰富的用户提供人机交互的使用环境。用户也能够方便地根据个人的需求设置 Abaqus/Standard 或 Abaqus/Explicit 对应的材料模型和单元类型,并进行网格划分。对部件间的接触、耦合、绑定等相互作用,Abaqus/CAE 也能够方便地定义。此外,Abaqus/CAE 还提供了完整的后处理和结果可视化功能。因此,Abaqus/CAE 是一个先进高效的前后处理器。

1.2.2　Abaqus/Standard

Abaqus/Standard 是一个通用的隐式求解器。它能够求解众多领域的线性和非线性问题,包括静态分析、动态分析、热、电和电磁、声学等分析,以及其他复杂非线性耦合物理场的分析。它可以为工程师和分析专家提供强有力的工具来解决许多工程问题:从线性静态、动态分析到复杂的非线性耦合物理场分析。其主要应用领域可以概括如下:

(1) 常规的静态弯曲变形、强度分析。

(2) 结构的固有振动特性及在某种载荷状态下的振动特性分析。

(3) 轴承、轴套、螺栓连接等接触非线性分析。

(4) 频域动态响应分析,机构运动过程分析。

(5) 超弹性橡胶、复合材料分析。

(6) 结构传热分析。

(7) 各种耦合分析。

(8) 热机械平衡的原理(热-固耦合)。

(9) 热电原理(热-电耦合)。

(10) 压电性能(电-固耦合)。

(11) 结构的声学研究(声-固耦合)。

(12) 方便灵活的用户子程序,生成用户特殊的单元、材料、摩擦、约束和载荷等。

(13) 并行处理、直接高效的迭代求解器。

(14) 与 Abaqus/Explicit 结合,进行特殊过程模拟,如金属成形。

Abaqus/Standard 为用户提供了动态载荷平衡的并行稀疏矩阵求解器、基于域分解并行迭代求解器和并行的 Lanczos 特征值求解器,进行一般过程分析和线性摄动过程分析,对包含各种大规模计算问题有可靠的求解。

1.2.3　Abaqus/Explicit

Abaqus/Explicit 为显式分析求解器,采用显式动力学,为模拟广泛的动力学问题和准静态问题提供了精确、强大和高效的有限元求解技术。它特别适用于模拟短暂、瞬时的动态事件,以及求解冲击和其他高度不连续问题。此外,它对处理高度非线性问题也非常有效,能够自动找到模型中各部件之间的接触对,高效地模拟部件之间的复杂接触。应用任意的拉格朗日-欧拉(ALE)自适应网格功能可以有效地模拟大变形金属轧制、钣金冲压等非线性问题。Abaqus/Explicit 不仅支持应力/位移分析,还支持完全耦合的瞬态温度-位移分析、声-固耦合分析。其主要应用领域包括以下几个方面:

(1) 通用的显式问题求解。

(2) 非线性动力学分析和准静态分析。

(3) 完全耦合的热力学分析。

(4) 自动接触(General Contact),提供简单和稳定的接触建模方法。

（5）并行处理技术，包括 SMP 和 DMP 系统。

（6）和 Abaqus/Standard 有机结合，分析特殊过程和问题。

（7）运用 ALE 技术创建自适应网格。

（8）冲击和水下爆炸分析功能。

Abaqus/Explicit 求解方法是在短时间域内以很小的时间增量步向前推出结果，而无须在每个增量步求解耦合的方程系统中生成总刚。

Abaqus/Explicit 拥有广泛的单元类型和材料模型，但它的单元库是 Abaqus/Standard 单元库的子集。Abaqus/Explicit 和 Abaqus/Standard 具有各自的适用范围，相互配合使用可以拓展 Abaqus 的功能。有些工程问题需要二者结合使用，以一种求解器开始分析，分析结束后将结果作为初始条件交于另一种求解器继续进行分析，从而结合显式和隐式求解技术的优点。

1.2.4　Abaqus/CFD

Abaqus/CFD 是 Abaqus 6.10 之后新增加的流体动力分析模块。新模块的增加使得 Abaqus 能够模拟层流、湍流等流体问题，以及热传导、自然对流等流体传热问题。

该模块的增加使得流体材料特性、流体边界、载荷以及流体网格等都可以在 Abaqus/CAE 里完成，同时还可以用 Abaqus 输出等值面、流速矢量图等多种流体相关后处理结果。

Abaqus/CFD 使得 Abaqus 在处理流-固耦合问题时拥有更优秀的表现，配合使用 Abaqus/Explicit 和 Abaqus/Standard，使得 Abaqus 更加灵活和强大。

1.2.5　Abaqus/View

Abaqus/View 是 Abaqus/CAE 的子模块，其仅包含具有后处理功能的可视化（Visualization）图形交互界面。

1.2.6　Abaqus/Design

Abaqus/Design 是一套可选择模块，附加到 Abaqus/Standard 模块中。它扩展了 Abaqus 设计敏感度分析（DSA）的应用，用于预测设计参数变化对结构响应的影响。本书将不介绍该模块。

1.3　Abaqus 使用环境

Abaqus/CAE 是完整的 Abaqus 运行环境，它为生成 Abaqus 模型、交互式的提交作业、监控和评估 Abaqus 运行结果提供了一个风格简单的界面。

Abaqus/CAE 把有限元分析中固定的逻辑步骤分成相应的功能模块，例如生成部件、定义材料属性、网格划分等。完成一个功能模块的操作后，可以进入下一个功能模块，逐步建立分析模型，保证了用户操作的流程化，避免遗漏步骤或错误操作。Abaqus/Standard 或者 Abaqus/Explicit 读入由 Abaqus/CAE 生成的输入文件进行分析，将信息反馈给 Abaqus/CAE 以让用户对作业进程进行监控，并生成输出数据库。最后，用户可通过

Abaqus/CAE 的可视化模块读入输出的数据库,进一步观察分析的结果。下面将简要介绍 Abaqus 的使用环境。

1.3.1　启动 Abaqus/CAE

（1）启动 Abaqus/CAE 有两种方法：命令启动和快捷键启动。
- 命令启动。以 Windows 7 系统为例,选择开始→运行命令,输入 cmd,启动 DOS 界面,在 DOS 界面中输入命令：abaqus cae。
- 快捷键启动。选择开始→所有程序→Abaqus 6.14-1：Abaqus CAE 命令。操作步骤如图 1-2 所示。启动以后会首先弹出命令提示符窗口,如图 1-3 所示。接着自动弹出 Abaqus/CAE 主视窗口和开始任务（Start Session）对话框。

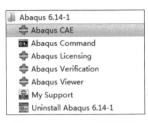

图 1-2　Abaqus 开始菜单

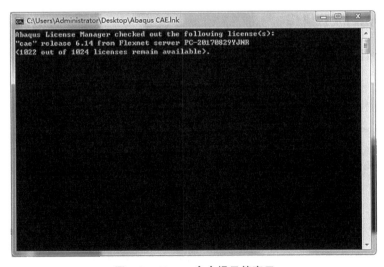

图 1-3　Abaqus 命令提示符窗口

（2）当 Abaqus/CAE 启动之后,会出现开始任务（Start Session）对话框,如图 1-4 所示。下面将介绍对话框中的选项。
- 创建模型数据库（Create Model Database）：开始一个新的分析过程。用户可根据自己的问题建立采用 Standard/Explicit 模型（With Standard/Explicit Model）、采用 CFD 模型（With CFD Model）或电磁模型（With Electromagnetic Model）。
- 打开数据库（Open Database）：打开一个以前存储的模型或者输入/输出数据库文件。

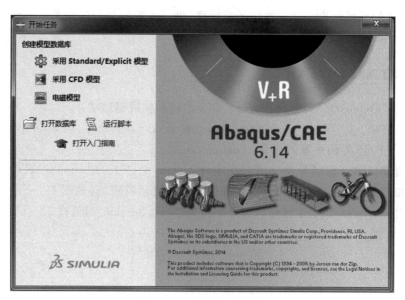

图 1-4　开始任务对话框

- 运行脚本(Run Script)：运行一个包含 Abaqus/CAE 命令的文件。
- 打开入门指南(Start Tutorial)：单击后将打开 Abaqus 的辅导教程在线文档。

1.3.2　Abaqus 的主窗口

用户可以通过主窗口与 Abaqus/CAE 进行交互,图 1-5 显示了主窗口的各个组成部分。

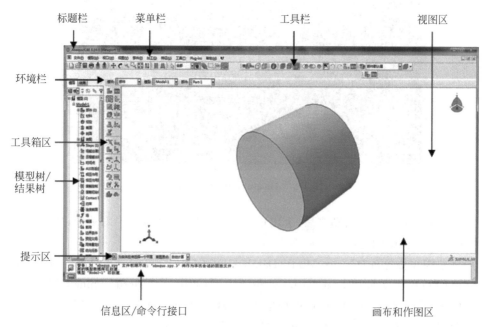

图 1-5　主窗口的各个组成部分

（1）标题栏

标题栏显示当前运行的 Abaqus/CAE 的版本和模型数据库的名字。

（2）菜单栏

菜单栏包括了所有可用的菜单,用户可以通过对菜单的操作调用 Abaqus/CAE 的各种功能。在环境栏中选择不同的模块时,菜单栏中显示的菜单也不尽相同。

（3）工具栏

工具栏给用户提供了菜单功能的快捷方式,这些功能也可以通过菜单进行访问。

（4）环境栏

Abaqus/CAE 由一组功能模块组成,每一模块针对模型的某一方面。用户可以在环境栏模块(Module)列表中的各个模块之间进行切换。

（5）画布和作图区

可以把画布和作图区比作一个无限大的屏幕,用户在其上摆放视图区域。

（6）视图区

Abaqus/CAE 通过视图区显示用户的模型。

（7）工具箱区

当用户进入某一功能模块时,工具箱区会显示该功能模块相应的工具箱。工具箱的存在使得用户可以方便地调用该模块的许多功能。

（8）命令行接口

使用 Abaqus/CAE 时,利用内置的 Python 编译器,可以在命令行接口处输入 Python命令和数学表达式。

（9）信息区

Abaqus/CAE 在信息区显示状态信息和警告。通过拖动其顶边改变信息区的大小,利用滚动条可以查阅以往信息。信息区在默认状态下是显示的,这里同时也是命令行接口的位置。

（10）提示区

使用 Abaqus/CAE 时可根据提示区中的提示进行下一步操作。对于初学者,需要注意提示区的信息,减少错误操作。

1.3.3　Abaqus/CAE 模型树/结果树

Abaqus/CAE 主视窗左侧为模型树和结果树,如图 1-6 所示。模型树使得对模型以及模型包含的对象有一个图形上的直观概述。结果树用于显示输出 odb 数据以及 XY 数据的分析结果。模型树和结果树使得对模型与结果的操作和管理更加直接与集中。

1.3.4　Abaqus/CAE 功能模块

如前所述,Abaqus/CAE 划分为一系列的功能单元,称为功能模块。每一个功能模块都只包含与模拟作业的某一指令相关的一些工具。例如,部件(Part)模块只包含生成几何模型的工具,而网格(Mesh)模块只包含生成有限元网格的工具。

用户可以从环境栏中的模块(Module)列表中进入各个模块,如图 1-7 所示。列表中的模块次序与创建一个分析模型应遵循的逻辑顺序应该是一致的。例如,用户在生成装配件(Assembly)前必须先生成部件(Part)。

(a) 模型树   (b) 结果树

图 1-6　模型树和结果树

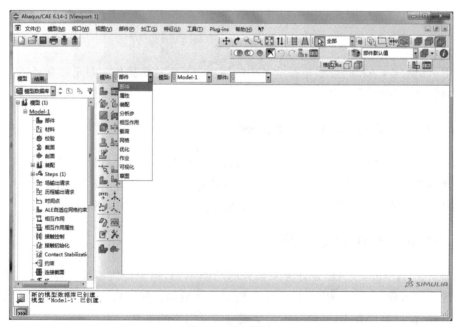

图 1-7　功能模块

1.4　Abaqus 文件系统

Abaqus 最主要的文件是数据库文件,除此之外,还包括日志文件、信息文件、用于重启动的文件、用于结果转换的文件、输入/输出文件、状态文件等。有些临时文件在运行中产生,但在运行结束后自动删除。下面介绍几种重要的 Abaqus 文件系统,在此约定 job-name 表示分析作业的名称,model-data-name 表示数据库文件。

（1）数据库文件

数据库文件包括两种:cae 文件(model-data-name.cae),又称为模型数据库文件和 odb 文件(job-name.odb),即结果文件。

cae 文件在 Abaqus/CAE 中可直接打开,其中包含模型的几何信息、网格信息、载荷信息等各种信息和分析任务。odb 文件可以在 Abaqus/CAE 中直接打开,也可以输入到 cae 文件中作为部件或者模型。它包含分析步(Step)功能模块中定义的场变量和历史变量输出结果。

（2）日志文件

日志文件又称为 log 文件(job-name.log),属于文本文件,用于记录 Abaqus 运行的起止时间。

（3）数据文件

数据文件又称为 dat 文件(job-name.dat),属于文本文件,用于记录数据和参数检查、内存和磁盘估计等信息,并且预处理 inp 文件时产生的错误和警告信息也包含在内。

（4）信息文件

信息文件有四类:msg 文件(job-name.msg)、ipm 文件(job-name.ipm)、prt 文件(job-name.prt)和 pac 文件(job-name.pac)。

- msg 文件属于文本文件,它详细记录计算过程中的平衡迭代次数、计算时间、错误、警告、参数设置等信息。
- ipm 文件又称内部过程信息文件。顾名思义,它在 Abaqus/CAE 分析时开始启动,记录从 Abaqus/Standard 或者 Abaqus/Explicit 到 Abaqus/CAE 的过程日志。
- prt 文件包含模型的部件和装配信息,在重启动分析时需要。
- pac 文件包含模型信息,它仅用于 Abaqus/Explicit,在重启动分析时需要。

（5）状态文件

状态文件包括三类:sta 文件(job-name.sta)、abq 文件(job-name.abq)和 stt 文件(job-name.stt)。

- sta 文件属于文本文件,其包含分析过程信息。
- abq 文件仅用于 Abaqus/Explicit,记录分析、继续和恢复命令,在重启动分析时需要。
- stt 文件称为状态外文件,是允许数据检查时产生的文件,在重启动分析时需要。

（6）输入文件

输入文件又称 inp 文件(job-name.inp),属于文本文件,在作业(Job)功能模块中提交任务时或者单击分析作业管理器中写入输入文件(Write Input)按钮时生成。此外,它也可以通过其他有限元前处理软件生成。inp 文件可以输入到 Abaqus/CAE 中作为模型（Model），也可以由 Abaqus Command 直接运行。inp 文件包含模型的节点、单元、截面、材料属性、集合、边界条件、载荷、分析步及输出设置等信息，没有模型的几何信息。

（7）结果文件

结果文件分为三类：file 文件（job-name.file）、psr 文件（job-name.psr）和 sel 文件（job-name.sel）。

- file 文件是可被其他软件读入的结果数据格式，记录 Abaqus/Standard 的分析结果，如果 Abaqus/Explicit 的分析结果要写入 file 文件，则需要转换。
- psr 文件是文本文件，是参数化分析时要求的输出结果。
- sel 文件又称结果选择文件，用于结果选择，仅适用于 Abaqus/Explicit，在重启动分析时需要。

（8）模型文件

模型文件又称 mdl 文件（job-name.mdl），它是在 Abaqus/Standard 和 Abaqus/Explicit 中运行数据检查后产生的文件，在重启动时需要。

（9）保存命令文件

保存命令文件分为三类：jnl 文件（model-data-name.jnl）、rpy 文件（abaqus.rpy）和 rec 文件（model-data-name.rec）。

- jnl 文件是文本文件，包含用于复制已存储的模型数据库的 Abaqus/CAE 命令。
- rpy 文件用于记录一次操作中 Abaqus/CAE 所运用的所有命令。
- rec 文件包含用于恢复内存中模型数据库的 Abaqus/CAE 命令。

（10）脚本文件

- psf 文件（job-name.psf）是用户参数研究（Parametric Study）时需要创建的文件。

（11）重启动文件

- res 文件（job-name.res）用分析步（Step）功能模块进行定义。

（12）临时文件

Abaqus 还会生成一些临时文件，可以分为两类：ods 文件（job-name.ods）和 lck 文件（job-name.lck）。

- ods 文件用于记录场输出变量的临时运算结果，运行后自动删除。
- lck 文件用于阻止并发写入输出数据库，关闭输出数据库后自动删除。

1.5　帮助系统

1.5.1　帮助指南使用

在 Windows 7 系统下，以 Abaqus 6.14 为例，介绍几种打开帮助指南的方法。

1. 本地帮助指南

- 开始→所有程序→Abaqus 6.14 Documentation→HTML/PDF Documentation。
- 开始→所有程序→Abaqus 6.14→Abaqus Documentation。

- 在 Abaqus/CAE 主菜单,帮助(Help)→Search & Browse Guides。

提示:上述三种打开帮助文档的方法,需要预先在计算机上安装离线的帮助文档,否则帮助文档无法打开。

2. 在线帮助指南

- 网址:http://ivt-abaqusdoc.ivt.ntnu.no:2080/v6.14/index.html

打开后,可看到如图 1-8 所示的帮助指南首页,单击相应的超链接可查看具体帮助指南。用户可在顶部搜索栏中输入关键词,单击"Search All Guides"按钮即可搜索出包含关键词的相关指南,同时关键词出现次数以降序排列显示在相应指南前。

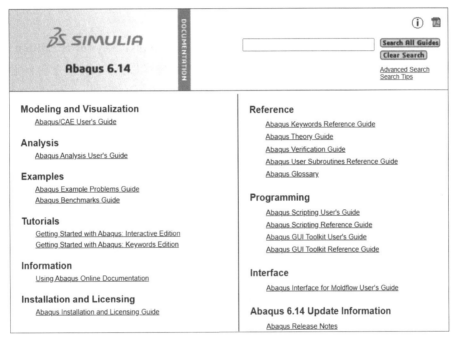

图 1-8　Abaqus 帮助文档界面

1.5.2　帮助指南内容

从图 1-8 可知 Abaqus 提供的帮助指南有:

1. Abaqus/CAE 用户指南(Abaqus/CAE User's Guide)

此指南对 Abaqus/CAE 的建模、求解以及后处理的使用作了详细说明,包括对 Abaqus/viewer。

2. Abaqus 分析用户指南(Abaqus Analysis User's Guide)

此指南对网格单元、材料模型、分析过程和输入格式等作了完整说明,尤其是 Abaqus/Standard、Abaqus/Explicit 和 Abaqus/CFD 的基础参考文档。

3. Abaqus 工程实例指南(Abaqus Example Problems Guide)

此指南包含详细的设计实例,大多数例子采用不同的单元类型、网格密度等对线性和非线性分析的方法和策略作了详细阐述。经典案例有弹塑性管件撞击刚体墙大变形分析、薄壁弯头的非弹性屈曲分析等。此指南对研究新问题具有较大的实际参考意义。

4. Abaqus 基准校对指南（Abaqus Benchmarks Guide）

此指南的基准实例和求解用于评估 Abaqus 软件性能，其用多种网格单元类型对简单几何体或简化实例做测试。

5. Abaqus/CAE 入门指南（Getting Started with Abaqus：Interactive Edition）

此指南是一个自学教程，帮助新用户熟悉 Abaqus/CAE 界面，能够创建基本的实体、壳、梁和桁架等模型，并用 Abaqus/Standard 或 Abaqus/Explicit 进行静态、准静态和动态分析，其还提供一些结构分析案例的完整实用指南。

6. Abaqus 关键词入门指南（Getting Started with Abaqus：Keywords Edition）

此指南用于帮助新用户熟悉 Abaqus 的输入文件语法，以对静态和动态等问题进行应力分析。

7. Abaqus 在线文档使用指南（Using Abaqus Online Documentation）

此指南用于指导用户如何导航、阅读和搜索 Abaqus 帮助文档。

8. Abaqus 安装和许可证指南（Abaqus Installation and Licensing Guide）

此指南对安装 Abaqus 和设置许可证文件作了详细说明。

9. Abaqus 关键词参考指南（Abaqus Keywords Reference Guide）

此指南对全部适用于 Abaqus/Standard、Abaqus/Explicit 和 Abaqus/CFD 的关键词作了详尽说明。

10. Abaqus 理论指南（Abaqus Theory Guide）

此指南包含有详尽、严谨的 Abaqus 理论讨论，适用于具有一定工程背景的用户阅读。

11. Abaqus 验证指南（Abaqus Verification Guide）

此指南包含对 Abaqus 的基本测试。通过与精确理论计算或其他已认证结果作对比，验证 Abaqus 的每一个特定功能，比如分析过程、输出选项等。

12. Abaqus 用户子程序参考指南（Abaqus User Subroutines Reference Guide）

此指南对全部适用于 Abaqus 分析中的用户子程序作了全面说明。

13. Abaqus 术语指南（Abaqus Glossary）

此指南用于对 Abaqus 中所用专业术语进行定义。

14. Abaqus 脚本用户指南（Abaqus Scripting User's Guide）

此指南对如何使用 Abaqus 的脚本接口作了说明。对如何使用命令创建求解 Abaqus/CAE 模型、查看分析结果和自动重复分析任务等作了详尽阐述。

15. Abaqus 脚本参考指南（Abaqus Scripting Reference Guide）

此指南提供了每条 Abaqus 脚本命令的语法参考。

16. Abaqus GUI 工具箱用户指南（Abaqus GUI Toolkit User's Guide）

此指南对如何使用 Abaqus 的图形用户界面（GUI）工具包作了说明,用于创建定制的 Abaqus/CAE 图像界面对话框。

17. Abaqus GUI 工具箱参考指南（Abaqus GUI Toolkit Reference Guide）

此指南提供了全部 Abaqus GUI 工具包编程接口。

18. Abaqus/Moldflow 接口用户指南（Abaqus Interface for Moldflow User's Guide）

此指南阐述了如何使用 Abaqus Interface for Moldflow,以把模流分析结果转换传入 Abaqus。

19. Abaqus Release Notes

此指南包含对最新版 Abaqus 的新功能简介。

初学者可先阅读 Abaqus/CAE 入门指南,了解软件基本界面和概念,并练习提供的几个简单例子。更深入地了解可阅读 Abaqus/CAE 用户指南和 Abaqus 分析用户指南。

1.6　Abaqus 量纲介绍

Abaqus 以及其他大多数有限元分析软件（如 ANSYS、MSC.MARC 等）中都不规定所使用的物理量的单位。不同问题可以使用不同的单位,只要保证在一个问题中各物理量的单位统一就可以。但是,由于在实际工程问题的描述中可能用到多种不同单位的物理量,如果只是按照习惯采用常用的单位,表面上看单位是统一的,实际上单位却不统一,从而导致错误的计算结果。

例如,在结构分析中分别用如下单位:长度（m）,时间（s）,质量（kg）,力（N）,应力（Pa）,弹性模量（Pa）等,此时单位是统一的。但是工程上压力单位常采用 MPa,如果没有把 MPa 转换为 Pa,则单位就不再统一,计算结果也将出现错误。由此可见,对于实际工程问题,不能按照手工计算时的习惯来选择各物理量的单位,而必须遵循一定的原则。

物理量的单位与所采用的单位制有关。所有物理量可分为基本物理量和导出物理量,在结构和热计算中的基本物理量有质量、长度、时间和温度。导出物理量的种类很多,如面积、体积、速度、加速度、弹性模量、压力、应力、导热率、比热、热交换系数、能量、热量、功等,都与基本物理量之间有确定的关系。所用的单位制确定了基本物理量的单位,然后可根据相应的公式得到各导出物理量的单位。具体做法是:首先确定各物理量的量纲,再根据基本物理量与导出物理量的关系得到各导出物理量的量纲。

基本物理量及其量纲如下:

质量 M：kg。

长度 L：m。

时间 t：s。

温度 T：K（或℃）。

导出物理量及其量纲如下:

速度：$v = L/t$,m/s。

加速度：$a = L/t^2$，$\mathrm{m/s^2}$。

面积：$A = L^2$，$\mathrm{m^2}$。

体积：$V = L^3$，$\mathrm{m^3}$。

密度：$\rho = M/L^3$，$\mathrm{kg/m^3}$。

力：$F = M \cdot a = M \cdot L/t^2$，$\mathrm{kg \cdot m/s^2} = \mathrm{N}$(牛)。

力矩、能量、热量、焓等：$e = F \cdot L = M \cdot L^2/t^2$，$\mathrm{kg \cdot m^2/s^2} = \mathrm{J}$(焦耳)。

压力、应力、弹性模量等：$p = F/A = M/(t^2 \cdot L)$，$\mathrm{kg/(s^2 \cdot m)} = \mathrm{Pa}$(帕斯卡)。

热流量、功率：$\Psi = e/t = M \cdot L^2/t^3$，$\mathrm{kg \cdot m^2/s^3} = \mathrm{W}$(瓦)。

导热率：$k = \Psi/(L \cdot T) = M \cdot L/(t^3 \cdot T)$，$\mathrm{kg \cdot m/(s^3 \cdot K)}$。

比热：$C = e/(M \cdot T) = L^2/(t^2 \cdot T)$，$\mathrm{m^2/(s^2 \cdot K)}$。

热交换系数：$C_v = e/(L^2 \cdot T \cdot t) = M/(t^3 \cdot T)$，$\mathrm{kg/(s^3 \cdot K)}$。

黏性系数：$K_v = p \cdot t = M/(t \cdot L)$，$\mathrm{kg/(s \cdot m)}$。

熵：$S = e/T = M \cdot L^2/(t^2 \cdot T)$，$\mathrm{kg \cdot m^2/(s^2 \cdot K)}$。

质量熵、比熵：$s = S/M = L^2/(t^2 \cdot T)$，$\mathrm{m^2/(s^2 \cdot K)}$。

在选定基本物理量的单位后，可导出其余物理量的单位，可以选择的单位制很多，举例如下：

基本物理量采用如下单位制：

质量 M：kg

长度 L：mm

时间 t：s

温度 T：K(与℃等价)

各导出物理量的单位可推导如下，同时还列出了与 kg-m-s 单位制的关系：

速度：$v = L/t$，$\mathrm{mm/s} = 10^{-3}\,\mathrm{m/s}$。

加速度：$a = L/t^2$，$\mathrm{mm/s^2} = 10^{-3}\,\mathrm{m/s^2}$。

面积：$A = L^2$，$\mathrm{mm^2} = 10^{-6}\,\mathrm{m^2}$。

体积：$V = L^3$，$\mathrm{mm^3} = 10^{-9}\,\mathrm{m^3}$。

密度：$\rho = M/L^3$，$\mathrm{kg/mm^3} = 10^9\,\mathrm{kg/m^3}$。

力：$F = M \cdot a = M \cdot L/t^2$，$\mathrm{kg \cdot mm/s^2} = 10^{-3}\,\mathrm{kg \cdot m/s^2} = \mathrm{mN}$。

力矩、能量、热量、焓等：$e = F \cdot L = M \cdot L^2/t^2$，$\mathrm{kg \cdot mm^2/s^2} = 10^{-6}\,\mathrm{kg \cdot m^2/s^2} = \mu\mathrm{J}$。

压力、应力、弹性模量等：$p = F/A = M/(t^2 \cdot L)$，$\mathrm{kg/(s^2 \cdot mm)}$
$$= 10^3\,\mathrm{kg/(s^2 \cdot m)} = \mathrm{kPa}。$$

热流量、功率：$\Psi = e/t = M \cdot L^2/t^3$，$\mathrm{kg \cdot mm^2/s^3} = 10^{-6}\,\mathrm{kg \cdot m^2/s^3} = \mu\mathrm{W}$(瓦)。

导热率：$k = \Psi/(L \cdot T) = M \cdot L/(t^3 \cdot T)$，$\mathrm{kg \cdot mm/(s^3 \cdot K)} = 10^{-3}\,\mathrm{kg \cdot m/(s^3 \cdot K)}$。

比热：$C = e/(M \cdot T) = L^2/(t^2 \cdot T)$，$\mathrm{mm^2/(s^2 \cdot K)} = 10^{-6}\,\mathrm{m^2/(s^2 \cdot K)}$。

热交换系数：$C_v = e/(L^2 \cdot T \cdot t) = M/(t^3 \cdot T)$，$\mathrm{kg/(s^3 \cdot K)}$。

黏性系数：$K_v = p \cdot t = M/(t \cdot L)$，$\mathrm{kg/(s \cdot mm)} = 10^3\,\mathrm{kg/(s \cdot m)}$。

熵：$S = e/T = M \cdot L^2/(t^2 \cdot T)$，$\mathrm{kg \cdot mm^2/(s^2 \cdot K)} = 10^{-6}\,\mathrm{kg \cdot m^2/(s^2 \cdot K)}$。

质量熵、比熵：$s = S/M = L^2/(t^2 \cdot T)$，$\mathrm{mm^2/(s^2 \cdot K)} = 10^{-6}\,\mathrm{m^2/(s^2 \cdot K)}$。

由此可见，掌握了单位之间的变换方法，就可以根据自己的需要来选择合适的单位制，更多例子参见表 1-1。表 1-2 给出了不同单位制的物理量与 kg-m-s 单位制的换算因子。

表 1-1　不同单位制的物理量单位

序号	参数名	单位量纲	单 位 制			
			kg-m-s	kg-mm-s	T-mm-s	g-mm-s
1	长度 L	L	m	$mm(10^{-3}m)$	mm	mm
2	质量 M	M	kg	kg	$T(10^3 kg)$	$g(10^{-3}kg)$
3	时间 t	t	s	s	s	s
4	温度 T	T	K	K	K	K
5	面积 A	L^2	m^2	$mm^2(10^{-6}m^2)$	$mm^2(10^{-6}m^2)$	$mm^2(10^{-6}m^2)$
6	体积 V	L^3	m^3	$mm^3(10^{-9}m^3)$	$mm^3(10^{-9}m^3)$	$mm^3(10^{-9}m^3)$
7	力 F	$M \cdot L/t^2$	$kg \cdot m/s^2 = N$	$kg \cdot mm/s^2 = 10^{-3}N$	$T \cdot mm/s^2 = N$	$g \cdot mm/s^2 = 10^{-6}N$
8	密度 ρ	M/L^3	kg/m^3	$kg/mm^3 = 10^9 kg/m^3$	$T/mm^3 = 10^{12} kg/m^3$	$g/mm^3 = 10^6 kg/m^3$
9	力矩、能量、焓、热量 e	$M \cdot L^2/t^2$	$kg \cdot m^2/s^2 = N \cdot m = J$	$kg \cdot mm^2/s^2 = 10^{-6}J$	$T \cdot m^2/s^2 = 10^{-3}J$	$g \cdot m^2/s^2 = 10^{-9}J$
10	功率、热流量 Ψ	$M \cdot L^2/t^3$	$kg \cdot m^2/s^3 = J/s = W$	$kg \cdot mm^2/s^3 = 10^{-6}W$	$T \cdot mm^2/s^3 = 10^{-3}W$	$g \cdot mm^2/s^3 = 10^{-9}W$
11	压力、弹性模量 p	$M/(t^2 \cdot L)$	$kg/(s^2 \cdot m) = N/m^2 = Pa$	$kg/(s^2 \cdot mm) = kPa$	$T/(s^2 \cdot mm) = MPa$	$g/(s^2 \cdot mm) = Pa$
12	导热率 k	$M \cdot L/(t^3 \cdot T)$	$kg \cdot m/(s^3 \cdot K)$	$kg \cdot mm/(s^3 \cdot K) = 10^{-3} kg \cdot m/(s^3 \cdot K)$	$T \cdot mm/(s^3 \cdot K) = kg \cdot m/(s^3 \cdot K)$	$g \cdot mm/(s^3 \cdot K) = 10^{-6} kg \cdot m/(s^3 \cdot K)$
13	比热 C	$L^2/(t^2 \cdot T)$	$m^2/(s^2 \cdot K)$	$mm^2/(s^2 \cdot K) = 10^{-6} m^2/(s^2 \cdot K)$	$mm^2/(s^2 \cdot K)$	$mm^2/(s^2 \cdot K)$
14	体热源 h	$M/(t^2 \cdot L)$	$kg/(s^2 \cdot m)$	$kg/(s^2 \cdot mm) = 10^3 kg/(s^2 \cdot m)$	$T/(s^2 \cdot mm) = 10^6 kg/(s^2 \cdot m)$	$g/(s^2 \cdot mm) = kg/(s^2 \cdot m)$
15	热换系数 C_v	$M/(t^3 \cdot T)$	$kg/(s^3 \cdot K)$	$kg/(s^3 \cdot K)$	$T/(s^3 \cdot K) = 10^3 kg/(s^3 \cdot K)$	$g/(s^3 \cdot K) = 10^{-3} kg/(s^3 \cdot K)$
16	黏性系数 K_v	$M/(t \cdot L)$	$kg/(s \cdot m)$	$kg/(s \cdot mm) = 10^3 kg/(s \cdot m)$	$T/(s \cdot mm) = 10^6 kg/(s \cdot m)$	$g/(s \cdot mm) = kg/(s \cdot m)$
17	熵 S	$M \cdot L^2/(t^2 \cdot T)$	$kg \cdot m^2/(s^2 \cdot K)$	$kg \cdot mm^2/(s^2 \cdot K) = 10^{-6} kg \cdot m^2/(s^2 \cdot K)$	$T \cdot mm^2/(s^2 \cdot K) = 10^{-3} kg \cdot m^2/(s^2 \cdot K)$	$g \cdot mm^2/(s^2 \cdot K) = 10^{-9} kg \cdot m^2/(s^2 \cdot K)$
18	比熵、质量熵 s	$L^2/(t^2 \cdot T)$	$m^2/(s^2 \cdot K)$	$mm^2/(s^2 \cdot K) = 10^{-6} m^2/(s^2 \cdot K)$	$mm^2/(s^2 \cdot K)$	$mm^2/(s^2 \cdot K)$

表 1-2　不同单位制的物理量与 kg-m-s 单位制的换算因子

序号	参数名	kg-m-s 单位量纲	kg-m-s 单位制转换到 kg-mm-s 单位制	kg-m-s 单位制转换到 T-mm-s 单位制	kg-m-s 单位制转换到 g-mm-s 单位制
1	长度 L	m	kg-m-s 数值×10^3	kg-m-s 数值×10^3	kg-m-s 数值×10^3
2	质量 M	kg	kg-m-s 数值×1.0	kg-m-s 数值×10^{-3}	kg-m-s 数值×10^3
3	时间 t	s	kg-m-s 数值×1.0	kg-m-s 数值×1.0	kg-m-s 数值×1.0
4	温度 T	K	kg-m-s 数值×1.0	kg-m-s 数值×1.0	kg-m-s 数值×1.0
5	面积 A	m^2	kg-m-s 数值×10^6	kg-m-s 数值×10^6	kg-m-s 数值×10^6
6	体积 V	m^3	kg-m-s 数值×10^9	kg-m-s 数值×10^9	kg-m-s 数值×10^9
7	力 F	N(牛)	kg-m-s 数值×10^3	kg-m-s 数值×1.0	kg-m-s 数值×10^6
8	密度 ρ	kg/m^3	kg-m-s 数值×10^{-9}	kg-m-s 数值×10^{-12}	kg-m-s 数值×10^{-6}
9	力矩、能量、焓、热量 e	$kg \cdot m^2/s^2 = N \cdot m = J$	kg-m-s 数值×10^6	kg-m-s 数值×10^3	kg-m-s 数值×10^9
10	功率、热流量 Ψ	$kg \cdot m^2/s^3 = J/s = W$	kg-m-s 数值×10^6	kg-m-s 数值×10^3	kg-m-s 数值×10^9
11	压力、应力、弹性模量 p	$kg/(s^2 \cdot m) = N/m^2 = Pa$	kg-m-s 数值×10^{-3}	kg-m-s 数值×10^{-6}	kg-m-s 数值×1.0
12	导热率 k	$kg \cdot m/(s^3 \cdot K)$	kg-m-s 数值×10^3	kg-m-s 数值×1.0	kg-mm-s 数值×10^6
13	比热 C	$m^2/(s^2 \cdot K)$	kg-m-s 数值×10^6	kg-m-s 数值×10^6	kg-m-s 数值×10^6
14	体热源 h	$kg/(s^2 \cdot m)$	kg-m-s 数值×10^{-3}	kg-m-s 数值×10^{-6}	kg-m-s 数值×1.0
15	热换系数 C_v	$kg/(s^3 \cdot K)$	kg-m-s 数值×1.0	kg-m-s 数值×10^{-3}	kg-m-s 数值×10^3
16	黏性系数 K_v	$kg/(s \cdot m)$	kg-m-s 数值×10^{-3}	kg-m-s 数值×10^{-6}	kg-m-s 数值×1.0
17	熵 S	$kg \cdot m^2/(s^2 \cdot K)$	kg-m-s 数值×10^6	kg-m-s 数值×10^3	kg-m-s 数值×10^9
18	比熵、质量熵 s	$m^2/(s^2 \cdot K)$	kg-m-s 数值×10^6	kg-m-s 数值×10^6	kg-m-s 数值×10^6

1.7　Abaqus 中鼠标的基本操作

图 1-9 为右手三键鼠标各键的方位,其中 MB1 键为鼠标左键,MB2 键为鼠标中键或者滚轮,MB3 键为鼠标的右键。本书使用以下术语描述鼠标的各种操作功能:

单击(**Click**):按下并快速松开鼠标键,除非特别说明单击鼠标右键,其他的"单击"均指单击鼠标的 MB1 键。

拖动(**Drag**):按住 MB1 键拖动鼠标。

指向(**Point**):移动鼠标使光标达到指定项的

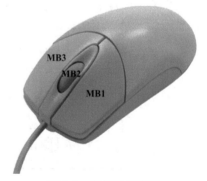

图 1-9　鼠标键示意图

位置。

选取（Select）：使光标指向某一项后，单击 MB1 键。如果选取的方式为框选，则使光标指向合适位置后，按住 MB1 键拖动鼠标，框选所有需要选择的项。

［**Shift**］＋单击（**Click**）：按住［Shift］键，单击 MB1 键，然后松开［Shift］键。

［**Ctrl**］＋单击（**Click**）：按住［Ctrl］键，单击 MB1 键，然后松开［Ctrl］键。

Abaqus/CAE 设计使用的鼠标为三键鼠标，因此本书中参照图 1-9 所示的鼠标按键。Abaqus/CAE 也可以按照如下方法应用二键鼠标：两个鼠标键分别相当于三键鼠标中的 MB1、MB3 键；同时按下两个键相当于按下三键鼠标中的 MB2 键。

Abaqus 中常用的鼠标操作设定：

- 视图的平移：Ctrl＋Alt＋MB2。
- 视图的旋转：Ctrl＋Alt＋MB1。
- 视图的缩放：Ctrl＋Alt＋MB3。
- 多选：Shift＋MB1。
- 取消选择：Ctrl＋MB1。
- 确定：单击 MB2 键。
- 单击工具箱或工具栏某一工具时，工具图标激活，可以通过鼠标再次单击该图标、按 Esc 键或单击鼠标右键＋单击取消步骤（Cancel Procedure）来取消当前操作。如单击 ，创建线图标激活，表明当前正处于创建线段阶段。此时，可以单击鼠标右键，单击取消步骤（Cancel Procedure）来取消当前创建线段的操作，也可再次单击 或按 Esc 键，图标复位，取消操作。
- 在提示区中常需要输入坐标点(x,y,z)。在提示区输入时，坐标点 x、y、z 值之间用逗号或者空格隔开，最后回车完成操作。本书中，坐标点的输入较多，为了简化，一般表述为输入坐标(x,y,z)。其他类似在提示区中输入旋转角度、拉伸深度等输入数值后，按回车键确定。

视图的平移、旋转和缩放操作的鼠标操作设定可以在软件中更改，在 Abaqus/CAE 主窗口的菜单栏中选择工具（Tools）→选项（Options），在弹出的选项（Options）窗口中选择视图操作（View Manipulation），在鼠标设定（Mouse Configuration）中应用程序（Application）的下拉菜单中选择自己熟悉的软件视图操作快捷方式。

第 2 章

Abaqus 的基本分析过程

  Abaqus 的所有功能都集成在各功能模块中,用户可根据需要在 Abaqus/CAE 主界面中激活各功能模块,对应的菜单和工具栏随即出现在界面中。

  Abaqus 的模块是基于 CAD 软件中的部件和组装的概念建立起来的。Abaqus 的模型包括一个或多个部件,所有部件都在部件(Part)模块中建立,部件的草图在草图(Sketch)模块中创建,材料属性(Property)模块用于定义材料属性和截面特性,各部件在装配(Assembly)模块中进行组装。随后,需要进入分析步(Step)功能模块进行分析步和输出的定义。载荷(Load)功能模块主要用于定义模型的载荷、边界条件、预定义场和载荷状况。

2.1 部件和草图模块

  有限元分析中,几何模型是各种物理信息的载体,创建几何模型是有限元分析中必不可少的一步。Abaqus/CAE 模型由若干个部件构成,用户可以在部件(Part)功能模块中创建和修改各个部件,也可以从其他 CAD 软件中导入部件模型,还可以使用输入文件或者 Python 脚本语言来创建部件。部件模块工具箱如图 2-1 所示。

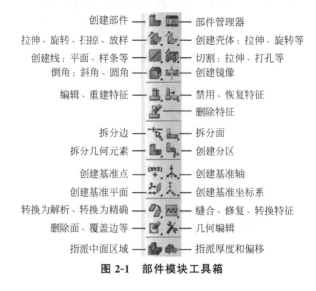

图 2-1　部件模块工具箱

提示：工具箱中某些图标右下角有黑色的三角形，表示此图标中含有隐藏命令。鼠标指向此图标后长按鼠标左键，即可展开隐藏图标。

1. 在 Abaqus 中创建部件

选择主菜单上的部件（Part）→ 创建（Create）命令，或者单击工具箱中的 创建部件（Create Part），弹出创建部件对话框，如图 2-2 所示。

在弹出的创建部件对话框中可以输入名称（部件的名称）和大约尺寸（Approximate size，其单位与模型的单位一致），其默认值分别为 Part-n（n 表示创建的第 n 个部件）和 200，其他选项均为单选项。

单击工具箱中的 部件管理器（Part Manager），弹出部件管理器对话框，如图 2-3 所示，其中列出了模型中的所有部件，可以进行创建（Create）、复制（Copy）、重命名（Rename）、删除（Delete）、锁定（Lock）、解锁（Unlock）、更新有效性（Update Validity）、忽略无效性（Ignore Invalidity）、忽略（Dismiss）一系列操作。

图 2-2　创建部件对话框

图 2-3　部件管理器对话框

完成创建部件对话框的设置后，单击继续...（Continue...）按钮，进入绘制平面草图的界面，如图 2-4 所示。使用界面左侧工具箱中的工具（草图绘制工具箱如图 2-5 所示），可以选择点、线、面作为构成部件的要素（此处不再详细介绍，具体操作可以通过相关的例子掌握）。

2. 导入部件

可以把建立好的模型导入 Abaqus 中，导入分为下面三种情况。

- 导入在其他软件中建立的模型。
- 导入 Abaqus 建立后导出的模型。

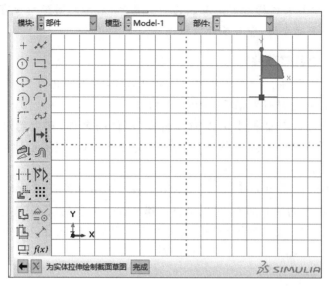

图 2-4　绘制草图的界面

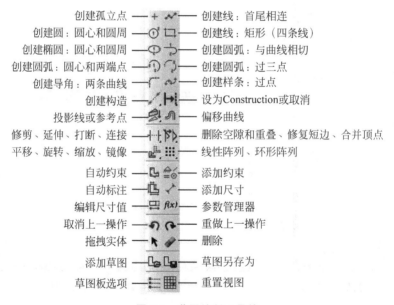

图 2-5　草图绘制工具箱

- 使用脚本语言建模。

Abaqus 提供了强大的接口，支持草图（Sketch）、部件（Part）、装配（Assembly）和模型（Model）的导入。对于每种类型的导入，Abaqus 都支持多种不同后缀名的文件，导入的方法和步骤是类似的。另外，Abaqus 还支持草图、部件、装配、VRML、3DXML 和 OBJ 的导出。

2.2　属性模块

材料参数和截面特性的设置，以及材料方向、惯性、弹簧、阻尼器和实体表面壳等的定义都在属性（Property）模块。属性功能模块工具箱如图 2-6 所示。

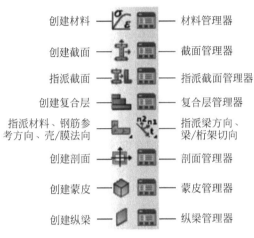

创建材料 —— 材料管理器

创建截面 —— 截面管理器

指派截面 —— 指派截面管理器

创建复合层 —— 复合层管理器

指派材料、钢筋参考方向、壳/膜法向 —— 指派梁方向、梁/桁架切向

创建剖面 —— 剖面管理器

创建蒙皮 —— 蒙皮管理器

创建纵梁 —— 纵梁管理器

图 2-6　Property 模块工具箱

1. 定义材料属性

在菜单栏中选择材料（Material）→创建（Create）命令，或单击工具箱中的  创建材料（Create Material），弹出编辑材料（Edit Material）对话框，如图 2-7 所示。对话框包括四个部分。

图 2-7　编辑材料对话框

（1）名称（Name）：定义材料名称。

（2）描述（Description）：材料信息的说明。

（3）材料行为（Material Behaviors）：选择材料类型。

（4）数据区域（Data Field）：出现在材料行为（Material Behaviors）的下方，在该区域内设置相应的材料属性值。它包含以下五个菜单：

• 通用（General）：材料阻尼、密度、热膨胀等；

- 力学(Mechanical)：弹性模量、泊松比、塑性、超弹性等；
- 热学(Thermal)：热容、传热系数等；
- 电/磁(Electrical/Magnetic)：电导率、压电、磁导率等；
- 其他(Other)：声学介质、孔隙流动、垫圈等。

2. 创建和分配截面特性

Abaqus/CAE 不能直接把材料属性赋予模型，而是先创建包含材料属性的截面特性，再将截面特性分配给模型的各区域。

（1）创建截面特性

单击工具箱中的 🛠创建截面(Create Section)，弹出创建截面(Create Section)对话框，如图 2-8 所示，该对话框包括两部分。

① 名称(Name)：定义截面的名称。

② 类别(Category)和类型(Type)：配合起来指定截面的类型。

- 实体(Solid)：定义实体截面特性，包括均质(Homogeneous)、广义平面应变(Generalized plane strain)、欧拉(Eulerian)和复合(Composite)；均质用于二维、三维和轴对称实体，广义平面应变用于二维平面实体。
- 壳(Shell)：定义壳体截面特性，包括均质(Homogeneous)、复合(Composite)、膜(Membrane)、表面(Surface)、通用壳刚度(General shell stiffness)；其中，表面类似于膜，但厚度为零。
- 梁(Beam)：定义梁的截面特性，包括梁(Beam)和桁架(Truss)。在创建梁的截面特性前，用户需要先定义梁的横截面的形状和尺寸。
- 流体(Fluid)：定义流体截面性质。
- 其他(Other)：Abaqus/CAE 还提供垫圈(Gasket)、黏性(Cohesive)、声学无限(Acoustic infinite)、声学界面(Acoustic interface)截面特性。

（2）赋予截面特性

创建了截面特性后，就要将它赋予给模型。首先，在环境栏的部件(Part)列表中选择要赋予截面特性的部件。然后单击工具箱中的 🔧指派截面(Assign Section)，或在菜单栏中选择指派(Assign)→截面(Section)命令，按提示在视图区选择要赋予此截面特性的部分，单击提示区的完成(Done)按钮，弹出编辑截面指派(Edit Section Assignment)对话框，如图 2-9 所示。

图 2-8　创建截面对话框

图 2-9　编辑截面指派对话框

如果在准备分配截面特性时,发现需要单独分配截面特性的部分没有分离出来,可以选用工具箱中适当的分割(Partition)工具进行不间断分割。

提示:赋予材料属性成功,部件显示为绿色;重复定义材料属性时部件显示为黄色。

(3) 设置梁的截面特性和方向

Abaqus 还可以在属性模块中定义梁的截面特性、截面方向和切向方向。梁的截面特性的设置方法与其他截面类型有所差异,主要体现在创建梁的截面特性前,需要首先定义梁的横截面的形状和尺寸。当选择在分析前提供截面特性时,材料属性在编辑梁截面对话框中定义,不需要通过创建材料对话框定义。

在分析前,还需要定义梁的截面方向,操作方法如下:

在菜单栏中选择指派(Assign)→梁截面方向(Beam Section Orientation)命令,或单击工具箱中的指派梁方向(Assigning Beam Orientation),在视图区选择要定义截面方向的梁。单击鼠标中键,在提示区中输入梁截面的局部坐标的 1 方向,按回车(Enter)键,再单击提示区的确定(OK)按钮,完成梁截面方向的设置。

当部件由线(Wire)组成时,Abaqus 会默认其切向方向,但可以改变此默认的切向方向。操作方法:在菜单栏中执行指派(Assign)→单元切向(Element Tangent),或长按工具箱中的指派梁方向(Assgin Beam Orientation),在展开的工具箱中选择指派梁/桁架切向(Assigning Beam/Truss Tangent)工具,在视图区选择要改变切向方向的梁,单击提示区的完成(Done)按钮,梁的切向方向即变为反方向。此时,梁截面的局部坐标的 2 方向也变为反方向。

(4) 特殊设置菜单的功能

属性模块除了能设置材料和截面属性外,还可以通过特殊设置(Special)菜单栏进行一些特殊的操作,下面对这些功能进行简单的介绍。

① 惯性(Inertia)

根据需要可以定义各种惯量,在菜单栏中选择特殊设置(Special)→惯性(Inertia)→创建(Create)命令,弹出创建惯量(Create Inertia)对话框,如图 2-10 所示,在名称栏中输入名称,在类型栏中可以选择点质量/惯性(Point Mass/Inertia)、非结构质量(Nonstructural Mass)、热容(Heat Capacitance),单击继续...(Continue...)按钮,在视图区选择对象进行相应惯量的设置。

② 蒙皮(Skin)

在属性功能模块中,用户可以在实体模型的面或轴对称模型的边附上一层蒙皮(Skin),适用于几何部件和网格部件。

在菜单栏中选择特殊设置(Special)→蒙皮(Skin)→创建(Create)命令,创建蒙皮。一般情况下,不方便直接从模型中选取蒙皮,这时可以使用集合(Set)工具,方法为在菜单栏中选择工具(Tools)→集(Set)→创建(Create)命令,在弹出的创建集(Create Set)对话框中输入名称,

图 2-10　创建惯量对话框

单击继续...(Continue...)按钮,在视图区中选择蒙皮作为构成集合的元素,单击提示区的完成(Done)按钮,完成蒙皮集合的定义。

单击工具栏的 ⬛ 创建显示组(Create Display Group),在项(Item)中选择集(Sets),在其右侧的区域内选择包含蒙皮的集合。单击对话框下端的相交(Intersect)按钮,视图区即显示用户定义的蒙皮。

③ 弹簧/阻尼器(Springs/Dashpots)

Abaqus 可以定义各种弹簧/阻尼器,选择菜单栏中特殊设置(Special)→弹簧/阻尼器(Springs/Dashpots)→创建(Create)命令,弹出创建弹簧/阻尼器(Create Spring/Dashpots)对话框,在名称栏中输入名称,在连接类型(Connectivity Type)栏中可以选择连接两点(Connect Two Points)或连接点和地面(Connect Points to Ground),后者仅适用于Abaqus/Standard,单击继续...(Continue...)按钮,在视图区选择对象进行相应的设置,使用时可以同时设置弹簧的刚度和阻尼器系数。

2.3   装配模块

Abaqus 的分析对象是装配中的实例而不是部件,即使模型中仅需要一个部件,也必须创建装配。此外,在部件模块中创建或导入部件时,整个过程都是在局部坐标系下进行的。对于由多个部件构成的物体,必须将其在统一的整体坐标系中进行装配,使其成为一个整体,这部分工作在装配(Assembly)模块中进行。装配模块中常用的工具如图 2-11 所示。

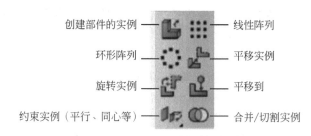

创建部件的实例 —— 线性阵列
环形阵列 —— 平移实例
旋转实例 —— 平移到
约束实例(平行、同心等) —— 合并/切割实例

图 2-11   装配模块工具箱

创建实例的步骤如下。在菜单栏中选择实例(Instance)→创建(Create)命令,或单击工具箱中的 ⬛ 创建实例(Create Instance),弹出创建实例(Create Instance)对话框,如图 2-12所示。

在部件栏中列出了已经创建的部件,用户可以一次全部选中创建实例,也可以分步创建实例,一般的建议是:如果模型中部件的数目比较少或者装配关系不是很复杂时,可以采取一次完成所有部件实例的创建;反之,如果模型中部件数目较多且装配关系比较复杂,可以采取分步来创建部件实例的方法,即首先创建部分部件的实例,完成定位、装配约束关系以后再调入其他的部件,逐步进行装配,直到整个模型装配完成。实例类型(Instance Type)栏中有两个选项:非独立(网格在部件上)[Dependent (mesh on part)]和独立(网格在实例上)[Independent (mesh on instance)],其区别在于独立实例是对部件功能模块中部件的复制,在划分网格时可以直接对实例进行网格划分;而非独立实例是部件功能模块中部件的指针,不能直接对实例进行网格划分,只能对相应的部件进行网格划分(进入网格模块后,需要在环境栏中对象后面选择部件,否则执行网格划分命令时会出现如图 2-13 所示的警告信息,也可以在模型树的装配(Assembly)→实例(Instances)下选中要划分网格的部

图 2-12　创建实例对话框

件,单击鼠标右键,执行使独立(Make Independent)命令。

图 2-13　非独立实例不能直接划分网格时警告信息

用户可以创建一个部件的多个实例,即一个装配体可以包含若干个相同的部件,但是,这些部件要么都是独立实例,要么都是非独立实例,不能对一个部件创建独立(非独立)实例后再创建该部件的非独立(独立)实例,否则会出现如图 2-14 所示的提示信息。

图 2-14　多次引用的同一部件,实例类型不一致时的警告信息

提示:每一个模型中只能包含一个装配体(Assembly),装配体由若干个实例(Instance)组成。实例并不需要创建,它只是部件(Part)在装配体中的一种映射,一个部件可以对应多个实例。材料(Material)和截面属性(Section)需要定义在部件上(其中材料定义在截面上),相互作用(Interaction)、边界条件(Boundary Condition)、载荷(Load)等定义在实例上,网格可以定义在部件或实例上,求解控制参数(Solver Controls)和输出结果的控制参数(Output Controls)定义在整个模型上。

2.4 分析步模块

分析步(Step)模块中,用户可以定义分析步、设定自适应网格、控制求解过程、定义场/历史输出、重启动要求、自由度监视等。分析步中常用工具箱命令如图 2-15 所示。

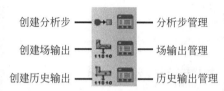

创建分析步 —— 分析步管理

创建场输出 —— 场输出管理

创建历史输出 —— 历史输出管理

图 2-15　分析步模块工具箱

1. 定义分析步

进入分析步(Step)模块后,用户可用图 2-15 中创建分析步快捷命令或者在菜单栏中选择分析步(Step)→创建(Create)命令,调出图 2-16 所示的创建分析步对话框。

(a) 通用分析步　　　　　　　(b) 线性摄动分析步

图 2-16　创建分析步

Abaqus/CAE 默认创建初始分析步(Initial),位于所有分析步之前。用户可以在初始步中设置边界条件和相互作用,使之在整个分析步中起作用,但不能编辑、替换、重命名和删除初始步。另外,在初始分析步中,只能定义数值为零的边界条件(如位移、速度、加速度等)。

一般情况下,用户都需要在初始分析步之后创建一个或多个后续的分析步来施加非零的边界条件和载荷。在 Abaqus/CAE 中,后续分析步可以分为两大类通用(General)和线性摄动(Linear perturbation),如图 2-16 所示。

- 通用(General):通用分析步可用于线性分析和非线性分析。该分析步定义了一个连续的事件,即前一个通用分析步的结束是后一个通用分析步的开始。部分通用分析步类型如图 2-16(a)所示。

- 线性摄动(Linear perturbation)：设置一个线性摄动分析步(Linear perturbation analysis steps)，仅适用于 Abaqus/Standard 中的线性分析。线性摄动分析步类型如图 2-16(b)所示。

针对某一类型的分析步，一般会要求设置分析步时间、几何非线性、时间增量或求解技术等，不同类型的分析步的设置会有所差异，下面就几种常用的分析步进行介绍：

(1) 静力学分析(Static，General)分析步

该分析步用于分析线性或非线性静力学问题，其编辑分析步对话框包括基本信息(Basic)、增量(Incrementation)和其他(Other)三个选项卡页面。

① 基本信息(Basic)选项卡，该页面主要用于设置分析步的时间和大变形等。

- 描述(Description)：用于输入对该分析步的简单描述，该描述保存在结果数据库中，进入可视化(Visualization)模块后显示在状态区。该栏非必选项，用户可以不对分析步进行描述。
- 时间长度(Time period)：用于输入该分析步的时间，系统默认值为 1。对于一般的静力学问题，可以采用默认值。
- 几何非线性(Nlgeom)：用于选择该分析步是否考虑几何非线性，对于 Abaqus/Standard 该选项默认为关(Off)。
- 自动稳定(Automatic stabilization)：用于局部不稳定的问题(如表面褶皱、局部屈曲)，Abaqus/Standard 会施加阻尼来使该问题变得稳定。
- 包括绝热效应(Include adiabatic heating effects)：用于绝热的应力分析，如高速加工过程。

② 增量(Incrementation)选项卡，该页面用于设置增量步。

- 类型(Type)：用于选择时间增量的控制方法，包括两种方式：自动(Automatic)和固定(Fixed)，自动为默认选项，Abaqus/Standard 根据计算效率来控制时间增量。
- 最大增量步数(Maximum number of increments)：用于设置该分析步中增量步的上限，默认值为 100。当增量步的数目达到该值时，即使分析没有完成也会停止。
- 增量步大小(Increment size)：用于设置时间增量的大小。当选择自动(Automatic)时，用户可以设置初始(Initial)时间增量、最小(Minimum)时间增量和最大(Maximum)时间增量，默认值分别为 1、1e-5 和 1。当选择固定(Fixed)时，只能设置时间增量的大小。

③ 其他(Other)选项卡，该页面用于选择求解器、求解技巧、载荷随时间的变化等。

- 方程求解器(Equation Solver)：用于选择求解器和矩阵存储方式。
- 求解技术(Solution Technique)：用于选择非线性平衡方程组的求解技巧。
- 转换严重不连续的迭代(Convert severe discontinuity iterations)：用于选择非线性分析中高度不连续迭代的处理方法。
- 默认的载荷随时间的变化方式(Default load variation with time)：Abaqus 默认在整个分析步内采用线性斜坡，即整个分析中的载荷是线性增加的。
- 每一增量步开始时外推前一状态(Extrapolation of previous state at start of each

increment)：用于选择每个增量步开始时的外推方法，Abaqus/Standard 采用外推法加速非线性分析的收敛。

- 当区域全部进入塑性时停止(Stop when region is fully plastic)：若指定区域内所有计算点的解答是完全塑性的，该分析步结束。
- 获取含时域材料属性的长期解(Obtain long-term solution with time-domain material properties)：适用于黏弹性或黏塑性材料。
- 接受达到最大迭代数时的解(Accept solution after reaching maximum number of iterations)：当在增量步(Incrementation)选项卡页面中选择固定(Fixed)时间增量时，该选项可以被选择。若选择该选项，当增量步达到设置的上限数目时，Abaqus/Standard 接受此时的解答。建议不选择此选项。

（2）隐式动力学分析(Dynamic，Implicit)分析步

该分析步用于分析线性或非线性隐式动力学问题，其编辑分析步对话框也包括信息(Basic)、增量(Incrementation)和其他(Other)三个选项卡页面，其中很多选项与静力学分析时相同，此处仅介绍不同的选项：在增量(Incrementation)选项卡页面中，当选择自动(Automatic)时间增量时，可以设置增量步中的平衡残余误差的容差(Half-increment residual tolerance)；当选择固定时间增量(Fixed)时，可以选择禁用计算平衡残余误差的容差(Suppress half-increment residual calculation)来加快收敛。

（3）显式动力学分析(Dynamic，Explicit)分析步

该分析步用于显式动力学问题，除基本信息(Basic)、增量(Incrementation)和其他(Other)三个选项卡页面外，编辑分析步对话框中还包括一个质量缩放(Mass scaling)选项卡页面。基本信息(Basic)选项卡页面中的几何非线性选项默认为开(On)。

质量缩放(Mass scaling)选项卡，用于质量缩放的定义。当模型的某些区域包含控制稳定极限的很小单元时，Abaqus/Explicit 采用质量缩放功能来增加稳定极限，提高分析效率。

- 使用前一分析步的缩放质量和"整个分析步"定义(Use scaled mass and "throughout step" definitions from the previous step)：为默认选项，程序采用前一个分析步对质量缩放的定义。
- 使用下面的缩放定义(Use scaling definitions below)：用于创建一个或多个质量缩放定义。单击该对话框下方的创建…(Create…)按钮，弹出编辑质量缩放(Edit Mass Scaling)对话框，在该对话框内选择质量缩放的类型并进行相应的设置。

设置完成后，编辑分析步对话框的数据列表内将显示出该质量缩放的设置，用户可以单击该对话框下部的编辑…(Edit…)按钮或删除(Delete)按钮进行质量缩放定义的编辑或删除。

其他(Other)选项卡页面，不同于静力学分析中的其他选项卡页面，该页面仅包含线性体积黏性参数(Linear bulk viscosity parameter)和二次体积黏性系数(Quadratic bulk viscosity parameter)两栏。

- 线性体积黏性参数(Linear bulk viscosity parameter)：用于输入线性体积黏度参数，默认值为 0.06，Abaqus/Explicit 默认使用该类参数。
- 二次体积黏性系数(Quadratic bulk viscosity parameter)：用于输入二次体积黏度参数，默认值为 1.2，仅适用于连续实体单元和压容积应变率。

（4）线性摄动静力学分析（Static，Linear perturbation）分析步

该分析步用于线性静力学分析，其编辑分析步对话框包含基本信息（Basic）和其他（Other）两个选项卡页面，且选项为静力，通用（Static，General）的子集。

- 基本信息（Basic）选项卡：仅包含描述（Description）栏。几何非线性（Nlgeom）为关（Off），即不涉及几何非线性问题。
- 其他（Other）选项卡：仅包含方程求解器（Equation Solver）栏。

完成分析步的创建后，单击工具箱中 📧 分析步管理器（Step Manager）工具，可见分析步管理器内列出了初始步和已创建的分析步，可以对列出的分析步进行编辑、替换、重命名、删除操作和几何非线性的选择。另外，环境栏的分析步列表中也列出了初始步和已创建的分析步。

这里只介绍这四种常用的分析步，读者若想了解其他分析步的设置，请参阅 Abaqus 的帮助文档。

2. 设定输出要求

用户可以设置写入输出数据库的变量，包括场变量（以较低的频率将整个模型或模型的大部分区域的结果写入输出数据库）和历程变量（以较高的频率将模型的小部分区域的结果写入输出数据库）。Abaqus 在进行分析计算的过程中会产生大量的数据，特别是结果的输出文件一般会占用大量的磁盘空间，考虑到每一个分析都有一定的目的，并非需要输出所有可能输出的结果，所以一般情况下只要输出问题可能需要的结果就可以了。Abaqus 默认的输出并非输出全部结果，而只是输出常用结果，其输出选项在大部分情况下是不能

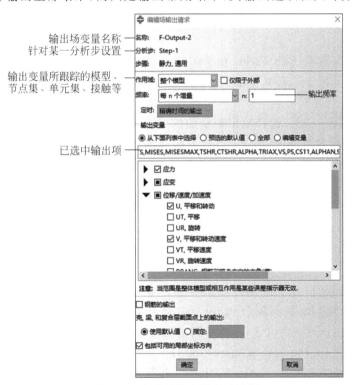

图 2-17　场变量输出控制对话框

满足需要的,所以在进行一个分析时,一定要检查、修改结果输出要求及输出频率,避免不必要的磁盘空间浪费和重复计算。场变量输出控制对话框如图 2-17 所示,历程变量输出控制方法与此类似。

(1) 变量输出请求管理器

创建了分析步后,Abaqus/CAE 会自动创建默认的场输出请求和历程输出请求(线性摄动分析步中的屈曲(Buckle)、频率(Frequency)、复杂频率(Complex Frequency)无历程变量输出)。单击工具箱中的 场输出管理器(Field Output Manager)和 历程输出管理器(History Output Manager),分别弹出场输出请求管理器和历程输出请求管理器。Abaqus 可以在输出请求管理器中进行变量输出要求的创建、重命名、复制、删除、编辑。已创建的通用分析步的场变量输出要求,在之后所有的通用分析步中继续起作用,在管理器中显示为传递(Propagated)。也可以单击管理器右侧的取消激活(Deactivate),将传递(Propagated)变为未激活(Inactive),此时表明创建的输出请求在该分析步中不起作用。同时,管理器右侧激活(Activate)变为可选按钮,可用于重新激活变量输出请求。该功能同样适用于线性摄动分析步,但必须是同一种线性摄动分析步的场变量输出请求。

(2) 编辑场输出请求

单击场输出请求管理器中的编辑...(Edit...)按钮,弹出编辑场输出请求(Edit Field Output Request)对话框(如图 2-17 所示),就可以对场输出请求/历程输出请求进行修改。编辑历程输出请求(Edit History Output Request)对话框与编辑场输出要求(Edit Field Output Request)对话框基本相同,不同之处在于(以静力,通用分析步为例):作用域(Domain)中增加了弹簧/阻尼器(Springs/Dashpots),将指定的弹簧/阻尼器的场变量写入输出数据库,同时无包括可用的局部坐标方向(Include local coordinate direction when available)选项。

在编辑场输出请求(Edit Field Output Request)对话框中,用户可以对场变量输出请求进行设置。不同分析步的选项可能不完全相同,下面以静力,通用(Static, General)分析步为例进行介绍。

- 作用域(Domain):选择输出变量的区域,区域选择有整个模型(Whole model)、集(Set)、螺栓载荷(Bolt load)、复合层接合部(Composite layup)、捆绑(Fastener)、已装配的捆绑集(Assembled fastener set)、子结构(Substructure)、相互作用(Interaction)、蒙皮(Skin)、纵梁(Stringer)。

- 频率(Frequency):设置写入输出数据库的频率,频率选择有末尾增量步(Last increment)、每 n 个增量(Every n increments)、均匀时间间隔(Evenly spaced time intervals)、每 x 个时间单位(Every x units of time)、来自时间点(From time points)。

- 定时(Timing):当在频率(Frequency)列表中选择每 x 个时间单位(Every x units of time)、均匀时间间隔(Evenly spaced time intervals)或来自时间点(From time points)时,该列表为可选,包括精确时间的输出(Output at exact times)和近似时间的输出(Output at approximate times)。

- 输出变量(Output Variables):用于选择写入输出数据库的场变量,可通过几种方式进行选择:从下面列表中选择(Select from list below)、预选的默认值

（Preselected defaults）、全部（All）、编辑变量（Edit variables）。输出变量列表与输出变量的区域选择相对应。这是需要重点选择的部分,写入输出数据库的场变量越多,输出数据库占的计算机空间也相应地增大,所以用户应该根据需要选择输出变量。

- 钢筋的输出（Output for rebar）：用于选择写入输出数据库的场变量中是否包括钢筋的结果,作用域（Domain）中为整个模型（Whole model）、集（Set）、蒙皮（Skin）和纵梁（Stringer）时被激活。

- 壳、梁和复合层截面点上的输出（Output at shell, beam and layered section points）：用于设置写入输出数据库的场变量的截面点,作用域（Domain）中为整个模型（Whole model）、集（Set）、蒙皮（Skin）和纵梁（Stringer）时被激活。

- 截面点上的输出（Layered section points）：当作用域（Domain）中为复合层接合部（Composite layup）时,可以指定复合层中截面点的场变量写入。

- 包括可用的局部坐标方向（Include local coordinate directions when available）：不选择该项可以减小输出数据库,默认为选择该项。

2.5 相互作用模块

有限元分析的对象一般情况下都包含多个实例,这些实例相互之间不是独立的,而是存在着各种各样的相互作用,包括接触关系和各种各样的约束关系。相互作用（Interaction）模块主要用于定义装配件各部分之间的相互作用（接触）、约束和连接器,以及模型的一个区域与环境之间的力学和热学的相互作用。如果没有定义相互作用（接触）,装配的实例即使靠得再近,也不能说明实例之间的相互作用类型。相互作用模块的工具箱如图 2-18 所示。

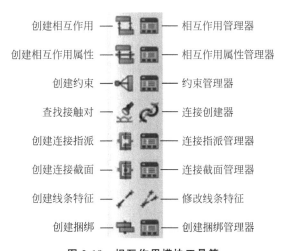

创建相互作用	——	相互作用管理器
创建相互作用属性	——	相互作用属性管理器
创建约束	——	约束管理器
查找接触对	——	连接创建器
创建连接指派	——	连接指派管理器
创建连接截面	——	连接截面管理器
创建线条特征	——	修改线条特征
创建捆绑	——	创建捆绑管理器

图 2-18 相互作用模块工具箱

相互作用与分析步相关联,某些相互作用属性仅在特定的分析步中发挥作用,如薄膜条件和辐射仅能定义在传热、热-位移和热-电分析步,用户自定义的激励器/传感器只能定义在初始分析步。

使用相互作用模块可以实现如下目标：

- 实例之间的力和热相互作用，包括局部实例区域、实例和周围环境；
- 力、热、电和磁等方面的相互作用属性，比如摩擦、阻尼、辐射等；
- Abaqus/Standard-Explicit 联合分析的接触区域和耦合设置；
- 流-固耦合分析的接触区域及其耦合分析步；
- 模型区域的分析约束：如绑定（Tie）、刚体约束（Rigid body）、显示体约束（Display body）、耦合约束（Coupling）、MPC 约束（MPC Constraint）、壳-实体耦合约束（Shell-to-solid coupling）、方程（Equation）等；
- 装配层的线特征、连接截面；
- 模型区域上的裂纹扩展；
- 捆绑（Fasteners）等。

此外，用户可以选择菜单栏中的相互作用（Interaction）→接触控制（Contact Controls）→创建（Create）命令定义接触控制属性，适用于 Abaqus/Standard 和 Abaqus/Explicit 中面-面接触（Surface-to-surface contact）和自接触（Self-contact），详细介绍可以参考系统帮助文件"Abaqus/CAE User's Manual"和"Abaqus Analysis User's Manual"。

2.6 载荷模块

要实现特定目标的分析，必须在相应的分析步中创建相关的物理条件。进入载荷（Load）模块后，其相应的工具箱如图 2-19 所示。载荷模块可以定义载荷、边界条件、预定义场和载荷状况等。由于载荷与边界条件都和分析步相关，这就需要用户指定载荷与边界条件件所在的分析步。有些场变量与分析步相关，而其他场变量仅仅用于分析的开始。同时，针对不同的分析步类型，所能定义的载荷与边界条件也会有所不同。

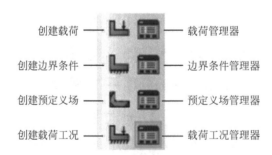

创建载荷 —— 载荷管理器
创建边界条件 —— 边界条件管理器
创建预定义场 —— 预定义场管理器
创建载荷工况 —— 载荷工况管理器

图 2-19   载荷模块工具箱

1. 定义载荷

在菜单栏中选择载荷（Load）→创建（Create）命令，或单击工具箱中的 创建载荷（Create Load），也可以双击左侧模型树中的载荷（Loads），弹出创建载荷（Create Load）对话框。针对不同的分析类型，可以加载的载荷类型如下：

- 力学（Mechanical）：包括集中力（Concentrated force）、弯矩（Moment）、压强（Pressure）、壳的边载荷（Shell edge load）、表面载荷（Surface traction）、管道压力

(Pipe pressure)、体力(Body force)、线载荷(Line load)、重力(Gravity)、螺栓载荷(Bolt load)、广义平面应变(Generalized plane strain)、旋转体力(Rotational body force)、科氏力(Coriolis force)、连接作用力(Connector force)、连接弯矩(Connector moment)、子结构载荷(Substructure load)、惯性释放(Inertia relief)。

- 热学(Thermal)：包括表面热流(Surface heat flux)、体热通量(Body heat flux)、集中热流量(Concentrated heat flux)。
- 声学(Acoustic)：可设置向内体积加速度(Inward volume acceleration)。
- 流体(Fluid)：包括集中孔流(Concentrated pore fluid)、表面孔隙流(Surface pore fluid)、流体参考压力(Fluid reference pressure)、多孔拖拽体力(Porous drag body force)。
- 电磁(Electrical/Mangnetic)：包括压电分析中的集中电荷(Concentrated charge)、面电荷(Surface charge)、体电荷(Body charge)，热-电耦合分析中的集中电流(Concentrated current)、表面电流(Surface current)、体电流(Body current)、表面电流密度(Surface current density)、体电流密度(Body current density)。
- 质量扩散(Mass diffusion)：集中浓度通量(Concentrated concentration flux)、表面浓度通量(Surface concentration flux)、体积浓度通量(Body concentration flux)。

2. 定义边界条件

在主菜单栏中选择边界条件(BC)→创建(Create)命令，或单击工具箱中的 创建边界条件(Create Boundary Condition)，也可以双击左侧模型树中的边界条件(BCs)，弹出创建边界条件(Create Boundary Condition)对话框。针对不同的分析类型，可以使用的边界条件如下：

- 力学（Mechanical）：包括对称/反对称/完全固定（Symmetry/Antisymmetry/Encastre）、位移/转角（Displacement/Rotation）、速度/角速度（Velocity/Angular velocity）、加速度/角加速度（Acceleration/Angular acceleration）、连接位移（Connector displacement）、连接速度（Connector velocity）、连接加速度（Connector acceleration）。
- 流体（Fluid）：包括流体流入/流出（Fluid inlet/outlet）、流体壁条件（Fluid wall condition）。
- 电磁（Electrical/Magnetic）：包括电势（Electric potential）、磁矢量（Magnetic vector potential）。
- 其他（Other）：包括流体气蚀区压力（Fluid cavity pressure）、声学压强（Acoustic pressur）、连接物质流动（Connector material flow）、欧拉边界（Eulerian boundary）、欧拉网格运动（Eulerian mesh motion）和子模型（Submodel）。

下面对较常用的对称/反对称/完全固定（Symmetry/Antisymmetry/Encastre）和位移/转角（Displacement/Rotation）边界条件的定义做详细介绍，其他选项可以参阅系统帮助文件"Abaqus/CAE User's Manual"。

（1）定义对称/反对称/完全固定边界条件

选择对称/反对称/完全固定边界条件（Symmetry/Antisymmetry/Encastre）后，在弹出

的编辑边界条件(Edit Boundary Condition)对话框中包括以下 8 种单选的边界条件:

- XSYMM:关于与 X 轴(坐标轴 1)垂直的平面对称(U1=UR2=UR3=0)。
- YSYMM:关于与 Y 轴(坐标轴 2)垂直的平面对称(U2=UR1=UR3=0)。
- ZSYMM:关于与 Z 轴(坐标轴 3)垂直的平面对称(U3=UR1=UR2=0)。
- PINNED:约束 3 个平移自由度,即铰支约束(U1=U2=U3=0)。
- ENCASTRE:约束 6 个自由度,即固定约束(U1=U2=U3=UR1=UR2=UR3=0)。
- XASYMM:关于与 X 轴(坐标轴 1)垂直的平面反对称(U2=U3=UR1=0),只用于 Abaqus/Standard。
- YASYMM:关于与 Y 轴(坐标轴 2)垂直的平面反对称(U1=U3=UR2=0),只用于 Abaqus/Standard。
- ZASYMM:关于与 Z 轴(坐标轴 3)垂直的平面反对称(U1=U2=UR3=0),只用于 Abaqus/Standard。

(2) 定义位移/转角边界条件

选择位移/转角(Displacement/Rotation)后,在弹出的编辑边界条件(Edit Boundary Condition)对话框中包括如下选项:

- 坐标系(CSYS):用于选择坐标系,默认为全局坐标系。单击 ▶编辑…(Edit…)按钮,可以更换为局部坐标系。
- 分布(Distribution):用于选择边界条件的分布方式。一致(Uniform)用于定义均匀分布的边界条件;用户定义(User-defined)用于使用用户子程序 DISP 定义边界条件。
- U1 ~ UR3:U1、U2、U3 用于指定三个方向的位移边界条件,UR1、UR2、UR3 用于指定三个方向的旋转边界条件(指定转角值为弧度)。以上选项用于设置位移约束,可选择一个或多个自由度,选择之后默认为 0。
- 幅值(Amplitude):用于选择边界条件随时间/频率变化的规律。

3. 设置预定义场

在菜单栏中选择预定义场(Predefined Field)→创建(Create)命令,或单击工具箱中的 ▦创建预定义场(Create Predefined Field),也可双击左侧模型树中的预定义场(Predefined Field),弹出创建预定义场(Create Predefined Field)对话框。针对不同的分析类型,可以定义的预定义场包括以下几项:

- 力学(Mechanical):包括速度(Velocity)、应力(Stress)、地应力(Geostatic stress)和硬化(Harding)。
- 流体(Fluid):流体密度(Fluid density)、流体热能(Fluid thermal energy)、湍流(Fluid turbulence)、流体速度(Fluid velocity)。
- 其他(Other):包括温度(Temperature)、材料指派(Material assignment)、初始状态(Initial state)、饱和(Saturation)、孔隙比(Void ratio)、孔隙压力(Pore pressure)和流体气蚀区压力(Fluid cavity pressure),其中初始状态(Initial state)仅适用于初始步,输入以前的分析得到的已发生变形的网格和相关的材料状态作为初始状态场。
- 可用于所选分析步的类型(Types for Selected Step),该列表用于选择预定义场的类型,是类别(Category)的下一级选项。

4. 定义载荷工况

载荷工况是一系列组合在一起的载荷和边界条件(可以指定非零的比例系数对载荷和边界条件进行缩放),线性叠加结构对它们的响应,仅适用于直接求解的稳态动力学线性摄动分析步(Steady-state dynamic,Direct)和静态线性摄动分析步(Static,Linear perturbation),包括载荷工况的分析步仅支持场输出。

定义载荷工况时,在菜单栏中执行载荷工况(Load Case)→创建(Create)命令,或者单击工具箱中的 ⊞ 创建载荷工况(Create Load Case),弹出创建载荷工况对话框,定义载荷工况需要定义如下两项:

- 载荷(Loads):选择该载荷工况下的载荷。可以在表格内输入载荷名称和非零的比例系数(默认为 1,也可以为负数),勾选在视口中高亮显示所选对象(Highlight selections in viewport),对载荷作用区域进行高亮显示;单击 ➕ 添加...(Add...)按钮,在载荷选择集(Load Selection)对话框中进行载荷的选择。单击 🖉 删除(Delete)按钮删除已添加载荷。
- 边界条件(Boundary Conditions):选择该载荷工况下的边界条件。边界条件的设置与载荷的设置相同。除了默认选择外,勾选使用扩展边界条件或根据基状态修改的边界条件,单击鼠标右键以编辑表格选项(In addition to selections bellow,use all boundary conditions propagated or modified from the base state.Click mouse button 3 for table options.),表示除了表中选择的边界条件外,该载荷工况还包含所有传播到该分析步的边界条件。

2.7 网格模块

因为有限元分析对象是单元节点,故网格划分(Mesh)是有限元分析中必不可少的一步,同时也是决定分析的收敛速度、计算精度的重要环节。在创建部件或装配件后,无论是否进行了属性、相互作用、载荷等模块的设置,都可以在网格模块中进行网格划分,而无须按模块的排列顺序一一处理。网格模块工具箱如图 2-20 所示。网格划分的一般流程为:对几何体布种子→指派网格控制属性→指派单元类型→划分网格。

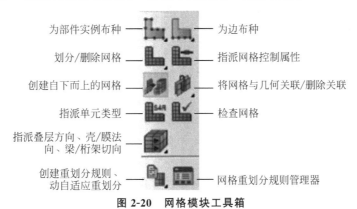

图 2-20　网格模块工具箱

2.7.1　网格密度控制

合理划分网格的第一步应该是合理地控制网格密度(或者说网格尺寸)。Abaqus 中采用种子(Seed)来控制网格密度。需要注意的是,对于非独立实体或部件进行网格划分时,需要在进入网格(Mesh)模块后,首先将环境栏的对象(Object)选择为部件(Part),并在部件下拉列表中选择要划分网格的部件。对于独立实体,在创建了装配件后,就可以在网格功能模块中对各实例进行网格划分。进入网格模块后,首先将环境栏的对象(Object)选择为装配(Assembly)。

1. 定义全局单元尺寸

单击工具箱中的█为部件布种(Seed Part),弹出全局布种(Global Seeds)对话框。该对话框有如下几项:

(1) 近似全局尺寸(Approximate global size):该尺寸将用于部件或独立实体,使单元的各边长度接近该值,同时软件也会自动调整单元尺寸,使各边的种子均匀分布。

(2) 曲率控制(Curvature control):Abaqus 软件根据边的曲率和目标单元尺寸计算曲边的种子分布。

- 最大偏差系数(Maximum deviation factor):定义单元的边与曲边的最大偏差与单元长度的比值。

(3) 最小尺寸控制(Minimum size control):用于控制最小单元尺寸。

- 按占全局尺寸的比例(By fraction of global size):通过与全局单元尺寸的比值控制最小单元尺寸,该值为 0～1 之间的一个小数,即最小单元尺寸为该系数乘以全局单元尺寸。

- 按绝对值(By absolute value):通过绝对值控制单元最小尺寸,该值在 0 至全局单元尺寸之间取值。

单击并长按工具箱中的█为部件布种(Seed Part),在展开的工具中单击█删除部件种子(Delete Part Seeds),单击提示区的确定(OK)按钮,可以删除部件和实体上已定义的全局种子。

2. 定义局部单元尺寸

Abaqus 中也可以通过设置边上的种子对整个部件或部件的局部区域进行种子设置,单击工具箱中的█为边布种(Seed Edges),弹出局部种子(Local Seeds)对话框,该对话框含有两个选项卡:

(1) 基本选项卡(Basic),提供了布种子的方法、种子偏差、尺寸控制以及将布种子的边创建集合。

- 方法(Method):通过按尺寸(By size)或者按数量(By number)给选定的边布种子。
- 偏移(Bias):可以给选定的边定义无偏移(None)、单向偏移(Single)、双向偏移(Double)的种子。
- 单元尺寸控制(Sizing Controls):单元尺寸的控制,不同布种方法和偏移方法组合的尺寸控制方法不同。

- 创建集合（Set Creation）：勾选此选项会将选定的布种子的边创建集合。

（2）约束选项卡（Constraints），提供了三种种子约束的方法。

- 允许单元数量增加或减少（Allow the number of elements to increase or decrease）：边上的种子没有约束，边上的节点数目可以多于种子数目也可以少于种子数目。无约束的种子用圆圈表示。
- 只允许单元数量增加（Allow the number of elements to increase only）：种子受部分约束，边上的节点数目可以超出种子数目，但不能少于种子数目。受部分约束的种子用三角形表示。
- 不允许单元数量改变（Do not allow the number of elements to change）：种子被完全约束，边上的节点数目与种子数目相等并且位置完全吻合。完全约束的种子用方框表示。

单击并长按 ▦ 为边布种（Seed Edges），选择隐藏的 ▦ 删除边上的种子（Delete Edge Seeds）：删除使用为边布种（Seed Edges）工具设置的种子，而不会删除使用为部件布种（Seed Part）工具设置的种子。也可以在菜单栏中选择布种（Seed）→删除边种子（Delete Edge Seeds）命令实现该操作。

2.7.2　网格属性指派

对于二维或三维结构，Abaqus 可以进行网格控制，而梁、桁架等一维结构则无法进行网格控制。在菜单栏中选择网格（Mesh）→控制属性（Controls）命令，或单击工具箱中的 ▦ 指派网格控制属性（Assign Mesh Controls），弹出网格控制属性（Mesh Controls）对话框。该对话框用于选择单元形状（Element Shape）、划分技术（Technique）和对应的算法（Algorithm）。

1. 单元形状

对于二维模型，可以选择四边形（Quad）、四边形为主（Quad-dominated）、三角形（Tri）三种单元形状，如图 2-21 所示；对于三维模型，可以选择六面体（Hex）、六面体为主（Hex-dominated）、四面体（Tet）、楔形（Wedge）四种单元形状，如图 2-22 所示。

图 2-21　网格控制（二维）

图 2-22　网格控制（三维）

2. 网格划分技术设置

在网格控制属性对话框中,可选择的基本网格划分技术有三种:结构(Structured)、扫掠(Sweep)、自由(Free)划分。对于二维或三维结构,这三种网格划分技术拥有各自的网格划分算法。另外三个选项自底向上(Bottom-up)、保持原状(As is)和重复(Multiple)不是网格划分技术,而是对应某些复杂结构的网格划分方案。

提示:Abaqus 中以不同的颜色来表示部件或实例可以采取的网格划分方法,其对应关系如下:

粉红色:自由网格。

绿色:结构化网格。

黄色:扫掠网格。

橙色:无法使用当前赋予的划分技术,需要选择其他某种技术。如果都显示橙色则需要对几何体进行分割,直至能采用某种技术完成网格划分为止。

2.7.3　设置单元类型

Abaqus 的单元库非常丰富,可以根据模型的情况和分析需要选择合适的单元类型。在设置了网格控制属性(Mesh Controls)后,在菜单栏中选择网格(Mesh)→单元类型(Element Type)命令,或者单击工具箱中的 指派单元类型(Assign Element Type),在视图区选取要设置单元类型的模型区域,弹出单元类型(Element Type)对话框,如图 2-23 所示。

(1) 单元库(Element Library):选择适用于隐式或显式分析的单元库。

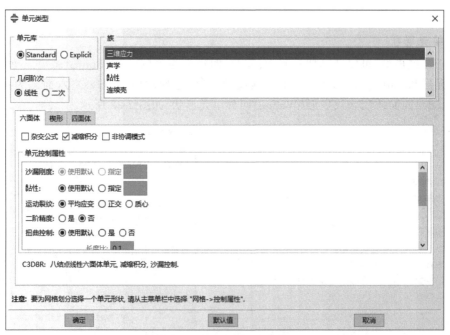

图 2-23　选择单元类型对话框

（2）几何阶次（Geometric Order）：选择一次单元或二次单元。

（3）族（Family）：选择适用于当前分析类型的单元。表内列出的单元族与该模型的维数（三维、二维、轴对称）、类型（可变形的、离散刚体、解析刚体）、形状（体、壳、线）相对应，单元名称的首字母或前几个字母往往代表该单元的种类。

（4）单元形状（Element Shape）：选择单元形状并设置单元控制参数（Element Controls）。该对话框默认显示与网格控制属性（Mesh Controls）对话框中设置的单元形状（Element Shape）一致。线模型为线（Line），壳模型为四边形（Quad）或三角形（Tri），体模型为六面体（Hex）、楔形（Wedge）或四面体（Tet）。例如，在网格控制属性（Mesh Controls）对话框的单元形状（Element Shape）栏内选择了楔形（Wedge）单元，则打开单元类型（Element Type）对话框，默认显示楔形（Wedge）页面。

在 Abaqus 中单元的命名是以字母和数字的组合来表示的，其中各个部分都有一定的含义，描述了单元的基本特征。例如图 2-23 中单元 C3D8R，其中第一个字母“C”表示实体（Continuum）单元，“3D”表示该单元是一个三维单元，“8”表示每个单元具有的节点数目，“R”表示该单元为减缩（Reduced）积分单元。总结如下：

单元名字中的开始字母标志着这种单元属于哪一个单元族。例如：

以“C”开头的单元为实体（Continuum）单元，如：C3D4、CPE4、C3D20R、CPS3E 等。

以“S”开头的单元为壳（Shell）单元，如：S4R、S8R5、SAX2、SC8R 等。

以“B”开头的单元为梁（Beam）单元，如：B21、B22H、B31、B31H 等。

以“T”开头的单元为桁架（Truss）单元，如：T2D2、T2D2E、T2D3T 等。

设置完成，单元类型（Element Controls）栏下端显示出读者设置的单元的名称和简单描述，单击确定（OK）按钮。

2.7.4　网格划分

完成种子、网格控制和单元类型的选择后，就可以对模型进行网格划分了。如同种子的设置一样，网格划分仍然有非独立实体和独立实体的区别，下面主要介绍非独立实体的网格划分（独立实例只需要将环境栏的对象选择为装配，就可进行类似的操作）。

单击并长按工具箱中的 为部件划分网格（Mesh Part），在展开工具箱条中选择网格划分的工具，或在菜单栏的网格（Mesh）菜单中进行选择。该展开工具条从左到右分别为以下几项。

- 为部件划分网格（Mesh Part）：对整个部件划分网格，单击提示区的是（Yes）按钮则开始划分。

- 为区域划分网格（Mesh Region）：对选取的模型区域划分网格。若模型包含多个模型区域，单击该工具，在视图区选择要划分网格的模型区域单击鼠标中键，完成该模型区域的网格划分；若该模型仅包含一个模型区域，该工具的操作类似于对整个部件的网格划分。

- 删除整个部件网格（Delete Part Mesh）：删除整个部件的网格，单击提示区的是（Yes）按钮进行部件网格的删除，也可以在菜单栏中选择网格（Mesh）→删除部件网格（Delete Part Mesh）命令实现该操作。

- 🔲删除区域网格(Delete Region Mesh)：删除模型区域的网格，其操作类似于为区域划分网格(Mesh Region)，也可以在菜单栏中选择网格(Mesh)→删除区域本地网格(Delete Region Mesh)命令实现该操作。

2.7.5　网格质量检查

网格划分完成后，可以进行网格质量的检查。单击工具箱中的🔲检查网格(Verify Mesh)，或在菜单栏中选择网格(Mesh)→检查(Verify)命令，在提示区选择要检查的模型区域，包括部件(适用于非独立实体)、部件实例(适用于独立实体)、单元和几何区域。

选取对应的部件实例、部件或模型区域，单击鼠标中键，弹出检查网格(Verify Mesh)对话框。该对话框有如下三个选项卡。

1. 形状检查(Shape Metrics)

形状检查中单元检查标准(Element Failure Criteria)栏包括以下 4 种标准，该选项用于逐项检查单元的形状。单击高亮(Highlight)按钮，开始网格检查。检查完毕，视图区高亮显示不符合标准的单元，信息区显示单元总数、不符合标准的单元数量和百分比、该标准量的平均值和最危险值。单击重新选择(Reselect)按钮，重新选择网格检查的区域；单击默认值(Defaults)按钮，使各统计检查项恢复到默认值。

- 形状因子小于(Shape factor less than)：设置单元的形状因子的下限，仅适用于三角形单元或四面体单元。
- 面的顶角小于(Face corner angle less than)：设置单元中面的顶角的下限。
- 面的顶角大于(Face corner angle greater than)：设置单元中面的顶角的上限。
- 长宽比大于(Aspect ratio greater than)：设置单元长宽比(单元最长边与最短边的比)的上限。

2. 尺寸检查(Size Metrics)

尺寸检查中单元检查标准(Element Failure Criteria)栏包括以下 5 种标准。该选项用于逐项检查单元的尺寸是否符合指标。

- 几何偏心因子大于(Geometric deviation factor greater than)：设置单元几何偏心因子上限。
- 边短于(Edge shorter than)：设置单元边长下限。
- 边长于(Edge longer than)：设置单元边长上限。
- 稳定时间增量步小于(Stable time increment less than)：设置稳定时间增量下限。
- 最大允许频率小于(用于声学单元)(Maximum allowable frequency(for acoustic elements)less than)：设置最大容许频率下限。

3. 分析检查(Analysis Checks)

分析检查选项用于检查分析过程中会导致错误或警告信息的单元，错误单元用紫红色高亮显示，警告单元以黄色高亮显示。单击高亮(Highlight)按钮，开始网格检查。检查完毕，视图区高亮显示错误和警告单元，信息区显示单元总数、错误和警告单元的数量和百分比。梁(beam)单元、垫圈(gasket)单元和黏合层(cohesive)单元不能使用分析检查。

2.8　作业和可视化模块

作业(Job)模块主要用于分析作业和网格自适应过程的创建和管理,是完成模型建立和提交任务进行计算的环节。计算完成后,就可以进入可视化(Visualization)模块进行模拟结果的分析和处理。

2.8.1　作业模块

Abaqus 完成前面介绍的模块设置后,就可以进入作业(Job)模块对模型进行计算分析。作业模块工具箱如图 2-24 所示。

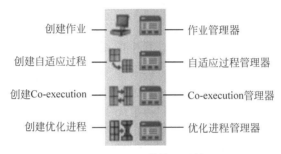

图 2-24　作业模块工具箱

1. 创建和管理分析作业

(1) 创建分析作业

在菜单栏中执行作业(Job)→创建(Create)命令,或单击工具箱中的 ![]创建分析作业(Create Job),弹出创建作业对话框。该对话框包括两个部分。

- 名称(Name):输入分析作业的名称,默认为 Job-n(n 表示创建的第 n 个分析作业)。
- 来源(Source):选择分析作业的来源,包括模型(Model)和输入文件(Input file)。默认选择为模型,其下列出该 CAE 文件中包含的模型,需要从该列表中选择用于创建分析作业的模型。若用户选择输入文件,则可单击 ![]选取...(Select...)按钮选择用于创建分析作业的输入文件。

完成设置后,单击继续...(Continue...)按钮,就会弹出编辑作业(Edit Job)对话框,可以在该对话框中进行分析作业的编辑。

(2) 分析作业管理器

单击 ![]作业管理器(Job Manager),已创建的分析作业出现在分析作业管理器中。该管理器中下方的工具与其他管理器类似,不再赘述,下面介绍其右侧的工具。

① 写入输入文件(Write Input)按钮,在工作目录中生成该模型的 inp 文件,等同于在菜单栏中选择作业(Job)→写入 input 文件(Write Input)命令。

② 提交(Submit)按钮,用于提交分析作业,等同于在菜单栏中选择作业(Job)→提交(Submit)命令。读者提交分析作业后,管理器中的状态(Status)栏会相应地改变。

- 无(None)表示没有提交分析作业。
- 已提交(Submitted)表示已生成 inp 文件,分析作业正在被提交。
- 运行中(Running)表示分析作业已经被提交,Abaqus 正在运行分析作业。
- 已完成(Completed)表示完成分析,结果已按照要求写入输出数据库。
- 已中断(Aborted)表示由于 inp 文件或分析中的错误而导致分析失败,可以在信息区或监控器中查看错误。
- 已终止(Terminated)表示分析被用户终止。

③ 监控(Monitor)按钮,用于打开分析作业监控器,等同于在菜单栏中选择作业(Job)→监控(Monitor)命令。该对话框中的上半部分表格显示分析过程的信息,这部分信息也可以通过状态文件(job_name.sta)进行查询。其下半部分包括以下几个页面:

- 日志(Log)页面用于显示分析各阶段的时间,这部分信息也可以通过日志文件(job_name.log)进行查阅。
- 错误(Errors)页面用于显示分析过程中的错误信息,这部分信息也可以通过数据文件(job_name.dat)、信息文件(job_name.msg)或状态文件(job_name.sta)进行查阅。
- 警告(Warnings)页面类似于错误(Errors)页面,用于显示分析过程中的警告信息。
- 输出(Output)页面用于记录输出数据的录入。
- 数据文件(Data File)页面用于数据的观察。

④ 结果(Results)按钮,用于运行完成的分析作业的后处理,单击该按钮进入可视化(Visualization)模块。该按钮等同于在菜单栏中选择作业(Job)→结果(Results)命令。

⑤ 中断(Kill)按钮,用于终止正在运行的分析作业,等同于在菜单栏中选择作业(Job)→关闭(Kill)命令。

2. 创建和管理网格自适应过程

若在网格(Mesh)模块中定义了自适应网格重划分规则,则可以对该模型运行网格自适应过程。Abaqus/CAE 根据自适应网格重划分规则对模型重划分网格,进而完成一系列连续的分析作业,直到结果满足自适应网格重划分规则,或已完成指定的最大迭代数,抑或分析中遇到错误而中断。

单击工具箱中的🔲创建自适应过程(Create Adaptivity Process),或在菜单栏中选择自适应(Adaptivity)→创建(Create)命令,弹出创建自适应过程对话框。该对话框与编辑作业(Edit Job)对话框类似,这里不再赘述。设置完成后单击确定(OK)按钮。单击🔲自适应过程管理器(Adaptivity Process Manager)工具,已创建的自适应过程出现在该管理器中。可以单击该管理器右侧的提交(Submit)按钮运行该自适应分析过程。但是,自适应过程的监控、终止和每个迭代的结果后处理操作需要在分析作业管理器中进行。

2.8.2 可视化模块

整个模拟仿真分析计算完成后,可以通过两种方式进入可视化(Visualization)模块进行仿真结果的后处理。

- 分析完成后,作业模块中的分析作业管理器的状态(Status)栏显示已完成

(Completed)，在管理器中选择要进行后处理的分析作业，单击结果(Results)按钮，或在菜单栏中选择作业(Job)→结果(Results)命令，即进入可视化(Visualization)模块，视图区显示该模型的无变形图。

- 在模块(Module)列表中选择可视化(Visualization)，进入可视化模块，单击工具栏中的 打开(Open)按钮或在菜单栏中选择文件(File)→打开(Open)命令，也可以双击结果树中的输出数据库(Output Databases)，在弹出的打开数据库(Open Databases)对话框中，选择要打开的 odb 文件，单击确定(OK)按钮，视图区将显示该模型的无变形图。

Abaqus 的可视化模块用于模型分析结果的后处理，可以显示 odb 文件中的计算分析结果，包括变形前/后的模型图、矢量/张量符号图、材料方向图、各种变量的分布云图、变量的 XY 图表、动画等，以及文本形式选择性输出的各种变量的具体数值。这些功能及其控制选项都包含在结果、绘图、动画、报告、选项和工具箱中，其中，大部分功能可以通过工具箱进行调用，如图 2-25 所示。

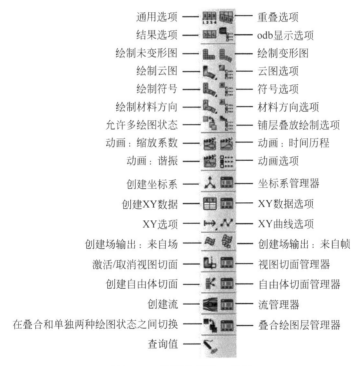

图 2-25　可视化模块工具箱

1. 显示无变形和变形图

打开 odb 文件，视图区随即显示该模型的无变形图。可以选择显示模型的变形图，还可以同时显示无变形图和变形图。

(1) 分别显示无变形图和变形图

在可视化(Visualization)模块中打开结果数据库文件后，工具箱中的 显示未变形图(Plot Undeformed Shape)被激活，视图区显示出变形前的网格模型，与网格(Mesh)模块中的网格图相同。单击工具箱中的▆绘制变形图（Plot Deformed Shape）或在菜单栏中选择绘图（Plot）→变形图（Deformed Shape）命令，视图区显示出变形后的网格模型。

① 修改背景颜色。在菜单栏中选择视图（View）→图形选项（Graphics Options）命令，弹出图形选项（Graphics Options）对话框，单击视口背景（Viewport Background）栏内实体（Solid）后的色标▆，在弹出的选择颜色（Select Color）对话框中选择白色，单击确定（OK）按钮，返回图形选项对话框，单击应用（Apply）按钮，视图区的背景变为白色。用户也可选择渐变（Gradient），编辑渐变的背景。

② 打印输出。在菜单栏中选择文件（File）→打印（Print）命令，弹出打印（Print）对话框，在目标（Destination）栏内选择文件（File），在文件名（File name）栏内输入文件名称，单击 🖾 文件选择浏览器（File Select Browser）按钮选择保存图片的文件夹，在格式（Format）栏内选择文件格式，单击应用（Apply）按钮，保存背景为白色的图片。另外，在渲染（Rendition）栏内可选择输出彩图、灰度图或黑白图，打印视口背景（Print viewport background）选项用于输出背景（如视图区背景为黑色，则选择该项后生成的图片为黑色背景）。

可以根据需要进行模型显示的设置，单击工具箱中的▆通用选项（Common Options）工具，或在菜单栏中选择选项（Options）→通用（Common）命令，弹出通用绘图选项（Common Plot Options）对话框。设置完成，单击确定（OK）按钮，默认值（Defaults）按钮用于恢复默认设置。

（2）同时显示无变形和变形图

Abaqus/CAE 还支持同时显示变形前、后的网格模型。单击工具箱中的▆允许多绘图状态（Allow Multiple Plot States），视图区显示变形前、后的网格模型，变形后的模型默认为绿色。在菜单栏中选择选项（Options）→叠加（Superimpose）命令，或单击工具箱中的▆重叠选项（Superimpose Options）按钮，弹出叠加绘图选项（Superimpose Plot Options）对话框。

① 基本信息（Basic）页面只包括渲染风格（Render Style）和可见边（Visible Edges）两个单选区。

② 其他（Other）页面包括缩放比例（Scaling）、偏移（Offset）和半透明（Translucency）三个页面，前两个页面的选项与通用绘图选项（Common Plot Options）对话框相同。半透明（Translucency）页面中默认选择应用透明（Apply Translucency）项，透明度设置为 0.3。偏移（Offset）页面用于设置变形后的模型相对于变形前的模型的偏移距离，默认为不偏移（No Offset）。

2. 绘制云图

云图用于在模型上用颜色显示分析变量。在菜单栏中执行绘图（Plot）→云图（Contours）→在变形图上（On Deformed Shape）命令，或单击左侧工具箱中的▆在变形图上绘制云图（Plot Contours on Deformed Shape），视图区显示模型变形后的 Mises 应力云图。单击并长按此工具可以在展开的工具条中选择云图的显示方式，另外两项分别为显示在变形前模型上的云图（Plot Contours on Underformed Shape）和显示在变形前、后模型上的云图（Plot Contours on both Shapes）。

（1）设置云图显示选项

在菜单栏中选择选项（Options）→云图（Contours）命令，或单击工具箱中的█云图选项（Contours Options），弹出云图绘制选项（Contour Plot Options）对话框。

（2）选择云图的场变量

Abaqus/CAE 默认显示的是 Mises 应力的分布云图，可以编辑云图对应的变量。在菜单栏中选择结果（Result）→场输出（Field Output）命令，弹出场输出（Field Output）对话框。根据需要可以使用存在的场变量创建新的场。该功能可以通过工具箱中的█创建场输出：来自场（Create Field Output From Fields）和█创建场输出：来自帧（Create Field Output From Frames）实现，也可以选择菜单栏中的工具（Tools）→创建场输出（Create Field Output）命令。

3. 显示矢量/张量符号图和材料方向图

在绘图（Plot）菜单中，除变形图、无变形图和云图的显示外，还包括显示矢量/张量符号图和材料方向图的选项，这些选项也同样出现在工具箱显示栏内。矢量/张量符号图和材料方向图也可以仅显示在变形前/变形后的模型上或同时显示在变形前、后的模型上。下面对这两种模型的显示进行介绍（仅显示在变形后的模型上）。

（1）显示矢量/张量符号图

矢量/张量符号图以符号（如箭头）显示矢量或张量的结果，箭头的方向代表矢量/张量的方向，符号的长度代表矢量/张量的大小。

单击工具箱中的█在变形图上绘制符号（Plot Symbols on Deformed Shape），或在菜单栏中选择绘制（Plot）→符号（Symbols）→在变形图上（On Deformed Shape）命令，视图区显示模型变形后的主应力的张量符号图。

单击工具箱中的█符号选项（Symbol Options），或在菜单栏中选择选项（Options）→符号（Symbols）命令，弹出符号绘制选项（Symbol Plot Options）对话框。

设置完成，单击确定（OK）按钮，默认值（Defaults）按钮用于恢复默认设置。

（2）显示材料方向图

材料方向图显示壳单元或定义了材料方向的实体单元的材料方向。在菜单栏中选择绘图（Plot）→材料方向（Material Orientations）→在变形图上（On Deformed Shape）命令，或单击工具箱中的█在变形图上绘制材料方向（Plot Material Orientations on Deformed Shape），实现材料方向图的设置。

4. 显示剖面图

如果想显示某个剖面上的变形、矢量/张量符号、变量等，则需要对模型进行剖分。可以通过工具箱中的█激活/取消视图切面（Activate/Deactivate View Cut）和█视图切面管理器（View Cut Manager）来编辑和管理剖面图，也可以通过在菜单栏中选择工具（Tools）→视图切片（View Cut）菜单命令来实现该功能。

在默认设置的情况下，模型以 X-Plane（与 X 方向垂直的平面）为剖面在模型 X 方向的中间进行剖分，视图区只显示小于该剖面 X 坐标值的模型区域（包含剖面）。可以对之前介绍的各种模型显示进行剖分，并能对剖面进行编辑。在菜单栏中选择工具（Tools）→视图切片(View Cut)→管理器(Manager)命令,或单击工具箱中的⊞视图切面管理器(View Cut Manager),弹出视图切面管理器对话框。在该管理器中,除了能进行剖面的创建、复制、重命名、编辑、删除等操作外,还可以进行剖面的选择和位置控制。

Abaqus/CAE 预定义了三个剖面,即 X-Plane、Y-Plane、Z-Plane(分别为与 X、Y、Z 轴垂直的平面),可以单击创建(Create)按钮创建新的剖面,创建的剖面显示在列表中。还可以通过显示(Show)进行剖面的选择,并能通过模型(Model)栏进行模型显示区域的选择。模型(Model)栏从左到右分别为⊞切面下方(Below Cut),显示小于该剖面坐标值的模型区域;⊞切面(On Cut),显示剖面;⊞切面上方(Above Cut),显示大于该剖面坐标值的模型区域;⊠自由体(Free Body)。

视图切面管理器中的所选切片的运动(Motion of Selected Cut)栏用于剖面移动方式、位置和敏感度的设置。

- 平移/旋转(Translate/Rotate):选择剖面移动方式。平移(Translate)为默认选项,剖面通过平移的方式进行位置的变化。旋转(Rotate)表示剖面通过旋转进行位置的变化,需要选择旋转轴。
- 位置/角度(Position/Angle):指定剖面的位置或旋转角度。
- 灵敏度(Sensitivity):用于指定剖面的平移敏感度,仅适用于平移(Translate)移动方式。敏感度默认为 1,即位置(Position)栏的滑动条长度代表整个模型在该方向的长度;可以以 10 为倍数增大敏感度,若设为 20,则位置(Position)栏的滑动条长度代表整个模型在该方向的长度的 1/20,灵敏度(Sensitivity)区域的红色条码代表位置(Position)栏的滑动条的控制范围。
- 选项…(Options…):单击该按钮,弹出视图切图选项(View Cut Options)对话框,该对话框也可以通过在菜单栏中选择选项(Options)→视图切片(View Cut)命令弹出。该对话框用于编辑剖面图的选项,默认选择使用当前绘图选项(Use current plot options),即采用通过 ▦ 通用选项(Common Options)或 ▦ 重叠选项(Superimpose Options)打开的对话框来设置。若用户希望重新定义剖面图的显示选项,可以选择使用这里的设置(Use these options),此时基本信息(Basic)、颜色与风格(Color & Style)、其他(Other)页面被激活,这三个页面的设置与通用绘图选项(Common Plot Options)对话框和叠加绘图选项(Superimpose Plot Options)对话框类似。

5. 显示 XY 图表

Abaqus/CAE 能显示两个变量间的关系图表,并能将其以表格形式输出到文件。

在菜单栏中执行工具(Tools)→XY 数据(XY Data)→创建(Create)命令,或单击工具箱中的▦创建 XY 数据(Create XY Data),弹出创建 XY 数据(Create XY Data)对话框。该对话框用于选择数据来源。

- ODB 历程变量输出(ODB history output):XY 曲线数据来源于输出数据库的历程变量,得到选择的历程变量与时间的关系图表。
- ODB 场变量输出(ODB field output):XY 曲线数据来源于输出数据库的场变量,得到选择的场变量与时间的关系图表。

- 厚度(Thickness)：XY 曲线数据来源于模型壳区域厚度单元的场变量。
- 自由体(Free body)：XY 曲线数据来源于激活的自由体场变量。
- 操作 XY 数据(Operate on XY data)：XY 曲线数据来源于已经保存的 XY 曲线的数据,通过指定新的 XY 数据与保存的 XY 数据的数学关系来得到新的 XY 图表。
- ASCII 文件(ASCII file)：XY 曲线数据来源于文本文件。该文件至少包含两列数据,用户需要指定 X、Y 轴数据对应的列数及读入数据的间隔行数。
- 键盘(Keyboard)：XY 曲线数据来源于 Abaqus/CAE 环境中自定义输入的表格。
- 路径(Path)：用户需要先创建路径,再得到某个场变量沿路径的变化图表。

6. 输出数据表格

Abaqus/CAE 支持将 XY 图表的数据、场变量和通过查询值(Probe Values)对话框查看的数据以列表的形式输出。下面讲解如何输出 XY 图表的数据。

若已保存了 XY 数据或正在显示 XY 图表,在菜单栏中执行报告(Report)→XY 命令,弹出报告 XY 数据(Report XY Data)对话框。该对话框包括两个页面。

(1) XY 数据(XY Data),该页面用于选择需要输出的 XY 数据。默认为选择所有 XY 数据(All XY data),表格内列出已保存的所有 XY 数据;在该窗口中可以选择当前视口中的 XY 曲线(XY plot in current viewport),表格更新为当前视窗内显示的 XY 图表;也可以通过名称过滤(Name filter)栏进行 XY 数据名称的过滤。

(2) 设置(Set up),该页面可以设置表格输出的相关参数。

当设置完成,单击确定(OK)或应用(Apply)按钮,将 XY 数据输出到指定的文件。

7. 显示动画

Abaqus/CAE 的可视化模块提供云图、变形图、矢量/张量符号图、材料方向图的动画显示,通过菜单栏中的动画(Animate)菜单或工具箱内 ▦ 动画选项(Animate Options)实现。

(1) 播放器(Player),该页面用于设置动画的播放选项。

(2) 缩放系数/谐波(Scale Factor/Harmonic),该页面用于设置缩放系数(Scale Factor)和谐波(Harmonic)动画的参数。

(3) 时间历程(Time History),该页面用于设置时间历程(Time History)动画的播放参数。

(4) XY,该页面用于设置与时间相关的 XY 图表动画的播放参数。当显示 XY 图表的动画时,Abaqus/CAE 产生一条垂直于 X 轴的直线,并沿 X 轴从左到右移动(基于增量步),在该直线与 XY 取向的相交处出现一个符号。

(5) 视口(Viewports),该页面用于设置动画显示的视窗。

在播放动画的状态下,Abaqus 可以将动画以文件形式保存下来,具体方法：在菜单栏中执行动画(Animate)→另存为...(Save as...)命令,在弹出的保存图像动画(Save Image Animation)对话框中进行相关的设置后保存动画。

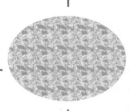

第 3 章

结构静力学分析

结构分析是有限元分析方法最常用的一个应用领域。结构这个术语是一个广义的概念,包括土木结构,如建筑物;航空结构,如飞机机身;汽车结构,如车身骨架;海洋结构,如船舶结构等;同时还包括各种机械零部件,如活塞、传动轴等。结构静力学分析用于研究静载荷作用下结构的响应,静载荷可以是集中力、分布力、力矩、位移、温度等。

3.1 线性静态结构分析概述

静力分析用于计算由那些不包括惯性和阻尼效应的载荷作用于结构或部件上引起的位移、应力、应变和力等。假定载荷和响应是固定不变的,或假定载荷和结构的响应随时间的变化非常缓慢。在线性静态结构分析中载荷和响应与时间无关,同时材料必须满足线弹性、小变形理论。静力分析所施加的载荷包括:
- 外部施加的作用力和压力;
- 稳态的惯性力(如重力和离心力);
- 位移载荷;
- 温度载荷。

3.2 结构静力学分析步骤

结构静力分析计算是结构在不变的静载荷作用下的受力分析,它不考虑惯性和阻尼的影响。静力分析可以计算那些固定不变的惯性载荷(如离心力和重力)对结构的影响,以及那些可以近似为等价静力作用的随时间变化载荷(如通常在许多建筑规范中所定义的等价静力风载和地震载荷)的作用。

3.2.1 静力学分析的步骤

静力学分析的基本步骤为:
(1) 建立几何模型;
(2) 定义材料属性;

（3）进行模型装配；

（4）定义分析步；

（5）施加边界条件和载荷；

（6）定义作业，求解；

（7）结果分析。

静力学分析的要求主要有：

（1）采用线性结构单元。

（2）对于网格密度，以下几个方面需要注意：

- 应力和应变急剧变化的区域，通常也是读者感兴趣的区域，需要有比较密的网格。
- 考虑非线性效应的时候，要用足够的网格来得到非线性效应。
- 在静力学分析中，分析步必须为一般静力学分析步，即通用，静力。

（3）材料可以是线性或者非线性的，各向异性或者正交各向同性的，材料参数为常数或者跟温度相关的。定义材料时，必须按某种形式定义刚度；对于温度载荷，必须定义热膨胀系数；对于惯性载荷，必须定义质量计算所需的密度等数据。

3.2.2　静力学分析特点

静力分析的结果包括位移、应力、应变、力等。静力分析所施加的载荷包括：

- 外部施加的作用力和压力
- 稳态的惯性力（如重力和离心力）
- 温度载荷
- 强制位移
- 能流

静力分析既可以是线性的也可以是非线性的。非线性静力分析包括所有类型的非线性，如大变形、塑性、蠕变、应力刚化、接触单元、超单元等。

3.3　轴对称结构静力分析简介

工程结构中经常遇到边界约束条件、几何形状以及作用载荷都对称于同一固定轴（即对称轴）的问题，并且在载荷作用下结构产生的位移、应力和应变也对称于此轴，这样的问题称为轴对称问题。

3.3.1　轴对称结构的特点

轴对称问题的主要特点如下：

- 几何形状必须轴对称；
- 边界约束条件必须轴对称；
- 载荷必须轴对称。

要在分析中使用轴对称单元，进行分析的模型必须同时满足上述的三个条件，缺一不可。然而在实际工程应用中，完全满足上述条件的模型很少，大部分模型只是近似满足上述条件。如果非对称部分对于所研究的问题影响不大,也可以近似按照轴对称模型处理。

例如,在后面分析的压力容器实例中,封头上的某些结构,如开孔接管等实际上不是轴对称的,严格来说,不能使用轴对称模型进行分析,但问题关注的是封头的应力情况,接管对过渡区域的影响非常小,可以忽略不计,故可以使用轴对称模型进行分析。采用轴对称结构进行分析,可以在保证分析精度的情况下,大大简化分析模型,减小计算量。

可见,对于近似轴对称模型能否使用轴对称模型进行分析的问题,重点考虑的是非对称性对分析结果的影响程度能否忽略。

3.3.2　轴对称结构分析要素

对于轴对称分析,除了注意所分析问题必须满足上述三点外,在分析过程中还需要注意以下几点:

(1)轴对称模型的简化原则:三维轴对称模型简化为平面模型;二维轴对称平面模型简化为线模型;二维轴对称线模型简化为点模型。

(2)建模时,模型必须位于对称轴的右侧(默认为 Y 轴右侧),否则无法创建轴对称模型。

(3)在轴对称问题中应尽量施加分布载荷,不应施加集中载荷,否则会引起结果的不对称。

(4)单元需要选择轴对称单元类型。

(5)必须在对称轴处的分割边界(如果存在)上施加对称边界条件/反对称边界条件。

3.4　结构静力学分析实例——压力容器应力分析

长期处于高压环境下的压力容器的安全问题是十分关键的,所以,对该类结构进行应力应变分析是设计时必须考虑的问题。

3.4.1　问题描述

高压容器的设计压强 $P=1.6e7Pa$,材料的弹性模量(杨氏模量)为 2e11Pa,泊松比为 0.3,筒体的内径 $R_1=776mm$,壁厚 $t_1=100mm$,筒体高度 $L=1200mm$,封头内径为 $R_2=800mm$,厚度 $t_2=48mm$,如图 3-1 所示。试对该高压容器筒体进行应力分析。

3.4.2　问题分析

使用 Abaqus 对压力容器应力过程进行数值模拟需考虑以下几个问题:

(1)本例中的关键在于讨论封头和筒体之间连接区域的应力情况,所以可以忽略封头上的其他结构,如开口管等,把几何模型视为轴对称模型进行分析,这样就可以节省大量的计算时间。

(2)整个模拟过程采用的单位制为 kg-m-s。

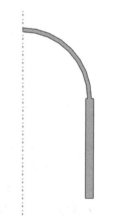

图 3-1　高压容器筒体示意图

3.4.3　建立模型

Step 1　启动 Abaqus/CAE,创建一个新的数据库,选择模型树中的 Model-1,单击鼠标右键,执行重命名...(Rename...),将模型重命名为 vessel,单击工具栏中的 ▦ 保存模型数据库(Save Model Database),保存模型为 vessel.cae。

Step 2　单击工具箱中的 ◩ 创建部件(Create Part),创建一个名为 vessel 的轴对称模型(Axisymmetric),类型为可变形(Deformable),基本特征为壳(Shell),大约尺寸(Approximate size)设为 6,单击继续...(Continue...)按钮,进入草图绘制环境。

Step 3　单击工具箱中的 ⬈ 创建线:首尾相连(Create Lines:connected),在提示区中依次输入各点坐标(0.776,1.2),(0.776,0.0),(0.876,0.0),(0.876,1.2),每输入一点按回车键确定,最后单击鼠标中键确定。

Step 4　单击工具箱中的 ⌒ 创建圆弧:圆心和两端点(Create Arc:Center and 2 Endpoint),在提示区中输入圆心坐标(0.0,1.2),起点坐标(0.0,2.048),终点坐标(0.848, 1.2),完成第一条圆弧,继续在提示区中输入圆心坐标(0.0,1.2),起点坐标(0.0,2.0),终点坐标(0.8,1.2),完成第二条圆弧。

Step 5　单击工具箱中的 ⬈ 创建线:首尾相连(Create Lines:connected),在图形窗口中单击坐标点(0.0,2.0)和点(0.0,2.048),单击鼠标中键,再单击坐标点(0.776,1.2)和点(0.8,1.2),单击鼠标中键,再单击坐标点(0.848,1.2)和点(0.876,1.2),单击鼠标右键,单击取消步骤(Cancel Procedure),完成草图的绘制,单击提示区的完成(Done)按钮,完成部件 vessel 的创建。

3.4.4　创建材料

Step 6　在环境栏中模块(Module)下拉列表中选择属性(Property),进入属性模块。

Step 7　单击工具箱中的 ◩ 创建材料(Create Material),弹出编辑材料(Edit Material)对话框,输入材料名称 steel,选择力学(Mechanical)→弹性(Elasticity)→弹性(Elastic)命令,输入杨氏模量(Young's Modulus)2.0e11,泊松比(Poisson's Ratio)0.3;单击确定(OK)按钮,完成材料 steel 的定义。

Step 8　单击工具箱中的 ⬛ 创建截面(Create Section),输入截面属性名称为 Section-steel,选择截面属性实体:均质(Solid:Homogeneous),单击继续...(Continue...)按钮,弹出编辑截面(Edit Section)对话框,在材料(Material)后面选择 steel,单击完成(OK)按钮,创建一个截面属性。

Step 9　在环境栏部件(Part)中选取部件 vessel,单击工具箱中的 ⬛ 指派截面(Assign Section),在图形窗口中框选部件 vessel,单击提示区的完成(Done)按钮,弹出编辑截面指派(Edit Section Assignment)对话框,在对话框中选择截面(Section):Section-steel,单击确定(OK)按钮,把截面属性 Section-steel 赋予部件 vessel。

3.4.5　部件装配

Step 10　在环境栏中模块(Module)下拉列表中选择装配(Assembly),进入装配模块。

Step 11 单击工具箱中的 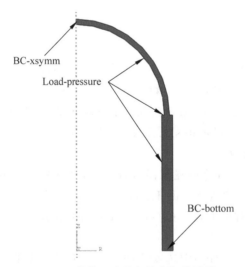创建实例（Creat Instance），弹出创建实例（Create Instance）对话框，在部件（Parts）中选择 vessel，实例类型选独立（Independent），单击确定（OK）按钮，完成实例 vessel-1 的创建。

3.4.6 定义分析步

Step 12 在环境栏中模块（Module）下拉列表中选择分析步（Step），进入分析步模块。

Step 13 单击工具箱中的创建分析步（Create Step），弹出创建分析步（Create Step）对话框，接受默认分析步名称（Name）为 Step-1，选择分析步类型为通用：静力，通用（General：Static，General），单击继续…（Continue…）按钮，弹出编辑分析步（Edit Step）对话框，保持默认设置，单击确定（OK）按钮。

3.4.7 定义边界条件

Step 14 在环境栏中模块（Module）下拉列表中选择载荷（Load），进入载荷模块。

Step 15 单击工具箱中的创建边界条件（Create Boundary Condition），弹出创建边界条件（Create Boundary Condition）对话框，输入名称为 BC-bottom，选择分析步（Step）为 Step-1，类别为力学：位移/转角（Mechanical：Displacement/Rotation），单击继续…（Continue…）按钮，在图形窗口中选择实例的最底边，如图 3-2 所示，单击提示区中的完成（Done）按钮，弹出编辑边界条件（Edit Boundary Condition）对话框，在 U2 中输入 0，其他保持默认设置，单击确定（OK）按钮，完成筒体底部边界条件的施加。

图 3-2 载荷及边界条件选取的位置

Step 16 单击工具箱中的创建边界条件（Create Boundary Condition），弹出创建边界条件（Create Boundary Condition）对话框，输入名称为 BC-xsymm，选择分析步（Step）为 Step-1，类别为力学：对称/反对称/完全固定（Mechanical：Symmetry/Antisymmetry/Encastre），单击继续…（Continue…）按钮，在图形窗口中选择实例最顶部的竖直短边，如图 3-2 所示，单击提示区中的完成（Done）按钮，弹出编辑边界条件（Edit Boundary

Condition)对话框,选择 XSYMM(U1＝UR2＝UR3＝0),单击确定(OK)按钮,完成边界条件的施加。

Step 17 单击工具箱中的 创建载荷(Create Load),弹出创建载荷(Create Load)对话框,输入载荷名称 Load-pressure,选择分析步(Step)为 Step-1,类别为力学:压强(Mechanical:Pressure),单击继续…(Continue…)按钮,选择如图 3-2 所示的内部三条边,单击提示区中的完成(Done)按钮,弹出编辑载荷(Edit Load)对话框,在大小(Magnitude)中输入:1.6e7,单击确定(OK)按钮,完成内压的施加。最终的边界条件及载荷示意图如图 3-3 所示。

3.4.8 网格划分

Step 18 在环境栏中模块(Module)下拉列表中选择网格(Mesh),进入网格模块。

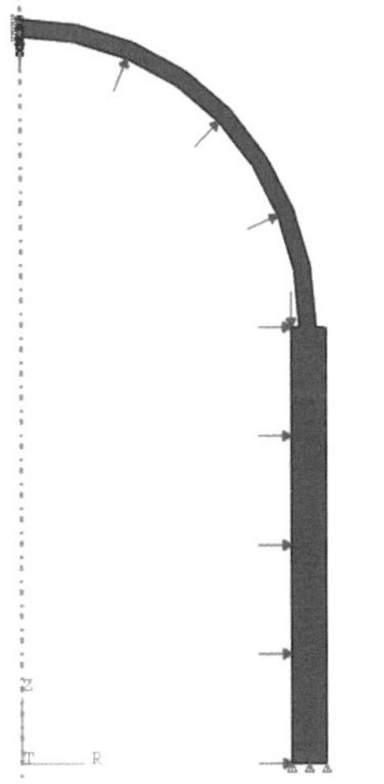

图 3-3 载荷及边界条件示意图

Step 19 单击工具箱中的 为边布种(Seed Edges),在图形窗口选择底部横边,单击提示区中的完成(Done)按钮,弹出局部种子(Local Seeds)对话框,基本信息(Basic)选项卡中的方法(Method)选择按个数(By number),单元数(Number of Element)设置为4,单击约束(Constraints)选项卡,布种约束(Seed Constraints)选择不允许改变单元数(Do not allow the number of elements to change),即不允许改变单元数目,单击确定(OK)按钮,单击鼠标中键,完成边的布种。

Step 20 单击工具箱中的 拆分面:草图(Partition Face:Sketch),再单击工具箱中的 创建线:首尾相连(Create Lines:connected),在图形窗口中选择圆弧底部与矩形相连的两个端点 A 和 B,单击鼠标中键两次,完成矩形与圆弧的分割。采用同 Step 19 相同的方法,完成如图 3-4 所示的各边布种。

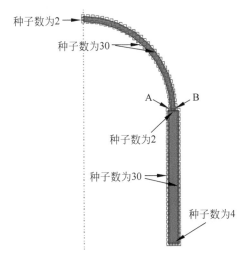

图 3-4 各边所布种子数(见彩图)

Step 21   在菜单栏选择网格(Mesh)→单元类型(Element Type)命令,在图形窗口框选 vessel-1,单击提示区的完成(Done)按钮,弹出单元类型(Element Type)对话框,选择隐式(Standard)、线性(Linear)、轴对称应力(Axisymmetric stress)的 CAX4R 单元,单击确定(OK)按钮。

Step 22   在菜单栏选择网格(Mesh)→控制属性(Controls)命令,在图形窗口框选 vessel-1,单击提示区的完成(Done)按钮,弹出网格控制属性(Mesh Controls)对话框,选择网格类型为四边形为主(Quad-dominated)、自由(Free)网格划分技术,算法(Algorithm)选择进阶算法(Advancing front),单击确定(OK)按钮,完成控制网格划分选项的设置,单击提示区的完成(Done)按钮。

Step 23   在菜单栏选择网格(Mesh)→实例(Instance)命令,单击提示区的是(Yes)按钮,完成网格划分,如图 3-5 所示。单击工具箱中的■检查网格(Verify Mesh),在图形窗口框选 vessel-1,单击提示区的完成(Done)按钮,弹出检查网格(Verify Mesh)窗口,选择分析检查(Analysis Checks),单击高亮(Highlight),若未出现错误(Errors)和警告(Warnings)中的颜色,则网格质量合格,完成检查网格划分质量。

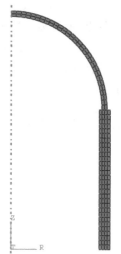

图 3-5   实例 vessel-1 的网格模型(见彩图)

3.4.9   提交作业及结果分析

Step 24   在环境栏中模块(Module)下拉列表中选择作业(Job),进入作业模块。

Step 25   单击工具箱中的■创建作业(Create Job),弹出创建作业(Create Job)对话框,创建一个名称为 pressure-vessel 的任务,单击继续…(Continue…)按钮,弹出编辑作业(Edit Job)对话框,单击确定(OK)按钮。

Step 26   单击工具箱中的■右边的■作业管理器(Job Manager),弹出作业管理器(Job Manager)对话框,单击提交(Submit)按钮,提交作业。

Step 27   分析结束后,单击作业管理器(Job Manager)对话框的结果(Results)按钮,进入可视化(Visualization)模块,对结果进行处理。

Step 28   单击工具箱中的■在变形图上绘制云图(Plot Contours on Deformed Shape),实例 vessel-1 变形后的 Mises 应力分布云图,如图 3-6 所示。

Step 29   在菜单栏选择绘图(Plot)→云图(Contours)→同时在两个图上(On Both Shapes)命令,显示模型变形前、后的云图,如图 3-7 所示。

Step 30   在菜单栏选择选项(Options)→通用(Common)命令,弹出通用绘图选项(Common Plot Options)对话框,基本信息(Basic)选项卡中的变形缩放系数(Deformation ScaleFactor)默认的选择是自动计算(Auto-compute),即自动选择放大变形系数,本例选择一致(Uniform)前面的单选按钮,在出现的数值(Value)中输入自定义均匀放大倍数 160,单击应用(Apply)按钮,此时图形窗口中将会显示变形系数为 160 的 Mises 应力云图。同理,也可以在通用绘图选项(Common Plot Options)对话框中选择基本信息(Basic)选项卡中的

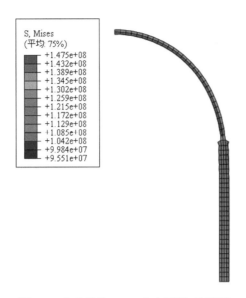

图 3-6　变形后的 Mises 应力云图（见彩图）

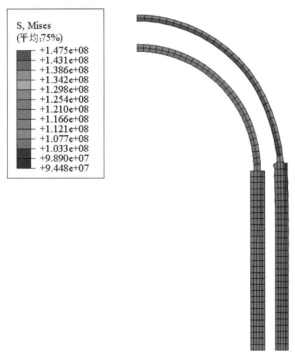

图 3-7　变形前、后的 Mises 应力对比云图（见彩图）

可见边：自由边（Visible Edges：Free edges），此时图形窗口中实例的网格将会被隐藏。

Step 31　在菜单栏选择结果（Result）→场输出（Field Output）命令，弹出场输出（Field Output）对话框。在输出变量（Output Variable）栏中选择空间位移在节点处（Spatial displacement at nodes），分量（Component）栏中选择 U1，单击应用（Apply）按钮，显示实例

在 X 方向的变形量,如图 3-8 所示;分量(Component)栏中选择 U2,单击应用(Apply)按钮,显示实例在 Y 方向的变形量,如图 3-9 所示。

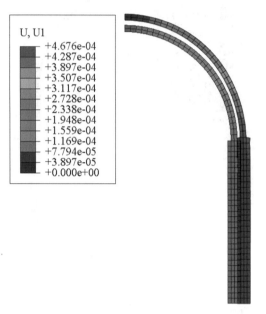

图 3-8   筒体在 X 方向上的变形量对比云图(见彩图)

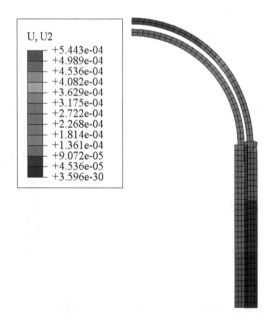

图 3-9   筒体在 Y 方向上的变形量对比云图(见彩图)

Step 32   在菜单栏选择工具(Tools)→路径(Path)→创建(Create)命令,弹出如图 3-10 所示的对话框,输入路径名称 circular,路径类型选择节点列表(Node list),单击继续…(Continue…)按钮,弹出编辑节点列表路径(Edit Node List Path)对话框,在视口选择集(View selection)单击添加于前(Add Before),按住 Shift 键在图形窗口选择外圆弧上的所有节点,如图 3-11 所示,单击提示区的完成(Done)按钮,单击确定(OK)按钮,完成路径 circular 的定义。

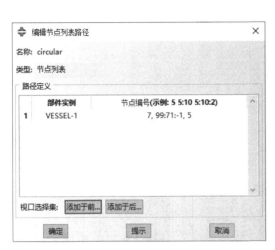

图 3-10 编辑节点列表路径对话框

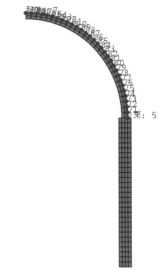

图 3-11 路径 circular 节点图(见彩图)

Step 33 在菜单栏选择工具(Tools)→XY 数据(XY Data)→创建(Create)命令,弹出创建 XY 数据(Create XY Data)对话框,在源(Source)中选择路径(Path),单击继续… (Continue…)按钮,弹出来自路径的 XY 数据(XY Data from Path)对话框,接受默认设置,单击绘制(Plot)按钮,图形窗口中显示路径 circular 上的 Mises 应力变化曲线,如图 3-12 所示。利用工具箱中的 ↦ XY 轴选项(XY Axis Options)和 ∿ XY 曲线选项(XY Curve Options),可以更改曲线图中的坐标轴、曲线及文字的样式,在图形区域中双击鼠标左键可以将曲线图的背景颜色调整为白色。

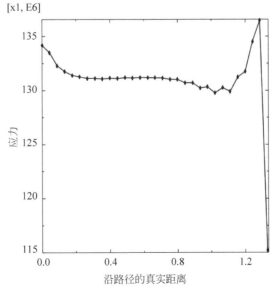

图 3-12 路径 circular 上的 Mises 应力曲线

Step 34 在菜单栏选择视图(View)→ODB 显示选项(ODB Display Options)命令,弹出 ODB 显示选项(ODB Display Options)对话框,如图 3-13 所示,选择扫掠/拉伸(Sweep/Extrude)选项卡,勾选扫掠单元(Sweep elements)前面的复选框,选择默认的扫掠角度 0°到 180°,单击应用(Apply)按钮,显示结果如图 3-14 所示。

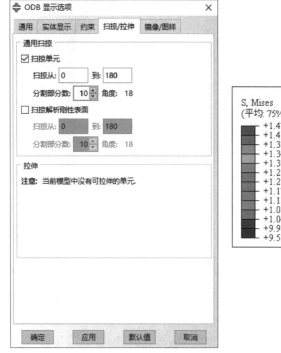

图 3-13   ODB 显示选项对话框

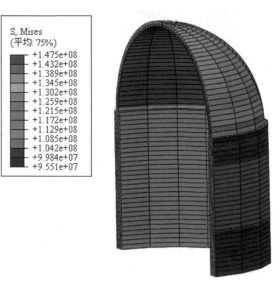

图 3-14   扫掠 180°后的 Mises 应力图(见彩图)

3.5   学习视频网址

第 4 章

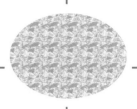

结构动力学分析

如果只对结构受载荷作用后的长期效应感兴趣,可以使用静力分析。然而,如果加载时间很短,例如地震、冲击、碰撞等,或者载荷性质为动态,例如来自旋转机械的载荷、加工过程等,这时就必须采用动力分析。

4.1 动力学分析简介

动力学分析是用来确定当惯量(质量/转动惯量)和阻尼起重要作用时结构或构件动力学行为的分析技术,常见的动力学行为包括:

(1) 振动特性:结构如何振动及其振动频率;

(2) 载荷随时间变化的效应:例如,对结构的位移和应力的影响;

(3) 周期载荷激励:例如,振荡和随机载荷。

静力学分析用于确保一个结构能够承受稳定载荷的条件,但这还远远不够,尤其当载荷随时间变化时更是如此。如美国塔科马海峡大桥(Galloping Gertie)在 1940 年 11 月 7 日,也就是刚刚建成 4 个月后,在受到风速为 42 英里/小时的平稳风载时发生了坍塌。因此,对结构或构件进行动力学分析具有十分重要的意义。

4.2 动力学分析的类型

动力学分析常用于下列物理现象:

① 振动:如由于旋转机械引起的振动;

② 冲击:如汽车的碰撞、冲压等;

③ 变化载荷:如曲轴和一些旋转机械的载荷;

④ 随机振动:如火箭发射、汽车的颠簸等。

每一种物理现象将按照一定类型的动力学分析来解决,在工程应用中,经常使用的动力学分析类型包括:

(1) 模态分析:用于确定结构的振动特性。如下问题可以使用模态分析来解决:

- 汽车尾气排放管装配体，如果其固有频率和发动机的频率相同就会发生共振，可能导致其脱离；
- 涡轮叶片在受到离心力时表现出不同的动力学特性，如何计算。

（2）瞬态动力学分析：用于分析结构随时间变化载荷的响应。如下问题可以使用瞬态动力学分析来解决：

- 汽车保险杠可以承受低速撞击，但是在较高的速度下撞击就可能变形；
- 网球拍框架设计上应该保证其承受网球的冲击并且允许发生轻微弯曲。

（3）谐响应分析：用于确定结构对稳态简谐载荷的响应。例如，对旋转机械的轴承和支撑结构施加稳定的交变载荷，这些作用力随着转速的不同引起不同的偏转和应力。

（4）频谱分析：用于分析结构对地震等频谱载荷的响应。例如，在地震多发区的房屋框架和桥梁设计中应使其能够承受地震载荷。

（5）随机振动分析：用来分析部件结构对随机振动的响应。例如，太空飞船和飞行器部件必须能够承受持续一段时间的变频载荷。

4.3　瞬态动力学分析——子弹对钢板的侵彻分析

瞬态动力学分析是确定在随时间变化载荷（例如爆炸）作用下的结构响应的技术，其输入数据是随时间变化的载荷，输出数据是随时间变化的位移和其他的导出量，如应力和应变等。瞬态动力学分析可以应用在以下设计中：

（1）承受各种冲击载荷的结构，如汽车中的门和缓冲器、悬挂系统以及建筑框架等；

（2）承受各种随时间变化载荷的结构，如桥梁、地面移动装置以及其他机器部件；

（3）承受撞击和颠簸的家庭和办公设备，如移动电话、笔记本电脑和真空吸尘器等。

4.3.1　问题描述

在机械、军工等领域，冲击碰撞是一种非常常见的现象，如汽车碰撞试验、子弹穿甲、叶片脱落等，本例便是对此类现象发生过程的模拟，对事故的预防有重要的意义。

子弹和方形铝板模型如图 4-1 所示，假设子弹垂直射入铝板的速度为 800m/s，冲击时间为 1.5×10^{-5} s，试分析子弹对铝板的动态冲击响应特性。

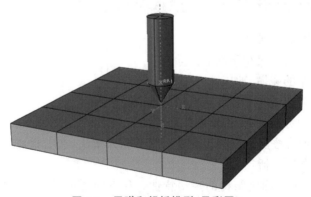

图 4-1　子弹和铝板模型（见彩图）

4.3.2　问题分析

使用 Abaqus 就子弹对铝板的侵彻过程进行数值模拟需考虑以下几个问题：

（1）本例主要研究子弹对铝板的动态冲击响应特性，子弹的响应不属于重点关注的内容，故可以把子弹作为刚体处理。在本例中先把子弹当作变形体，赋予密度等材料参数，然后在相互作用中约束成刚体。

（2）整个模拟仿真过程采用的单位制为 kg-m-s。

4.3.3　建立模型

Step 1　启动 Abaqus/CAE，创建一个新的数据库，单击工具栏中的💾保存模型数据库（Save Model Database），保存模型为 eroding.cae。

提示：由于 Abaqus 操作完成后，不能通过撤销命令来取消操作。因此，对于初学者，在保证操作正确的情况下及时单击工具栏中的💾存盘，必要时可另存为新模型。

Step 2　单击工具箱中的🔩创建部件（Create Part），创建一个名称为 bullet 的三维（3D）模型，类型为可变形（Deformable），基本特征为实体：旋转（Solid：Revolution），大约尺寸（Approximate size）设为 0.2，单击继续…（Continue…）按钮，进入草图绘制环境。

Step 3　单击工具箱中的✏️创建线：首尾相连（Create Lines：Connected），在提示区依次输入坐标(0.0,0.0)，(0.006,0.01)，(0.006,0.04)，(0.0,0.04)，(0.0,0.0)，单击鼠标中键，完成 bullet 的草图绘制，如图 4-2 所示。单击提示区中的完成（Done）按钮，弹出编辑旋转（Edit Revolution）对话框，输入旋转角度（Angle）360，单击确定（OK）按钮，完成部件 bullet 的创建，如图 4-3 所示。

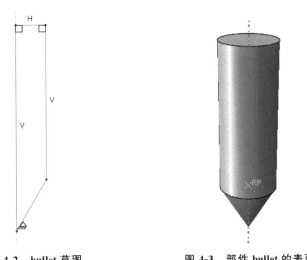

图 4-2　bullet 草图　　　　　图 4-3　部件 bullet 的表面

Step 4　在菜单栏选择工具（Tools）→表面（Surface）→创建（Create）命令，弹出创建表面（Create Surface）对话框，输入名称为 bullet-s，选取 bullet 部件中除圆柱顶部圆面外的所有表面，单击提示区的完成（Done）按钮，完成表面 bullet-s 的定义。

Step 5   在菜单栏选择工具(Tools)→参考点(Reference Point)命令,在提示区中输入坐标(0.0,0.01,0.0),创建一个参考点 RP。在菜单栏选择工具(Tools)→集(Set)→创建(Create)命令,弹出创建集(Create Set)对话框,输入名称为 bullet-rp,选取参考点 RP,单击提示区的完成(Done)按钮,完成集 bullet-rp 的定义。

Step 6   单击工具箱中的 ┗ 创建部件(Create Part),创建一个名为 plate 的三维(3D)模型,类型为可变形(Deformable),基本特征为实体:拉伸(Solid:Extrusion),大约尺寸(Approximate size)设为 0.2,单击继续...(Continue...)按钮,进入草图绘制环境。

Step 7   单击工具箱中的 ▢ 创建线:矩形(四条线)(Create Lines:Rectangle (4 Lines)),输入矩形起点坐标(−0.05,−0.05),按回车键,输入矩形的对角点坐标(0.05,0.05),按回车键,单击鼠标中键,再单击提示区的完成(Done)按钮,弹出编辑基本拉伸(Edit Base Extrusion)对话框,输入拉伸深度(Depth)0.01,单击确定(OK)按钮,完成 plate 的建模。

4.3.4   创建材料

Step 8   在环境栏中模块(Module)下拉列表中选择属性(Property),进入属性模块。

Step 9   单击工具箱中的 ⚗ 创建材料(Create Material),弹出编辑材料(Edit Material)对话框,输入材料名称 steel,选择通用(General)→密度(Density)命令,输入密度(Mass Density)7800;选择力学(Mechanical)→弹性(Elasticity)→弹性(Elastic)命令,输入杨氏模量(Young's Modulus)2.1e11,泊松比(Poisson's Ratio)0.3,单击确定(OK)按钮,完成材料 steel 的定义。

Step 10   单击工具箱中的 ⚗ 创建材料(Create Material),弹出编辑材料(Edit Material)对话框,输入材料名称 Al,选择通用(General)→密度(Density)命令,输入密度(Mass Density)2700;选择力学(Mechanical)→弹性(Elasticity)→弹性(Elastic)命令,输入杨氏模量(Young's Modulus)7.0e10,泊松比(Poisson's Ratio)0.3,选择力学(Mechanical)→塑性(Plasticity)→塑性(Plastic)命令,在数据(Data)中依次输入屈服应力和相应的塑性应变(3.5e8,0.0),(3.8e8,0.01),(4.0e8,0.1),(4.5e8,1);选择力学(Mechanical)→延性金属损伤(Damage for Ductile Metals)→剪切损伤(Shear Damage)命令,输入断裂应变(Fracture Strain)1.5,其他的都为 0,如图 4-4 所示,单击子选项(Suboptions)下的损伤演化(Damage Evolution),在数据(Data)中输入破坏位移 1e-5,其他保持默认设置,如图 4-5 所示,单击确定(OK)按钮,完成材料 Al 的定义。

Step 11   单击工具箱中的 ⬚ 创建截面(Create Section),输入截面属性名称为 steel,类别为实体:均质(Solid:Homogeneous),单击继续...(Continue...)按钮,弹出编辑截面(Edit Section)对话框,在材料(Material)后面选择 steel,单击确定(OK)按钮,完成截面属性 steel 的创建。

Step 12   单击工具箱中的 ⬚ 创建截面(Create Section),输入截面属性名称为 Al,类别为实体:均质(Solid:Homogeneous),单击继续...(Continue...)按钮,弹出编辑截面(Edit Section)对话框,在材料(Material)后面选择 Al,单击确定(OK)按钮,创建一个截面属性。

Step 13   在环境栏部件(Part)中选取部件 plate,单击工具箱中的 ⬚ 指派截面(Assign

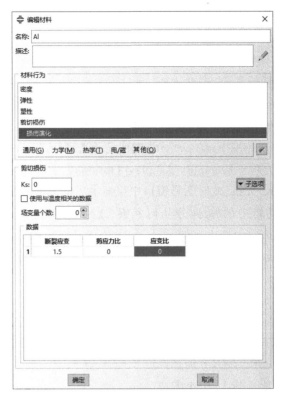

图 4-4　剪切损伤参数

图 4-5　子选项编辑器对话框

Section)，在图形窗口中选择部件 plate，单击提示区的完成(Done)按钮，弹出编辑截面指派
(Edit Section Assignment)对话框，在对话框中选择截面(Section)：Al，单击确定(OK)按
钮，把截面属性 Al 赋予部件 plate，赋予属性后，部件 plate 颜色显示为绿色。

Step 14　在环境栏部件(Part)中选取部件 bullet，参照 Step 13 把截面属性 steel 赋予
部件 bullet。

4.3.5 部件装配

Step 15 在环境栏中模块(Module)下拉列表中选择装配(Assembly),进入装配模块。

Step 16 单击工具箱中的 ![]创建实例(Create Instance),弹出创建实例(Create Instance)对话框,按住 Shift 键,在部件(Parts)中选择部件 bullet 和部件 plate,实例类型选择独立(Independent),单击确定(OK)按钮,创建实例 plate-1 和 bullet-1。

Step 17 在菜单栏选择视图(View)→装配件显示选项(Assembly Display Options)命令,弹出装配件显示选项(Assembly Display Options)对话框,取消 bullet-1 的可见(Visible),单击确定(OK)按钮,此时图形窗口中仅显示实例 plate-1。

Step 18 单击工具箱中的 ![]拆分几何元素:定义切割平面(Partition Cell:Define Cutting Plane),在图形窗口中选中实例 plate-1,单击提示区中的完成(Done)按钮,再在提示区选择一点及法线(Point&Normal),在图形窗口中单击图 4-6 所示点 1,再单击点 1 所在的线段作为法线,在提示区单击创建分区(Create Partition),将 plate-1 分成两部分;按住 Shift 键,同时选中实例 plate-1 的两部分,单击提示区中的完成(Done)按钮,选择一点及法线(Point & Normal),在图形窗口中单击图 4-7 所示点 2,再单击点 2 所在的线段,在提示区单击创建分区(Create Partition),单击提示区中的完成(Done)按钮,将实例 plate-1 分割为 4 部分。采用相同的操作方法,分别选择点 3、点 4、点 5、点 6 及这些点所在的边,将实例 plate-1 分割成如图 4-7 所示的 16 个小方块。

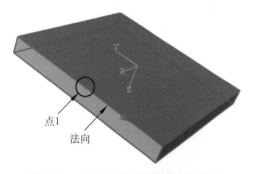
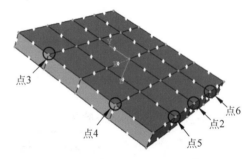

图 4-6　一点及法线所在位置(见彩图)　　　图 4-7　分割平面的点(见彩图)

Step 19 在菜单栏选择工具(Tools)→显示组(Display Group)→创建(Create)命令,弹出创建显示组(Create Display Group)对话框,选择几何元素(Cells),在图形窗口选择板中心 4 个方块,如图 4-8 所示,单击提示区的完成(Done)按钮,在对视口内容和所选执行一个

图 4-8　DisplayGroup-2 的几何元素(见彩图)

布尔操作（Perform a Boolean on the viewport contents and the selection）中选择替换（Replace），单击另存为…（Save as…）按钮，弹出显示组另存为（Save Display Group As）对话框，接受默认名称 DisplayGroup-2，单击确定（OK）按钮，然后关闭创建显示组（Create Display Group）对话框。

Step 20　在菜单栏选择工具（Tools）→显示组（Display Group）→绘图（Plot）→全部（All）命令。在菜单栏执行视图（View）→装配件显示选项（Assembly Display Options）命令，在实例栏下勾选 bullet-1 和 plate-1，单击确定（OK）按钮。

Step 21　单击工具箱中的 旋转实例（Rotate Instance），在提示区右侧选择实例…（Instances…），弹出实例选择（Instance Selection）对话框，选择 bullet-1，单击确定（OK）按钮，输入旋转轴起始点坐标（0.1，0.0，0.0），按回车键，输入旋转轴终点坐标（－0.1，0.0，0.0），按回车键，输入旋转角度 90°，按回车键，单击提示区中的确定（OK）按钮，完成实例 bullet-1 的旋转，单击工具箱中的 平移实例（Translate Instance），在图像窗口中选择实例 bullet-1，

图 4-9　最终的装配模型（见彩图）

单击鼠标中键，接受默认的平移起点坐标（0，0，0），回车，输入终点坐标（0.0，0.0，－0.001），按回车键，单击提示区中的确定（OK）按钮，完成平移。最终的装配模型如图 4-9 所示。

4.3.6　定义分析步

Step 22　在环境栏模块（Module）下拉列表中选择分析步（Step），进入分析步模块。

Step 23　单击工具箱中的 创建分析步（Create Step），弹出创建分析步（Create Step）对话框，接受默认分析步名称（Name）为 Step-1，选择程序类型（Procedure type）为通用：动力，显式（General：Dynamic，Explicit），单击继续…（Continue…）按钮，弹出编辑分析步（Edit Step）对话框，输入时间长度（Time period）为 1.5E-5（1.5×10^{-5}），几何非线性（Nlgeom）设为开（On），单击确定（OK）按钮，完成一个动力显式分析步定义。

4.3.7　定义相互作用

Step 24　在环境栏中模块（Module）下拉列表中选择相互作用（Interaction），进入相互作用模块。

Step 25　单击工具箱中的 创建相互作用属性（Create Interaction Properties），弹出创建相互作用属性（Create Interaction Property）对话框，接受默认名称 InProp-1，选择类型：接触（Type：Contact），单击继续…（Continue…）按钮，弹出编辑接触属性（Edit Contact Property）对话框，选择力学（Mechanical）→切向行为（Tangential Behavior）命令，在摩擦公式（Friction formulation）下拉列表中选择罚（Penalty），输入摩擦系数（Friction Coeff）0.3，单击确定（OK）按钮。

Step 26　单击工具箱中的 创建相互作用（Create Interaction），弹出创建相互作用（Create Interaction）对话框，输入名称为 Int-1，选择分析步（Step）为 Step-1，类型为表面与

表面接触（Surface-to-surface contact（Explicit）），单击继续…（Continue…）按钮，单击提示区的表面…（Surface…），弹出区域选择（Region Selection）对话框，选取 bullet-1.bullet-s 作为主接触面，单击继续…（Continue…）按钮，选择提示区的节点区域（Node Region），在菜单栏选择工具（Tools）→显示组（Display Group）→绘图（Plot）→DisplayGroup-2 命令，在图形窗口中框选所有实例，单击鼠标中键，弹出编辑相互作用（Edit interaction Property）对话框，其中接触作用属性（Contact interaction property）中选择 InProp-1，其他保持默认设置，单击确定（OK）按钮，完成相互作用的设置。再在菜单栏选择工具（Tools）→显示组（Display Group）→绘图（Plot）→全部（All）命令，显示所有实例。

Step 27　单击工具箱中的 ◁ 创建约束（Create Constraint），如图 4-10 所示，弹出创建约束（Create Constraint）对话框，接受默认名称 Constraint-1，选择类型：刚体（Type：Rigid body），单击继续…（Continue…）按钮，进入编辑约束（Edit Constraint）对话框，在区域类型（Region type）中选择体（单元）（Body（element）），单击右侧的 ▨ 编辑选择（Edit selection）按钮，在图形窗口中选择实例 bullet-1，单击提示区中的完成（Done）按钮，返回编辑约束（Edit Constraint）对话框，单击参考点（Reference Point）栏中点（Point）右侧的 ▨ 编辑…（Edit…）按钮，单击提示区的集…（Sets…），弹出区域选择对话框（Region Selection），选择 bullet-1.bullet-rp，单击继续…（Continue…）按钮，返回编辑约束（Edit Constraint）对话框，如图 4-11 所示，单击确定（OK）按钮，把 bullet-1 约束成刚体。

图 4-10　创建约束对话框

图 4-11　编辑约束对话框

4.3.8　定义边界条件

Step 28　在环境栏中模块（Module）下拉列表中选择载荷（Load），进入载荷模块。

Step 29　单击工具箱中的 ▨ 创建边界条件（Create Boundary Condition），弹出创建边界条件（Create Boundary Condition）对话框，接受默认名称 BC-1，分析步（Step）选择 Step-1，类别为力学：对称/反对称/完全固定（Mechanical：Symmetry/Antisymmetry/Encastre），单击继续…（Continue…）按钮，选择实例 plate-1 的四周，如图 4-12 所示的四个

侧面部分，单击提示区的完成（Done）按钮，在弹出的编辑边界条件（Edit Boundary Condition）对话框中选中完全固定（Encastre），即板的四周完全固定。如图 4-13 所示，单击确定（OK）按钮。

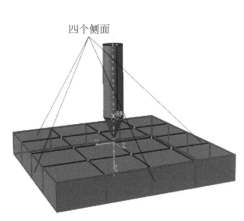

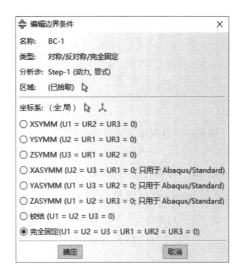

图 4-12　边界条件 BC-1 的作用区域（见彩图）　　　　图 4-13　编辑边界条件对话框

Step 30　单击工具箱中的创建预定义场（Create Predefined Field），弹出创建预定义场（Create Predefined Field）对话框，接受默认名称 Predefined Field-1，分析步（Step）选择 Initial，类型选择力学：速度（Mechanical：Velocity），单击继续…（Continue…）按钮，再在提示区选择集…（Sets…），弹出区域选择对话框（Region Selection），选择 bullet-1 .bullet-rp，单击继续…（Continue…）按钮，再单击完成（Done）按钮，进入编辑预定义场（Edit Predefined Field）对话框，选择仅平移（Translational only），输入 V1：0，V2：0，V3：800，单击确定（OK）按钮，完成 bullet-1 速度场的定义。

4.3.9　网格划分

Step 31　在环境栏中模块（Module）下拉列表中选择网格（Mesh），进入网格模块。

Step 32　在菜单栏选择视图（View）→装配件显示选项（Assembly Display Options）命令，弹出装配件显示选项对话框（Assembly Display Options），选择 bullet-1 可见（Visible），单击确定（OK）按钮。

Step 33　单击拆分几何元素：定义切割平面（Partition Cell：Define Cutting Plane），框选实例 bullet-1，单击鼠标中键，单击一点及法线（Point ﹠ Normal），单击实例 bullet-1 中母线上分割点及法线，如图 4-14 所示，单击提示区的创建分区（Create Partition）。再次框选实例 bullet-1，单击鼠标中键，单击图 4-14 中的顶点，再单击顶点下方的 Y 轴，单击提示区的创建分区（Create Partition），继续框选 bullet-1，单击鼠标中键，单击图 4-14 中的顶点，再单击顶点下方的 X 轴，单击提示区的创建分区（Create Partition），单击鼠标中键完成分区的创建，最终效果如图 4-15 所示。

图 4-14　分割点及法线位置（见彩图）　　　图 4-15　分割后的实例 bullet-1（见彩图）

Step 34　在菜单栏选择网格（Mesh）→单元类型（Element Type）命令，弹出区域选择（Region Selection）对话框，选择实例 bullet-1，单击提示区的完成（Done）按钮，弹出单元类型（Element Type）对话框，在单元类型（Element Type）对话框中选择显式（Explicit）、线性（Linear）、三维应力（3D Stress）的 C3D8R 单元类型，单击确定（OK）按钮，完成单元类型的选择。

Step 35　在菜单栏选择布种（Seed）→实例（Instance）命令，框选实例 bullet-1，单击提示区的完成（Done）按钮，弹出全局种子（Global Seeds）对话框，输入近似全局尺寸（Approximate global size）为 0.002，单击确定（OK）按钮。在菜单栏选择网格（Mesh）→实例（Instance）命令，框选实例 bullet-1，单击提示区的完成（Done）按钮，完成实例 bullet-1 网格的划分。

Step 36　在菜单栏选择视图（View）→装配件显示选项（Assembly Display Options）命令，弹出装配件显示选项对话框（Assembly Display Options），仅选择 plate-1 可见（Visible），单击确定（OK）按钮。

Step 37　在菜单栏选择布种（Seed）→边（Edges）命令，选择图 4-16 中种子数 1 所指向的边，单击完成（Done）按钮，弹出局部种子（Local Seeds）对话框，在基本信息中选择方法：按个数（Method：By number），偏移：无（Bias：None），在尺寸控制（Sizing Controls）中的单元数（Number of elements）输入 20，在约束（Constraints）中选择不允许改变单元数（Do not allow the number of elements to change）。同理，为种子数 2、种子数 3 所指向的边输入相应的单元数分别为 5、10，完成实例 plate-1 各边的布种。

Step 38　单击工具箱中的 指派单元类型（Assign Element Type），选择整个实例 plate-1，单击完成（Done）按钮，在单元类型（Element Type）对话框中选择显式（Explicit）、线性（Linear）、三维应力（3D Stress）的 C3D8R 单元类型，单击确定（OK）按钮。

Step 39　单击工具箱中的 为实例划分网格（Mesh Part），单击提示区的是（Yes）按钮，完成实例 plate-1 的网格划分。在菜单栏选择视图（View）→装配件显示选项（Assembly Display Options）命令，在实例栏下勾选 bullet-1 和 plate-1，单击确定（OK）按钮。最终的有限元网格模型如图 4-17 所示。

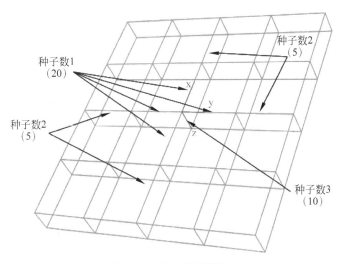

图 4-16　各边种子数目

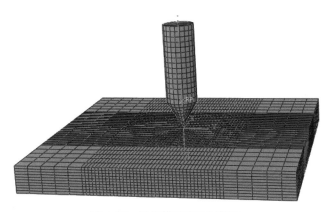

图 4-17　网格模型图(见彩图)

4.3.10　提交作业及结果分析

Step 40　在环境栏中模块(Module)下拉列表中选择作业(Job),进入作业模块。

Step 41　单击工具箱中的![icon]创建作业(Create Job),弹出创建作业(Create Job)对话框,创建一个名称为 eroding 的任务,单击继续…(Continue…)按钮,弹出编辑作业(Edit Job)对话框,单击确定(OK)按钮。

Step 42　单击工具箱中的![icon]右边的![icon]作业管理器(Job Manager),弹出作业管理器(Job Manager)对话框,单击提交(Submit)按钮,提交作业。

Step 43　分析结束后,单击作业管理器(Job Manager)对话框的结果(Results)按钮,进入可视化(Visualization)模块,对结果进行处理。

Step 44　单击工具箱中的![icon]在变形图上绘制云图(Plot Contours on Deformed Shape),铝板变形后的 Mises 应力分布云图,如图 4-18 所示。在菜单栏中选择文件(File)→

打印(Print)命令，弹出打印(Print)对话框(如图 4-19 所示)，在对话框的选择(Selection)栏中所有选项都保持默认设置，设置(Settings)栏中的渲染(Rendition)选择颜色(Color)，目标(Destination)选择文件(File)，在文件名(File name)中输入图片名称，同时可以单击后方的，更改图片的存储位置，格式(Format)选择 TIFF 或者 PNG，其他保持默认设置。完成设置后，单击确定(OK)按钮，即将当前视图窗口中的云图保存为图片。

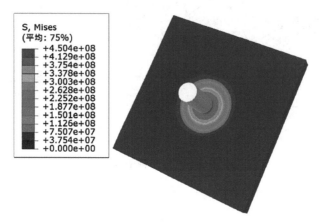

S, Mises
(平均: 75%)
+4.504e+08
+4.129e+08
+3.754e+08
+3.378e+08
+3.003e+08
+2.628e+08
+2.252e+08
+1.877e+08
+1.501e+08
+1.126e+08
+7.507e+07
+3.754e+07
+0.000e+00

图 4-18　铝板 Mises 应力分布(见彩图)

打印
选择
打印: 当前视口
注意: 不输出最小化的视口.
打印视口的装饰 (如果可见)
打印视口背景
打印视口的罗盘 (如果可见)
设置
渲染: 颜色
目标: 打印机 文件
文件名: stress
格式: TIFF
减至256色
确定
应用
取消

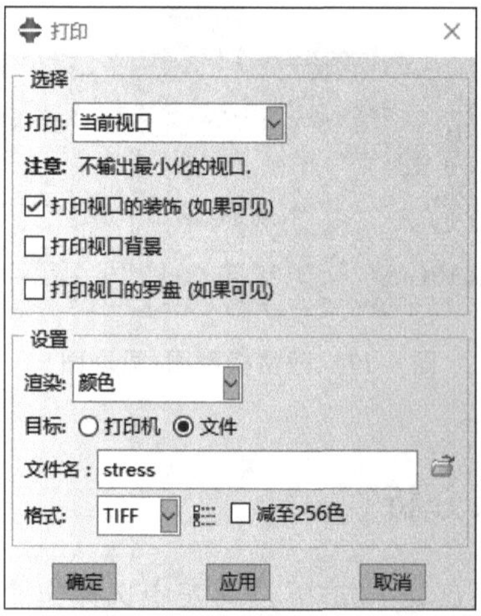

图 4-19　打印对话框

Step 45　在菜单栏选择动画(Animate)→时间历程(Time History)命令，可以查看变形过程的动画显示。

Step 46　在菜单栏选择结果(Results)→历程输出(History Output)命令，弹出历程输出(History Output)对话框，在对话框中同时选中 Internal energy: ALLIE for Whole Model 和 Kinetic energy: ALLKE for Whole Model，单击绘制(Plot)按钮，同时显示系统的内能和动能曲线，如图 4-20 所示。

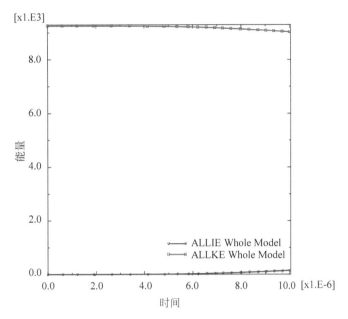

图 4-20　模型的内能曲线和动能曲线

4.4　学习视频网址

第 5 章

非线性分析

线性弹性力学的基本特点是：它的平衡方程式是不依赖于变形状态的线性方程；几何方程的应变和位移的关系是线性的；物理方程的应力和应变的关系是线性的；力边界上的外力和位移边界上的位移是独立或线性依赖于变形状态的。

例如：如果一线性弹簧在 10N 的载荷下伸长 1mm，那么施加 20N 的载荷就会伸长 2mm，这意味着在线性分析中，结构的柔度矩阵只需计算一次（将刚度矩阵集成并求逆即可得到）。其他载荷情形下，结构的线性响应可通过将新的载荷向量与刚度矩阵的逆相乘得到。此外，结构对不同载荷情形的响应，可以用常数来进行比例变换或相互叠加的方式来得到结构对一种完全新的载荷的响应，这要求新载荷是先前各载荷的线性组合。载荷的叠加原则假定所有的载荷的边界条件相同。Abaqus 在线性动力学模拟中使用了载荷的叠加原理。

在实际分析中，如果所描述问题的方程或者边界条件中的任何一个不符合上述特点，则问题就是非线性的。

5.1　非线性分析概述

严格地讲，实际的问题都是非线性的，所有的线性问题都是在满足一定的条件下的假设，其目的就是便于对复杂问题进行简化处理，便于抓住问题的实质，使得问题在满足一定精度条件的基础上尽量简化。

虽然对于很多工程问题，线性假设所求得的结果和实际情况比较接近。但是，对于某些实际问题，其条件和线性假设相差甚远时，使用线性方法求得的结果就会和实际情况存在较大的误差，这时，必须使用非线性方法来对问题进行研究。

5.1.1　非线性有限元法的概念

结构的非线性问题指结构的刚度随着变形而改变的分析问题。实际上所有的物理结构均为非线性的，而线性分析只是一种方便的近似，这对设计来说通常是足够精确的。但是，线性分析对包括加工过程的许多结构模拟来说是远远不能满足要求的，如锻造、冲压、压溃及橡胶部件、轮胎和发动机垫圈分析等问题。一个简单的例子就是具有非线性刚度响应的弹簧。

由于刚度依赖于位移,所以不能再用初始柔度乘以所施加的载荷的方法来计算任意载荷时弹簧的位移。在非线性分析中结构的刚度矩阵在分析过程中必须进行多次的生成、求逆,这使得非线性分析求解比线性分析复杂得多。

由于非线性系统的响应不是所施加载荷的线性函数,因此不可能通过叠加来获得不同载荷的解,每种载荷都必须作为独立的分析进行定义求解。

5.1.2 非线性有限元法的基本原理

Abaqus 使用牛顿-拉弗森(Newton-Raphson)法来求解非线性问题。在非线性分析中的求解不能像线性问题中那样只求解一组方程即可,而是逐步施加给定的载荷,以增量形式趋于最终解。因此 Abaqus 将计算过程分为许多载荷增量步,并在每个载荷增量步结束时寻求近似的平衡构型。Abaqus 通常要经过若干次迭代才能找到某一载荷增量步的可接受的解。所有增量响应的和就是非线性分析的近似解。

5.2 非线性的来源

在结构力学模拟中有以下三种非线性的来源。

(1) 几何非线性:由于结构经受大变形导致几何形状变化引起结构响应的非线性;

(2) 材料非线性:由于材料非线性的应力应变关系导致结构响应的非线性;

(3) 边界非线性:由于结构所处状态的不同引起结构响应的非线性。

5.2.1 几何非线性

这种非线性的来源是与分析过程中模型的几何改变相联系的。几何非线性发生在位移的大小影响到结构响应的情形。这可能是由于大挠度或转动、"突然翻转"、初应力或载荷硬化等造成的。

例如,考虑端部受竖向载荷的悬臂梁。若端部挠度较小,分析时可以近似认为是线性的。然而若端部的挠度较大,结构的形状乃至其刚度都会发生改变。另外,若载荷不能保持与梁垂直,载荷对结构的作用将发生明显的改变。当悬臂梁自由端挠曲时,载荷可以分解为一个垂直于梁的分量和另一个沿梁的长度方向的分量。所有这些效应都会对悬臂梁的非线性响应作出贡献(也就是梁的刚度随它所承受载荷的增加而不断变化)。

可以预料到的是,大挠度和转动对结构承载方式有重要影响。然而,并非位移相对于结构尺寸很大时,几何非线性才显得重要。考虑一块很大的弯板在所受压力下的"突然翻转"现象。此例中板的刚度在变形时会产生戏剧性的变化。当平板突然翻转时,刚度就变成了负的。这样,尽管位移的量值相对于板的尺寸来说很小,在模拟分析中仍有严重的几何非线性效应,这是必须加以考虑的。

5.2.2 材料非线性

材料非线性是应用最广泛的一种,大多数金属在小应变时都具有良好的线性应力-应变关系,但在应变较大时材料会发生屈服,此时材料的响应变成了非线性和不可逆的。橡胶可以近似认为具有非线性的、可逆(弹性)响应的材料。

材料的非线性也可能与应变以外的其他因素有关。应变率相关材料的材料参数和材料失效都是材料非线性的表现形式。材料性质也可以是温度和其他预先设定的场变量的函数。

5.2.3　边界非线性

若边界条件随分析过程发生变化,就会产生边界非线性问题。如在悬臂梁问题中,梁会随施加的载荷发生挠曲,直至碰到障碍。

在梁端部接触到障碍以前梁端部的竖向挠度与载荷是线性关系。当端部碰到障碍时,梁端部的边界条件发生突然的变化,阻止竖向挠度继续增大,因此梁的响应将不再是线性的。边界非线性是极不连续的,在模拟分析中发生接触时,结构的响应特性会在瞬间发生很大的变化。

另一种边界非线性的例子是将板材冲压入模具的过程。在与模具接触前,板材在压力下的伸展变形是相对容易产生的,在与模具接触后,由于边界条件的改变,必须增加压力才能使板材继续成形。

5.3　非线性问题的求解

本节将引入一些新词汇以描述分析过程的不同部分。清楚地理解分析步(step)、载荷增量步(load increment)和迭代步(iteration)相互之间的区别是很重要的。

(1) 模拟计算的加载历史包含一个或多个步骤。用户定义的分析步,一般包括载荷选项、输出要求选项和一个分析过程选项。对每个分析步可以应用不同的载荷、边界条件、分析过程和输出要求。例如:

步骤一:在刚性夹具上夹持板材;

步骤二:加载使板材变形;

步骤三:确定已变形板材的固有频率。

(2) 增量步是分析步的一部分。在非线性分析中,施加在一个分析步中的总载荷被分解成更小的增量步,这样就可以按照非线性求解步骤进行计算。

在 Abaqus/Standard 中,用户可以设置第一个增量步的大小。Abaqus/Standard 会自动地选择后继增量步的大小。在 Abaqus/Explicit 中,默认情况下时间增量步大小是完全自动选取的,无须用户干预。由于显式方法是条件稳定的,因此时间增量步具有稳定极限值。

在每个增量步结束时,结构处于(近似的)平衡状态,并且可以将结果写入输出数据库文件、重启动数据文件和结果文件中。如果选择在某一增量步将计算结果写入输出数据库文件,这个增量步称为帧(Frames)。

(3) 在 Abaqus/Standard 和 Abaqus/Explicit 分析中,与时间增量有关的问题是不同的,Abaqus/Explicit 中的时间增量通常要小得多。

(4) 当采用 Abaqus/Standard 求解器时,迭代步是在一个增量步中寻找平衡解答的一次试探。在迭代结束时,如果模型不处于平衡状态,Abaqus/Standard 将进行新一轮迭代。经过每一次迭代,Abaqus/Standard 获得的解答应当是更加接近于平衡状态;有时 Abaqus/Standard 可能需要许多次迭代才能得到平衡解答。当已经获得了平衡解答,增量步即宣告结束。仅当一个增量步结束时才能对想要的结果数据进行输出。

（5）在一个增量步中,Abaqus/Explicit 无须迭代即可获得解答。

Abaqus/Standard 可以自动地调整载荷增量步的大小,因此它能便捷有效地求解非线性问题。用户只需在每个分析步模拟中给出第一个增量步的值,Abaqus/Standard 会自动地调整后续增量步的值。如果用户未提供初始增量步的值,Abaqus/Standard 会试图将该分析步中所定义的全部载荷施加在第一个增量步中。在高度非线性的问题中,Abaqus/Standard 不得不反复减小增量步,从而导致 CPU 时间的浪费。一般来说,提供一个合理的初始增量步值会有利于问题的求解;只有在很平缓的非线性问题中,才可能将分析步中的所有载荷施加于单一增量步中。

对于一个载荷增量步,得到收敛解所需要的迭代步数量取决于系统的非线性程度。在默认情况下,如果经过 16 次迭代的解仍不能收敛或者结果显示出发散,Abaqus/Standard 将放弃当前增量步,并将增量步的值设置为原来值的 25%,重新开始计算,利用比较小的载荷增量来尝试找到收敛的解答。若此增量仍不能使其收敛,Abaqus/Standard 将再次减小增量步的值。在终止分析之前,Abaqus/Standard 默认允许至多 5 次减小增量步的值。

如果增量在少于 5 次迭代时就达到了收敛,这表明该问题相当容易地得到了解答。因此,如果连续两个增量步都只需少于 5 次的迭代就可以得到收敛解,Abaqus/Standard 会自动地将增量步的值提高 50%。在信息文件(.msg)中给出了自动载荷增量算法的详细内容。

5.4 材料非线性分析实例——书架受力分析

5.4.1 问题描述

如图 5-1 所示的书架,每层书架长 1.6m,高 0.5m,共 5 层,总高度为 2.5m,在书架受力过程中,书架的下部以及背部固定不动。书架上放书后发生变形。书架材料的弹性模量(杨氏模量)为 7e10Pa,泊松比为 0.3。书架的塑性应力应变数据如表 5-1 所示,试对该书架受力过程进行模拟分析。

5.4.2 问题分析

使用 Abaqus 对书架受力过程进行数值模拟需考虑以下几个问题:

① 书架每块板的厚度相对其长度和宽度尺寸而言是比较小的,因此,可以把板看成壳,整个书架是由多个壳合并而成的。

② 整个模拟过程采用的单位制为 kg-m-s。

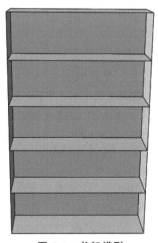

图 5-1　书架模型

表 5-1　书架的塑性应力应变参数

编　　号	真实应力/Pa	塑 性 应 变
1	2.8e8	0
2	3.0e8	0.002
3	3.2e8	0.01
4	3.5e8	0.2
5	3.7e8	0.5

5.4.3　建立模型

Step 1　启动 Abaqus/CAE,创建一个新的数据库,选择模型树中的 Model-1,单击鼠标右键,执行重命名...(Rename...)命令,将模型重命名为 Bookshelf,单击工具栏中的▤保存(Save Model Database),保存模型为 Bookshelf.cae。

Step 2　单击工具箱中的▙创建部件(Create Part),创建名称为 Part-1 的三维可变形(3D:Deformable)模型,基本特征为壳:平面(Shell:Planar),大约尺寸(Approximate size)设为 5,单击继续...(Continue...)按钮,进入草图绘制环境。

Step 3　单击工具箱中的▢创建线:矩形(四条线)(Create Lines:Rectangle (4 Lines)),在提示区输入矩形第一个对角点坐标(−0.25,0.8),按回车键,在提示区输入另一个对角点坐标(0.25,−0.8),按回车键,绘制出支承板部分。

Step 4　单击工具箱中的▦部件管理器(Part Manager),单击复制...(Copy...)按钮,将名称改为 Part-2,单击确定(OK)按钮,重复此操作,再创建 Part-3、Part-4、Part-5、Part-6 四个部件。

Step 5　单击工具箱中的▙创建部件(Create Part),创建名称为 Part-7 的三维可变形(3D:Deformable)模型,基本特征为壳:拉伸(Shell:Extrusion),大约尺寸(Approximate size)设为 5,单击继续...(Continue...)按钮,进入草图绘制环境。

Step 6　单击工具箱中的⚡创建线:首尾相连(Create Lines:Connected),依次输入(−0.8,0.5),(−0.8,0),(0.8,0),(0.8,0.5),每输入一个坐标点按回车键一次,单击鼠标右键,单击取消步骤(Cancel Procedure),单击提示区的完成(Done)按钮,将拉伸深度(Depth)改为 2.5,单击确定(OK)按钮。

提示:Abaqus 中,如果需单击提示区的完成(Done)按钮、确定(OK)按钮时,可以通过鼠标中键完成,以简化操作。

5.4.4　部件装配

Step 7　在环境栏中模块(Module)下拉列表中选择装配(Assembly),进入装配模块。

Step 8　单击工具箱中的▙创建实例(Create Instance),弹出创建实例(Create Instance)对话框,按住 Shift 键,在部件(Parts)中选择所有部件,实例类型选择独立(Independent),勾选从其他的实例自动偏移(Auto-offset from other instances),单击确定

（OK）按钮。

Step 9　单击工具箱中的 平移实例（Translate Instance），在图形窗口选择实例 Part-1，单击提示区的完成（Done）按钮，选择实例 Part-1 的左下端点（如图 5-2 所示）作为移动初始点，输入（0，0，0）作为移动终点，单击确定（OK）按钮；同样，依次移动 Part-2～Part-6 五个平板，起点坐标都为每块平板的左下端点，终点坐标分别为（0，0，0.5），（0，0，1），（0，0，1.5），（0，0，2），（0，0，2.5）。

Step 10　单击工具箱中的 旋转实例（Rotate Instance），在图形窗口选择实例 Part-7，单击提示区的完成（Done）按钮，在图形窗口中选择如图 5-2 所示的旋转轴的起点，再选择如图 5-2 所示的旋转轴终点，在提示区中旋转角度中输入－90，单击确定（OK）按钮，完成实例 Part-7 的旋转。单击工具箱中的 平移实例（Translate Instance），在图形窗口选择实例 Part-7，单击提示区的完成（Done）按钮，选择实例 Part-7 的左下端点作为移动初始点（如图 5-3 所示），选择 Part-6 的左下端点作为移动终点（如图 5-3 所示），单击确定（OK）按钮，确定实例相对位置。

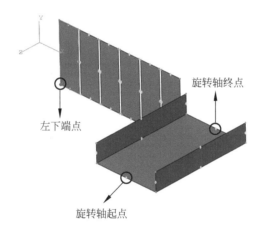

图 5-2　左下端点及旋转轴起点和终点（见彩图）

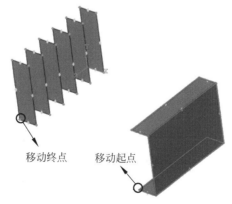

图 5-3　移动 Part-7 的起点及终点（见彩图）

Step 11　单击工具箱中的 合并/切割实例（Merge/Cut Instances），弹出合并/切割实体（Merge/Cut Instances）对话框，输入部件名称 bookshelf，运算（Operations）选择合并：几

何(Merge：Geometry)，原始实体(Original Instances)选择禁用(Suppress)，相交边界(Intersecting Boundaries)选择保持(Retain)，如图 5-4 所示，单击继续...(Continue...)按钮，在图形窗口中框选整个装配件，单击完成(Done)按钮，完成最终的装配，如图 5-5 所示。

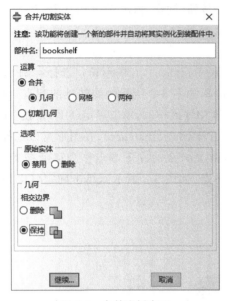

图 5-4　合并实例窗口

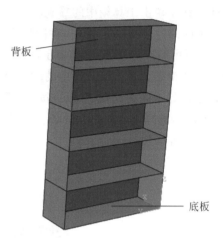

图 5-5　最终装配模型

5.4.5　创建材料

Step 12　在环境栏中模块(Module)下拉列表中选择属性(Property)，进入属性模块。

Step 13　单击工具箱中的 创建材料(Create Material)，弹出编辑材料(Edit Material)对话框，输入材料名称 Material-1，执行力学(Mechanical)→弹性(Elasticity)→弹性(Elastic)，输入杨氏模量(Young's Modulus)7e10，泊松比(Poisson's Ratio)0.3；执行力学(Mechanical)→塑性(Plasticity)→塑性(Plastic)命令，在数据栏中输入表 5-1 的参数，单击确定(OK)按钮，完成材料的定义。

Step 14　单击工具箱中的 创建截面(Create Section)，默认截面属性名称为 Section-1，选择截面属性壳：均质(Shell：Homogeneous)，单击继续...(Continue...)按钮，在壳的厚度数(Shell thickness：Value)中输入 0.01，其他保持默认设置，单击确定(OK)按钮，创建一个截面属性。

Step 15　单击工具箱中的 指派截面(Assign Section)，在图形窗口中选择部件 bookshelf，单击提示区的完成(Done)按钮，弹出编辑截面指派(Edit Section Assignment)对话框，在对话框中选择截面(Section)：Section-1，单击确定(OK)按钮，把截面属性 Section-1 赋予部件 bookshelf。

5.4.6　定义分析步

Step 16　在环境栏中模块(Module)下拉列表中选择分析步(Step)，进入分析步模块。

Step 17　单击工具箱中的 ⇥ 创建分析步（Create Step），弹出创建分析步（Create Step）对话框，接受默认分析步名称（Name）Step-1，选择分析类型为通用：静力，通用（General：Static，General），单击继续…（Continue…）按钮，弹出编辑分析步（Edit Step）对话框，输入时间长度为 1，几何非线性（Nlgeom）设为开（On），其他保持默认设置，单击确定（OK）按钮。同理，分别创建分析步 Step-2 和 Step-3，分析类型为通用：静力，通用（General：Static，General），时间长度为 1，其他参数与 Step-1 相同。

5.4.7　定义边界条件

Step 18　在环境栏中模块（Module）下拉列表中选择载荷（Load），进入载荷模块。

Step 19　单击工具箱中的 ⌐ 创建边界条件（Create Boundary Condition），弹出创建边界条件（Create Boundary Condition）对话框，默认名称为 BC-1，分析步（Step）为 Step-1，类别为力学：对称/反对称/完全固定（Mechanical：Symmetry/Antisymmetry/Encastre）的边界条件，单击继续…（Continue…）按钮，选择书架底板（如图 5-5 所示），单击继续…（Continue…）按钮，弹出编辑边界条件（Edit Boundary Condition）对话框，选择完全固定（ENCASTRE），单击确定（OK）按钮。单击工具箱中的 ⌐ 创建边界条件（Create Boundary Condition），弹出创建边界条件（Create Boundary Condition）对话框，创建默认名称为 BC-2，分析步（Step）为 Step-1，类别为力学：位移/转角（Mechanical：Displacement/Rotation）的边界条件，单击继续…（Continue…）按钮，按住 Shift 键选择所有背面（如图 5-5 所示），单击继续…（Continue…）按钮，弹出编辑边界条件（Edit Boundary Condition）对话框，选择 U1：0，单击确定（OK）按钮。

Step 20　单击工具箱中的 ⌐ 创建载荷（Create Load），弹出创建载荷（Create Load）对话框，创建默认名称为 Load-1，分析步（Step）为 Step-1，类别为力学：压强（Mechanical：Pressure）的载荷，选择书架第一层的上表面，单击完成（Done）按钮，在提示区中选择棕色（Brown）（也有可能是紫色（Purple），根据第一层上表面的颜色而选择），弹出编辑载荷（Edit Load）对话框，在大小（Magnitude）中输入 100，单击确定（OK）按钮，载荷的最终效果如图 5-6 所示。

Step 21　单击工具箱中的 ⌐ 创建载荷（Create Load），弹出创建载荷（Create Load）对话框，创建默认名称为 Load-2，分析步（Step）为 Step-2，类别为力学：压强（Mechanical：Pressure）的载荷，选择书架第二层的上表面，单击完成（Done）按钮，在提示区中选择棕色（Brown）（也有可能是紫色（Purple），根据第二层上表面的颜色而选择），弹出编辑载荷（Edit Load）对话框，在大小（Magnitude）中输入 100，单击确定（OK）按钮。

图 5-6　载荷效果图（见彩图）

Step 22　单击工具箱中的 ⌐ 创建载荷（Create Load），弹出创建载荷（Create Load）对话框，创建默认名称为 Load-3，分析步（Step）为 Step-3，类别为力学：压强（Mechanical：

Pressure)的载荷,选择书架第三层的上表面,单击完成(Done)按钮,在提示区中选择棕色
(Brown)(也有可能是紫色(Purple),根据第三层上表面的颜色而选择),弹出编辑载荷(Edit
Load)对话框,在大小(Magnitude)中输入 100,单击确定(OK)按钮。

Step 23   单击工具箱中 右侧的载荷管理器 (Load Manager),弹出载荷管理器
(Load Manager)对话框,选择 Load-2 载荷中 Step-3 分析步下的传递(Propagated),单击管
理器对话框右侧的取消激活(Deactive)按钮,让 Load-2 载荷条件在 Step-3 分析步中不起
作用。

提示:分析步 Step-1 对应于第一层(最上层)放书的情况;分析步 Step-2 对应于第一、
二层放书的情况;Load-2 在分析步 Step-3 中取消激活,分析步 Step-3 对应于第一、三层放
书的情况。

5.4.8 网格划分

Step 24   在环境栏中模块(Module)下拉列表中选择网格(Mesh),进入网格模块。

Step 25   在菜单栏执行网格(Mesh)→单元类型(Element Type)命令,在图形窗口框选
实例 bookshelf-1,单击提示区的完成(Done)按钮,弹出单元类型(Element Type)对话框,保
持默认设置,单击确定(OK)按钮。

Step 26   在菜单栏执行网格(Mesh)→控制属性(Controls)命令,在图形窗口框选实例
bookshelf-1,单击提示区的完成(Done)按钮,弹出网格控制属性(Mesh Controls)对话框,选
择四边形单元(Quad)、结构化网格(Structured)划分技术,单击确定(OK)按钮,实例
bookshelf-1 显示为绿色。

Step 27   单击工具箱中的 为部件实例布种(Seed Part Instance),弹出全局种子
(Global Seeds)对话框,设置近似全局尺寸(Approximate global size)为 0.1,单击确定(OK)
按钮,完成实例 bookshelf-1 网格单元种子密度的设置。

Step 28   在菜单栏执行网格(Mesh)→实例(Instance)命令,在图形窗口框选
bookshelf-1,单击提示区的完成(Done)按钮,完成网格划分,单击工具箱中的 检查网格
(Verify Mesh),在图形窗口框选实例 bookshelf-1,单击提示区的完成(Done)按钮,检查网
格划分质量。

5.4.9 提交作业及结果分析

Step 29   在环境栏中模块(Module)下拉列表中选择作业(Job),进入作业模块。

Step 30   单击工具箱中的 创建作业(Create Job),弹出创建作业(Create Job)对话
框,默认名称为 Job-1 的任务,单击继续…(Continue…)按钮,弹出编辑作业(Edit Job)对话
框,单击确定(OK)按钮。

Step 31   单击工具箱中的 右边的 作业管理器(Job Manager),弹出作业管理器
(Job Manager)对话框,单击提交(Submit)按钮,提交作业。

Step 32   分析结束后,单击作业管理器(Job Manager)对话框的结果(Results)按钮,进
入可视化(Visualization)模块,对结果进行处理。

Step 33   单击工具箱中的 在变形图上绘制云图(Plot Contours on Deformed

Shape),图形窗口中显示书架受力变形后的 Mises 应力云图(云图的变形放大系数为 2261),在菜单栏中执行结果(Result)→分析步/帧…(Step/Frame…),弹出分析步/帧 (Step/Frame)对话框,在分析步名称(Step Name)中选择 Step-1,帧(Frame)中选择最后一步,单击对话框下方的应用(Apply)按钮,此时图形窗口中显示 Step-1 的结果,如图 5-7 所示。

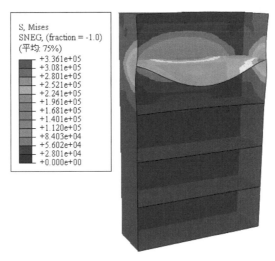

图 5-7　书架受力变形后的 Mises 应力云图(见彩图)

Step 34　在菜单栏执行工具(Tools)→路径(Path)→创建(Create)命令,弹出创建路径 (Create Path)对话框,默认名称为 Path-1,类型(Type)为节点列表(Node list),单击继续… (Continue…)按钮,弹出编辑节点列表路径(Edit Node List Path)对话框,在视口选择集 (View selection)中单击添加于前(Add Before),在图形窗口中选择第一层的最外沿所有节点,如图 5-8 所示,单击提示区的完成(Done)按钮,编辑节点列表路径(Edit Node List Path)对话框中显示已选的点,单击确定(OK)按钮,完成 Path-1 路径的定义。

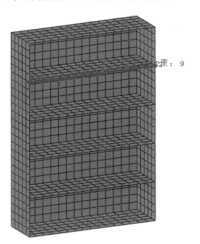

图 5-8　路径 Path-1(见彩图)

Step 35 单击工具箱中的▦创建 XY 数据（Create XY Data），弹出创建 XY 数据（Create XY Data）对话框，在源（Source）中选择路径（Path），单击继续…（Continue…）按钮，弹出来自路径的 XY 数据（XY Data from Path）对话框，在路径（Path）下拉框选择 Path-1，单击分析步/帧（Step/Frame），弹出分析步/帧（Step/Frame）对话框，选择分析步 Step-1，帧（Frame）选择最后一步，单击确定（OK）按钮；单击场输出（Field Output），弹出场输出（Field Output）对话框，选择 U：U3，单击确定（OK）按钮，单击绘制（Plot）按钮，显示该路径上的节点在 Z 方向的位移变化曲线图，如图 5-9 所示。利用工具箱中的↦XY 轴选项（XY Axis Options）和⤳XY 曲线选项（XY Curve Options），可以更改曲线图中的坐标轴、曲线及文字的样式，在图形区域中双击鼠标左键可以将曲线图的背景颜色调整为白色。

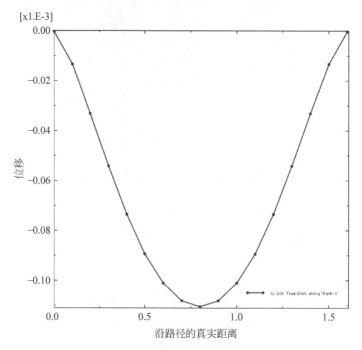

图 5-9　路径上的节点在 Z 方向的位移变化曲线图

5.5　学习视频网址

第 6 章

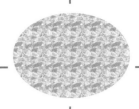

接触分析

接触问题是生产和生活中普遍存在的力学问题。例如汽车车轮和路面的接触、火车车轮和铁轨的接触、发动机活塞和汽缸的接触、轴和轴承的接触、齿轮传动过程中齿面的相互接触、零部件装配时的配合、橡胶密封元件的防漏、汽车的碰撞试验、冲压加工中的毛坯与冲模之间的相互作用等均属于接触问题。接触过程在力学上常常同时涉及三种非线性，即除了大变形引起的材料非线性和几何非线性之外，还有接触界面的非线性，这是接触问题所特有的。接触界面的非线性来源于以下两个方面：

（1）接触界面的区域大小和相互位置以及接触状态不仅是事先未知的，而且是随时间变化的，需要在求解过程中确定。

（2）接触条件的非线性，接触条件的内容包括：

① 接触物体不可相互侵入；

② 接触力的法向分量只能是压力；

③ 切向接触的摩擦条件。

这些条件区别于一般的约束条件，其特点是单边性的不等式约束，具有强烈的非线性。

在有限元分析中，接触条件是一类特殊的不连续约束，它允许载荷从模型的一部分传递到另一部分，因为只有当两个表面发生接触时才会有约束产生，而当两个接触的表面分开时，就不存在约束作用了，所以说这种约束是不连续的，分析时必须能够判断什么时候发生接触并采用相应的接触约束，什么时候两个表面分开并解除接触约束。

接触分析是一种典型的非线性问题，它涉及较复杂的概念和综合技巧。接触问题是一种高度非线性行为，需要较大的计算资源，为了进行有效的计算，理解问题的特性和建立合理的模型是很重要的。接触问题存在两个较大的难点：第一，在求解问题之前，不知道接触区域，表面之间是接触或分开是未知的、突然变化的，这随载荷、材料、边界条件和其他因素而定；第二，大多的接触问题需要计算摩擦，有几种摩擦和模型，它们都是非线性的，摩擦使问题的收敛性变得困难。

接触问题分为两种基本类型：刚体-柔体的接触和柔体-柔体的接触。在刚体-柔体的接触问题中,接触面的一个或多个被当作刚体(与它接触的变形体相比,有大得多的刚度)。一般情况下,一种软材料和一种硬材料接触时,问题可以被假定为刚体-柔体的接触,许多金属成形问题归为此类接触;另一种情况下,柔体-柔体的接触,是一种更普遍的类型,在这种情况下,两个接触体都是变形体(有近似的刚度)。

6.1 Abaqus 接触分析功能简介

在 Abaqus/Standard 和 Abaqus/Explicit 中都有接触功能,但是两者具有比较明显的差异。

在 Abaqus/Standard 中,接触模拟可以通过定义接触面(Surface)或者接触单元(Contact element)来进行接触分析。接触面包括以下三类:

(1) 由单元构成的柔体接触面或刚体接触面(离散性刚体);

(2) 由节点构成的接触面;

(3) 解析性刚体接触面。

在 Abaqus/Standard 中可以定义两个面之间的相互接触,称为接触对(Contact Pair),也可以定义一个面自身的接触,称为自接触(Self-Contact)。定义了接触面之后还需要定义控制各接触面之间相互作用的本构模型,这些接触面之间相互作用的定义包括摩擦行为等。

Abaqus/Explicit 提供两种算法来模拟接触问题:通用接触(General Contact)算法和接触对(Contact Pair)算法,其中,通用接触算法能够高度自动定义接触,允许单个接触定义中包含多个接触区域;而接触对算法则需明确定义每一对可能产生接触的面或区域。无论哪种接触算法都需指定接触属性,比如摩擦属性。

6.2 接触对的定义

表面是由其下层材料的单元面来创建的,在 Abaqus 中可以根据需要定义多种类型的表面,包括:

(1) 实体单元上的接触面;

(2) 在结构、表面和刚体单元上的接触面;

(3) 刚性表面。

6.2.1 定义接触面

使用每一种接触算法定义表面都必须遵循一定的规则,对于在接触中可以包含的表面类型,通用的接触算法没有任何限制,但是,二维的、基于节点的以及解析性刚体表面只能用于接触对算法。

Abaqus 中常见的接触表面类型有如下几种:

1. 连续表面

Abaqus 中通用接触算法中的接触表面可以是互不相连的物体表面,两个以上的表面

可以有共同的边界。但是,在接触对算法中的接触表面必须是连续或简单连续的。连续表面有如下要求:

(1) 在二维尺度内,表面必须是一条简单的、无内部交叉并有两个端点的曲线,或者为一个封闭的环形曲线;

(2) 在三维尺度内,表面的边界可以和另一个表面共享,但是两个表面组成一个接触面时,不能只在一个节点处连续,必须有一条公共边,并且只能是两个表面的公共边,即一条边界线不能是两个以上的表面共有的。

2. 延伸表面

在 Abaqus/Explicit 中,软件本身不会自动将用户定义的表面延伸出其边界。若一个表面上的节点与另一个表面发生接触,并沿着该表面移动到边界时,可能"滑出边界"。然后该节点可能不久又会从该表面的背面重新进入该表面,这违反了动力学约束条件,会引起该节点加速度的急剧变化。

针对上述问题,一个较为简单的解决办法就是人为地延伸接触表面,即把发生接触的表面在节点可能"滑出"的边界处延伸一段距离,使得节点总保持在该表面内,更保险的做法是用表面完全覆盖每一个接触物体。这样做虽然会引起计算量的少量增加,但是对于问题的处理还是具有简单易行的作用,况且计算量的增加幅度是很小的。

3. 高度卷曲的表面

在接触对算法中,当发生接触的表面含有高度卷曲面元时,Abaqus 所采用的跟踪搜索算法比没有卷曲面元时的跟踪搜索算法复杂得多,相应地,计算费用也是相当高的。但是通用接触算法中对高度卷曲的表面不需要进行特殊处理,Abaqus 能自动处理。所以,在包含高度卷曲表面的接触模拟中,尽量采用通用接触算法。

6.2.2　主面和从面

Abaqus/Standard 使用单纯主从接触算法:从面(slave surface)上的节点不能侵入主面(master surface)的任何部分,但是没有对主面做任何限制,亦即主面上的节点可以侵入从面。

接触分析中,侵彻是一个经常发生的现象,这会严重影响 Abaqus 的求解精度甚至会引起求解过程的中断。所以,在定义接触对时,需要正确选择主面和从面,以保证模拟过程中尽量少地发生侵彻现象。

选择主面和从面的常用规则如下:

(1) 从面应该是网格划分更精细的表面(或者说从面应该划分更加精细的网格)。

(2) 如果网格密度比较接近,则选择材料刚度较大的平面作为主面,较软的表面作为从面。

(3) 如果两个接触物体有一个为刚体,则刚体表面一定是主面。

(4) 主面不能是由节点构成的面,并且必须是连续的。如果是有限滑移,主面在发生接触的部位必须是光滑的。

6.3 接触分析实例——铆接过程分析

如图 6-1 所示的铆接结构,其尺寸为:铆钉直径 $d=6$mm,预制头 $D=10.5$mm,$h=$ 3.9mm,被铆接件总厚 $H=6$mm,铆钉棒料长 $L=15$mm;铆接件铆钉孔的直径为 6.2mm。铆钉材料为钢,其弹性模量(杨氏模量)为 2.1e11Pa,泊松比 0.3,密度为 7800kg/m³,其塑性应力-应变的数据如表 6-1 所示。

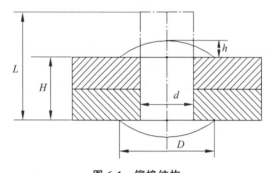

图 6-1　铆接结构

表 6-1　材料塑性应力-应变数据

编　号	真实应力/Pa	塑性应变
1	4.18e8	0
2	5.0e8	0.01581
3	6.05e8	0.02983
4	6.95e8	0.056
5	7.8e8	0.095
6	8.29e8	0.15
7	8.82e8	0.25
8	9.08e8	0.35
9	9.21e8	0.45
10	9.32e8	0.55
11	9.55e8	0.65
12	9.88e8	0.75
13	1.04e9	0.85

6.3.1　问题分析

使用 Abaqus 对铆接过程进行数值模拟需考虑以下几个问题:

(1) 铆钉属于轴对称结构,但在实际的铆接过程中由于多种因素的影响,其边界条件和载荷并不一定完全轴对称,为了简化模型缩短求解时间,模拟仿真过程中采用轴对称模型进行分析。

（2）模拟中不考虑被铆接件和铆接工具的变形,将其视为刚体。在本例中,将被铆接件的弹性模量设置为较大的数值来实现;铆接工具在刚开始与铆钉接触时,接触面积较小,可能存在较大的局部变形,因而通过相互作用把铆接工具约束成刚体。

（3）整个模拟过程采用的单位制为 kg-m-s。

6.3.2　建立模型

Step 1　启动 Abaqus/CAE,创建一个新的数据库,选择模型树中的 Model-1,单击鼠标右键,执行重命名…(Rename…)命令,将模型重命名为 Rivet,单击工具栏中的 ▦ 保存(Save Model Database),保存模型为 Rivet.cae。

Step 2　单击工具箱中的 ▙ 创建部件(Create Part),创建一个名称为 Rivet 的轴对称可变形壳体(Axisymmetric：Deformable, Shell),大约尺寸(Approximate size)设为 0.04,单击继续…(Continue…)按钮,进入草图绘制环境。

Step 3　单击工具箱中的 ⊙ 创建圆：圆心和圆周（Create Circle：Center and Perimeter）,以(0,0)为圆心,圆上一点(0.0055,0)作一个半径为 0.0055 的圆;单击工具箱中的 ⤳ 创建线：首尾相连（Create Lines：Connected）,过(0.006,−0.0016),(0.003,−0.0016),(0.003,0.0134),(0,0.0134)和(0,−0.0055)作一条折线,如图 6-2 所示。单击工具箱中的 ┼┼ 自动修剪(Auto-Trim),删除如图 6-2 所示的大圆弧,单击提示区的完成(Done)按钮,完成部件 Rivet 的定义,如图 6-3 所示。

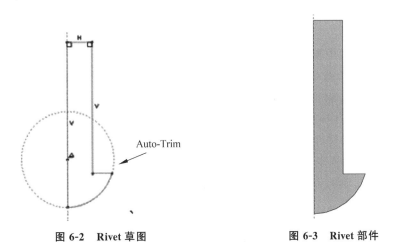

图 6-2　Rivet 草图　　　　　图 6-3　Rivet 部件

Step 4　采用相同的方法,创建一个名称为 Workpart 的轴对称可变形壳体(Axisymmetric：Deformable, Shell),大约尺寸(Approximate size)设为 0.04,单击工具箱中的 ▭ 创建线：矩形（四条线）(Create Lines：Rectangle (4 Lines)),输入长方形两个对角点坐标,第一点(0.0032,0),按回车键,另一点(0.0132,0.006),按回车键,单击鼠标右键,单击取消步骤(Cancel Procedure),单击提示区的完成(Done)按钮,完成部件 Workpart 的定义。

Step 5   单击工具箱中的![icon]创建部件(Create Part),创建一个名称为 Tool 的轴对称可变形壳体(Axisymmetric：Deformable，Shell),大约尺寸(Approximate size)设为 0.04,单击继续...(Continue...)按钮,进入草图绘制环境。

Step 6   单击工具箱中的![icon]创建圆：圆心和圆周(Create Circle：Center and Perimeter),以 $(0,0)$ 作为圆心,输入圆上一点 $(0.0055,0)$ 作一个半径为 0.0055 的圆;单击工具箱中的![icon]创建线：首尾相连(Create Lines：Connected),过 $(0,0.0016)$,$(0.008,0.0016)$,$(0.008,0.008)$,$(0,0.008)$ 和 $(0,0.0055)$ 作一条折线,如图 6-4 所示。单击工具箱中的![icon]自动修剪(Auto-Trim),删除如图 6-4 所示的大圆弧及圆弧内的短线,单击提示区的完成(Done)按钮,完成部件 Tool 的定义。在菜单栏执行工具(Tools)→参考点(Reference Point),在提示区输入点 $(0.008,0.008,0)$,创建一个参考点 RP。最终部件 Tool 如图 6-5 所示。

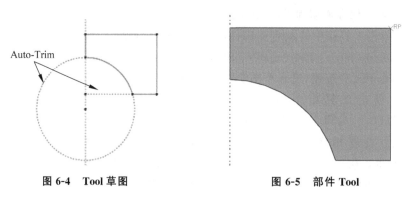

图 6-4   Tool 草图   图 6-5   部件 Tool

6.3.3   创建材料

Step 7   在环境栏中模块(Module)下拉列表中选择属性(Property),进入属性模块。

Step 8   单击工具箱中的![icon]创建材料(Create Material),弹出编辑材料对话框(Edit Material),输入材料名称 steel,执行通用(General)→密度(Density)命令,输入密度 7800;执行力学(Mechanical)→弹性(Elasticity)→弹性(Elastic)命令,输入杨氏模量(Young's Modulus)2.1e11,泊松比(Poisson's Ratio)0.3;执行力学(Mechanical)→塑性(Plasticity)→塑性(Plastic)命令,输入表 6-1 的数据,单击确定(OK)按钮,完成材料 steel 的定义。

Step 9   单击工具箱中的![icon]创建材料(Create Material),弹出编辑材料(Edit Material)对话框,输入材料名称 Rigid,执行通用(General)→密度(Density)命令,输入密度 8000;执行力学(Mechanical)→弹性(Elasticity)→弹性(Elastic)命令,输入杨氏模量(Young's Modulus)1.0e13,泊松比(Poisson's Ratio)0.4,单击确定(OK)按钮,完成材料 Rigid 的定义。

Step 10   单击工具箱中的![icon]创建截面(Create Section),输入截面属性名称为 Section-steel,选择截面属性为实体：均质(Solid：Homogeneous),单击继续...(Continue...)按钮,在材料(Material)后面选择 steel,单击确定(OK)按钮,创建一个截面属性。采用同样的方法,定义截面属性名称为 Section-Rigid,材料(Material)选择 Rigid。

Step 11   在环境栏部件(Part)中选取部件 Rivet,单击工具箱中的![icon]指派截面(Assign

Section),在图形窗口中选择部件 Rivet,单击提示区的完成(Done)按钮,弹出编辑截面指派(Edit Section Assignment)对话框,在对话框中选择截面(Section):Section-steel,单击确定(OK)按钮,把截面属性 Section-steel 赋予部件 Rivet。采用相同的方法,将 Section-Rigid 截面属性赋予 Workpart 和 Tool。

6.3.4 部件装配

Step 12 在环境栏中模块(Module)下拉列表中选择装配(Assembly),进入装配模块。

Step 13 单击工具箱中的 创建实例(Create Instance),弹出创建实例(Create Instance)对话框,按住 Shift 键,在部件(Parts)中选择 Rivet、Workpart 和 Tool 部件,实例类型选择非独立(Dependent),单击确定(OK)按钮,创建实例 Rivet-1、Workpart-1 和 Tool-1。

Step 14 在菜单栏中执行约束(Constraint)→共边(Edge to Edge)命令,提示区显示选择可移动实例的一个直边或基准轴,选择实例 Workpart-1 的下边界;提示区显示选择固定实例的一个直边或基准轴,再选择实例 Rivet-1 的下端部水平横边,如图 6-6 的共边约束 1 所示,确认两条边上的箭头方向一致(若箭头的方向相反,可以单击提示区翻转(Flip)按钮使之同向),单击确定(OK)按钮,接受默认的过盈量(Clearance):0.0(即两边的距离为0.0),按回车键,完成两条边的共边约束。

提示:约束过程中两个实例的箭头表示方向,移动后会使两个实例的箭头方向一致。若移动前箭头方向相反,移动时移动实例会翻转后再共边。由于本例中,两个实例的方位已经一致,只是距离的问题,因而移动前要保证两条边上的箭头方向一致。

Step 15 在菜单栏执行约束(Constraint)→共边(Edge to Edge)命令,选择实例 Tool-1 的下方水平边,再选择实例 Rivet-1 的上端水平边,如图 6-6 的共边约束 2 所示,确认箭头方向一致(若箭头的方向相反,可以单击提示区翻转(Flip)按钮使之同向),单击确定(OK)按钮,接受默认的过盈量(Clearance):0.0,回车,完成两条边的共边约束。

Step 16 单击工具箱中的 平移实例(Translate Instance),选择实例 Tool-1,单击提示区的完成(Done)按钮,接受默认的平移起点坐标(0,0),按回车键,输入平移终点坐标(0,−0.0029),按回车键,弹出警告信息提示平移操作将会打破原来的约束关系,单击是(Yes)按钮关闭警告对话框,单击确定(OK)按钮完成实例定位,最终的装配模型如图 6-7所示。

提示:此步的平移量并不知道,需要多次尝试,先给定 Y 方向的一个估计平移量,按回车键,观察 Tool-1 和毛坯的关系,如果不符合要求,单击提示区的 (Go Back to Previous Step),返回上一步,重新给定平移量,如此反复直至两者位置关系符合要求为止。

Step 17 在菜单栏执行工具(Tools)→表面(Surface)→创建(Create)命令,弹出创建表面(Create Surface)对话框,定义名称为 Surf-Tool 的接触表面,单击继续...(Continue...)按钮,在实例 Tool-1 上选取如图 6-8 所示的表面,单击提示区的完成(Done)按钮,完成 Surf-Tool 表面的定义。采用相同的方法,分别定义名称为 Rivet-Tool、Surf-Workpart、Rivet-Workpart 的表面,各个表面集合中表面的位置如图 6-8 所示。

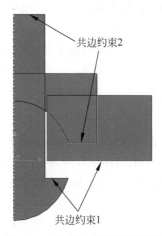

图 6-6　共边约束后装配示意图　　　　　　图 6-7　平移实例后装配示意图

Step 18　在菜单栏执行工具（Tools）→集（Set）→创建（Create）命令，弹出创建集（Create Set）对话框，定义名称为 Rivetfix、类型为几何（Geometry）的集，单击继续…（Continue…）按钮，在图形窗口中选择如图 6-9 所示的圆弧，单击提示区的完成（Done）按钮，完成 Rivetfix 集的定义。采用相同的方法，分别定义名称为 xsymm、ToolRP 和 Workpartfix 的集合，各个集合的位置如图 6-9 所示。

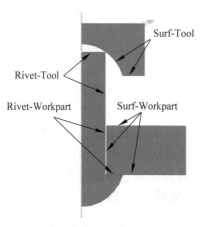

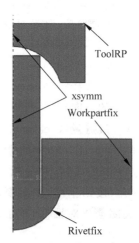

图 6-8　表面集合中各表面位置示意图　　　　图 6-9　集合位置示意图

6.3.5　定义分析步

Step 19　在环境栏中模块（Module）下拉列表中选择分析步（Step），进入分析步模块。

Step 20　单击工具箱中的 创建分析步（Create Step），弹出创建分析步（Create Step）对话框，接受默认的分析步名称（Name）为 Step-1，选择分析类型为通用：动力，显式（General：Dynamic，Explicit），单击继续…（Continue…）按钮，弹出编辑分析步（Edit Step）对话框，时间长度（Time period）中输入 0.5，几何非线性（Nlgeom）设为开（On），切换到质量缩放（Mass scaling）选项卡,选中使用下面的缩放定义（Use scaling definitions below）,单击对话框底部的创建（Create）按钮,弹出编辑质量缩放（Edit mass scaling）对话框,在类型（Type）栏中选中按系数缩放（Scale by factor）,并输入放大系数 10000,其他保持默认设置,单击确定（OK）按钮,返回编辑分析步（Edit Step）对话框,单击确定（OK）按钮。

提示：人为放大质量或提高加载速率会提高模型的惯性力,使得动态效果增加。因此,过大的质量放大系数或过度提高加载速率可能导致错误结果。在实际的模拟过程中,如何确定一个合理的质量放大系数（或合理的加载速率）是非常重要的问题,这很大程度上依赖于分析者经验。一个常用的方法是比较系统动能与内能的历史。在金属成形模拟中,由于毛坯金属的塑性应变而产生大量的内能,而毛坯金属的动能在实际的加工过程中变化不应该很大。因此,可以把毛坯的动能与内能相比,如果动能与内能的比值很小（一般小于5％）,即动能只占内能的一小部分,则可以认为所取的质量放大系数是合理的；否则,则说明所取的系数过大,需要进行调整。

Step 21　在菜单栏执行输出（Output）→重启动请求（Restart Requests）命令,在编辑重启动请求（Edit Restart Requests）对话框选中覆盖（Overlay）和 Time Marks 下面的复选框,单击确定（OK）按钮,如图 6-10 所示。

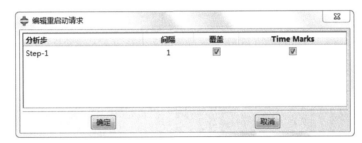

图 6-10　编辑重启动请求对话框

提示：对于计算时间较长的分析,推荐设置重启动选项,以避免由于某种原因分析中断（如计算机故障、突然停电等）而造成的时间损失。

Step 22　在菜单栏执行输出（Output）→自由度监控器（DOF Monitor）命令,勾选在整个分析过程中监控一个自由度（Monitor a degree of freedom throughout the analysis）复选框,单击区域（Region）后面的 编辑…（Edit…）按钮,在提示区中选择点…（Point…）,弹出区域选择（Region Selection）对话框,选择 ToolRP,在自由度（Degree of freedom）后面输入 2,即监视实例 Tool-1 的参考点 Y 方向的自由度,单击确定（OK）按钮。

6.3.6　定义相互作用

Step 23　在环境栏中模块（Module）下拉列表中选择相互作用（Interaction）,进入相互作用模块。

Step 24　单击工具箱中的 创建相互作用属性（Create Interaction Properties）,弹出创建相互作用属性（Create Interaction Property）对话框,接受默认名称为 IntProp-1,选择接触类型：接触（Type：Contact）,单击继续…（Continue…）按钮,进入编辑接触属性（Edit Contact Property）对话框,单击力学（Mechanical）→切向行为（Tangential Behavior）,在摩

擦公式（Friction formulation）下拉列表中选择罚（Penalty），在摩擦系数（Friction Coeff）栏中输入 0.2，单击确定（OK）按钮。

Step 25   在菜单栏执行相互作用（Interaction）→接触控制（Contact Controls）→创建（Create）命令，弹出创建接触控制（Create Contact Controls）对话框，名称和类型都保持默认设置，单击继续…（Continue…）按钮，在编辑接触控制（Edit Contact Controls）对话框中输入罚刚度因子（Penalty stiffness scaling factor）1.5（即接触刚度提高 1.5 倍），单击确定（OK）按钮，完成接触控制属性的定义。

Step 26   单击工具箱中的 🔲 创建相互作用（Create Interaction），弹出创建相互作用属性（Create Interaction）对话框，定义默认名称为 Int-1，分析步（Step）为 Initial，类型为表面与表面接触（Explicit）（Surface-to-surface contact（Explicit））的接触对，单击继续…（Continue…）按钮，单击提示区的表面…（Surface…），弹出区域选择（Region Selection）对话框，选取 Surf-Tool 表面作为主接触面，单击继续…（Continue…）按钮，选择提示区的表面…（Surface…），弹出区域选择（Region Selection）对话框，选取 Rivet-Tool 作为从接触面，其中接触作用属性（Contact interaction property）选择 IntProp-1，接触控制（Contact controls）选择 ContCtrl-1，其他保持默认设置，单击确定（OK）按钮，完成 Tool-1 与 Rivet-1 的表面接触，如图 6-11 所示。

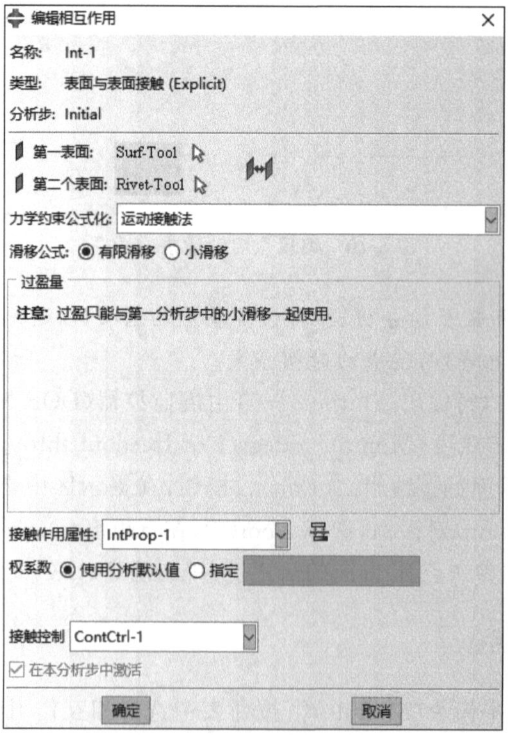

图 6-11   编辑相互作用

Step 27   采用相同的方法，定义名称为 Int-2，分析步（Step）为 Initial 的表面接触，其中主面选择 Surf-Workpart，从面选择 Rivet-Workpart，接触作用属性（Contact interaction property）选择 IntProp-1，接触控制（Contact controls）选择 ContCtrl-1，其他保持默认设置。

Step 28　单击工具箱中的 ◂▏创建约束（Create Constraint），弹出创建约束（Create Constraint）对话框，接受默认的约束名称 Constraint-1，选择约束类型：刚体（Type：Rigid body），单击继续…（Continue…）按钮，进入编辑约束（Edit constraint）对话框，在区域类型（Region type）选择体（单元）（Body（elements）），单击区域（Region）右边的 ▹ 编辑选择（Edit Selection）按钮，在图形窗口中选择实例 Tool-1；在参考点（Reference Point）中单击 ▹ 编辑…（Edit…）按钮，在提示区中选择集…（Sets…），弹出区域选择（Region Selection）对话框，选择 ToolRP，单击确定（OK）按钮，把 Tool-1 约束为刚体。

6.3.7　定义边界条件

Step 29　在环境栏中模块（Module）下拉列表中选择载荷（Load），进入载荷模块。

Step 30　单击工具箱中的 ▙ 创建边界条件（Create Boundary Condition），弹出创建边界条件（Create Boundary Condition）对话框，创建名称为 xsymm，分析步（Step）为 Initial，类别为力学：对称/反对称/完全固定（Mechanical：Symmetry/Antisymmetry/Encastre）的边界条件，单击继续…（Continue…）按钮，在提示区中选择集…（Sets…），弹出区域选择（Region Selection）对话框，选择 xsymm，单击继续…（Continue…）按钮，弹出编辑边界条件（Edit Boundary Condition）对话框，选中 XSYMM，单击确定（OK）按钮。

Step 31　单击工具箱中的 ▙ 创建边界条件（Create Boundary Condition），弹出创建边界条件（Create Boundary Condition）对话框，创建名称为 Rivet-fixed，分析步（Step）为 Initial，类别为力学：位移/转角（Mechanical：Displacement/Rotation）的边界条件，单击继续…（Continue…）按钮，在提示区中选择集…（Sets…），弹出区域选择（Region Selection）对话框，选择 Rivetfix，单击继续…（Continue…）按钮，弹出编辑边界条件（Edit Boundary Condition）对话框，选中 U1、U2、UR3，单击确定（OK）按钮，完成固定约束。采用同样的方法，创建名称为 Workpart-fixed，分析步（Step）为 Initial，类别为力学：位移/转角（Mechanical：Displacement/Rotation）的边界条件，将集合 Workpartfixed 位置完全约束。

Step 32　在菜单栏执行工具（Tools）→幅值（Amplitude）→创建（Create），弹出创建幅值（Create Amplitude）对话框，接受默认名称 Amp-1，类型（Type）选择平滑分析步（Smooth step），单击继续…（Continue…）按钮，弹出编辑幅值（Edit Amplitude）对话框，在对话框中依次输入（0，0）、（0.5，1），单击确定（OK）按钮。

Step 33　单击工具箱中的 ▙ 创建边界条件（Create Boundary Condition），弹出创建边界条件（Create Boundary Condition）对话框，创建名称为 move，分析步（Step）为 Step-1，类别为力学：位移/转角（Mechanical：Displacement/Rotation）的边界条件，单击继续…（Continue…）按钮，在提示区中选择集…（Sets…），弹出区域选择（Region Selection）对话框，选择 ToolRP，单击继续…（Continue…）按钮，弹出编辑边界条件（Edit Boundary Condition）对话框，选中 U1、U2、UR3 前面的复选框，在 U1 和 UR3 中输入 0，U2 中输入 −0.0061，幅值（Amplitude）选择 Amp-1，单击确定（OK）按钮。

6.3.8　网格划分

Step 34　在环境栏中模块（Module）下拉列表中选择网格（Mesh），进入网格模块。

Step 35   在环境栏中对象（Object）选择部件（Part），并在其后的下拉菜单中选择 Rivet。在菜单栏执行布种（Seed）→部件（Part）命令，弹出全局种子（Global Seeds）对话框，设置近似全局尺寸（Approximate global size）为 0.0012，单击确定（OK）按钮，完成部件 Rivet 的网格单元密度设置。

Step 36   在菜单栏执行网格（Mesh）→控制属性（Controls）命令，弹出网格控制属性（Mesh Controls）对话框，选择四边形为主（Quad-dominated）、自由网格（Free）划分技术，算法（Algorithm）为进阶算法（Advancing front），单击确定（OK）按钮。

Step 37   单击工具箱中的▦指派单元类型（Assign Element Type）工具，弹出单元类型（Element Type）对话框，选择单元库（Elemet Library）为显式（Explicit）、线性（Linear）、轴对称应力（Axisymmetric stress）的 CAX4R 单元类型。单击确定（OK）按钮。

Step 38   在菜单栏执行网格（Mesh）→部件（Part）命令，单击鼠标中键，完成网格划分，单击工具箱中的▦检查网格（Verify Mesh），在图形窗口框选所有实例，单击提示区的完成（Done）按钮，检查网格划分质量。

Step 39   采用同样的方法和参数设置，依次对部件 Workpart 和 Tool 进行网格划分。

6.3.9   提交作业及结果分析

Step 40   在环境栏中模块（Module）下拉列表中选择作业（Job），进入作业模块。

Step 41   单击工具箱中的▦创建作业（Create Job），弹出创建作业（Create Job）对话框，创建一个名称为 Rivet 的任务，单击继续…（Continue…）按钮，弹出编辑作业（Edit Job）对话框，单击确定（OK）按钮。

Step 42   单击工具箱中的▦右边的▦作业管理器（Job Manager），弹出作业管理器（Job Manager）对话框，单击提交（Submit）按钮，提交作业。

Step 43   提示区出现红色的提示信息"Job monitoring output is now available in the viewport′DOF Monitor：Rivet′"时，在菜单栏执行视口（Viewport）→2 DOF Monitor：Rivet 命令，可以打开自由度监视窗口，如图 6-12 所示。

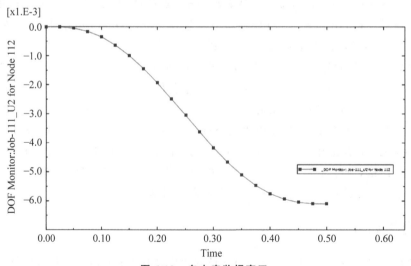

图 6-12   自由度监视窗口

Step 44　分析结束后,单击作业管理器(Job Manager)对话框的结果(Results)按钮,进入可视化(Visualization)模块,对结果进行处理。

Step 45　单击工具箱中的 在变形图上绘制云图(Plot Contours on Deformed Shape),变形图上显示各个变形体的 Mises 应力云图,如图 6-13 所示。

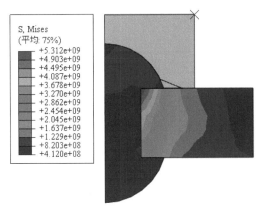

图 6-13　变形后的 Mises 应力云图(见彩图)

Step 46　在菜单栏执行视图(View)→ODB 显示选项(ODB Display Options)命令,弹出 ODB 显示选项(ODB Display Options)对话框,切换到扫掠/拉伸(Sweep/Extrude)选项卡,勾选扫掠单元(Sweep elements)复选框,输入旋转角度扫掠从:0 到 180(Sweep from:0 To 180),分割部分数(Number of segments)输入 20,单击应用(Apply)按钮,显示扩展的等效三维模型图,如图 6-14 所示。

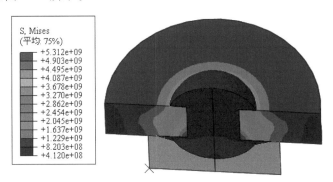

图 6-14　等效三维 Mises 应力云图(见彩图)

6.4　学习视频网址

Abaqus 在塑性加工中的应用

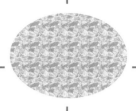

第 7 章

钣金折弯成形分析

钣金具有重量轻、强度高、导电(能够用于电磁屏蔽)、成本低、大规模量产性能好等特点,在电子电器、通信、汽车工业、医疗器械等领域得到了广泛应用。钣金折弯是指改变板材和板件角度的加工,如将板材弯成 V 形、U 形等。

7.1 问题描述

如图 7-1 所示的中心带有簧片的矩形钣金件,厚度为 2mm,在折弯的加工过程中,钣金的下部由夹具固定不动,冲销以 10mm/s 的速度将中间的簧片折弯成形。钣金材料的弹性模量(杨氏模量)为 2e5MPa,密度为 7900kg/m^3,泊松比为 0.3,钣金的尺寸如图 7-2 所示。试对该折弯过程进行模拟分析。

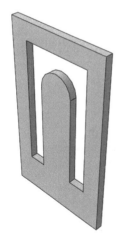

图 7-1　钣金坯料模型

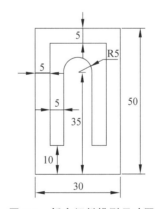

图 7-2　钣金坯料模型尺寸图

7.2 问题分析

使用 Abaqus 对钣金折弯成形过程进行数值模拟需考虑以下几个问题:
(1) 冲销不发生变形,可以将其视为刚体。

（2）整个模拟过程采用的单位制为 T-mm-s。

7.3　Abaqus/CAE 分析过程

7.3.1　建立模型

Step 1　启动 Abaqus/CAE，创建一个新的数据库，选择模型树中的 Model-1，单击鼠标右键，执行重命名…（Rename…）命令，将模型重命名为 RecPlate，单击工具栏中的保存模型数据库（Save Model Database），保存模型为 RecPlate.cae。

Step 2　单击工具箱中的创建部件（Create Part），创建一个名称为 rec 的三维（3D）模型，类型为可变形（Deformable），基本特征为实体：拉伸（Solid：Extrusion），大约尺寸（Approximate size）设为 200，单击继续…（Continue…）按钮，进入草图绘制环境。

Step 3　单击工具箱中的创建线：矩形（四条线）（Create Lines：Rectangle（4 Lines）），在提示区输入矩形第一个对角点坐标（−15，−25），按回车键，在提示区输入对角点坐标（15，25），按回车键，绘制出外框矩形部分。

Step 4　单击工具箱中的创建线：首尾相连（Create Lines：Connected）工具，依次输入坐标（−10，20），（10，20），（10，−15），（5，−15），（5，10），（−5，10），（−5，−15），（−10，−15），（−10，20），再单击工具箱中的创建圆弧：圆心和两端点（Create Arc：Center and 2 Endpoints），以（0，10）为圆心，（−5，10）和（5，10）为两端点，作半径为 5 的圆弧，单击鼠标中键完成内部轮廓草图。

Step 5　单击工具箱中的自动裁剪（Auto-Trim）按钮，选择过圆心和两端点的线段，单击鼠标中键完成修剪，得到钣金坯料的草图，如图 7-3 所示。单击鼠标中键，弹出编辑基本拉伸（Edit Base Extrusion）对话框，输入拉伸深度（Depth）为 2，单击鼠标中键，绘制完成后的部件如图 7-4 所示。

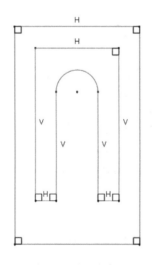

图 7-3　钣金坯料草图

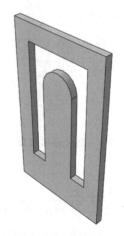

图 7-4　钣金坯料模型

Step 6 单击工具箱中的创建部件（Create Part），创建一个名称为 pin 的三维（3D）模型，类型为可变形（Deformable），基本特征为实体：拉伸（Solid：Extrusion），大约尺寸（Approximate size）设为 200，单击继续...（Continue...）按钮，进入草图绘制环境。

Step 7 单击工具箱中的创建线：矩形（四条线）（Create Lines：Rectangle（4 Lines）），在提示区输入矩形第一个对角点坐标（-7.5，-5），按回车键，在提示区输入对角点坐标（7.5，5），按回车键，绘制出 pin 的截面草图。单击鼠标中键，完成草图绘制。弹出编辑基本拉伸（Edit Base Extrusion）对话框，输入拉伸深度（Depth）为 40，单击鼠标中键。

Step 8 单击工具箱中的创建内/外圆角（Create Round or Fillet），在图像窗口中选择部件在 Z 方向左下角的短边线，如图 7-5 所示，单击鼠标中键，在提示区输入倒角的半径 2，单击鼠标中键，完成倒圆角的创建，如图 7-6 所示。

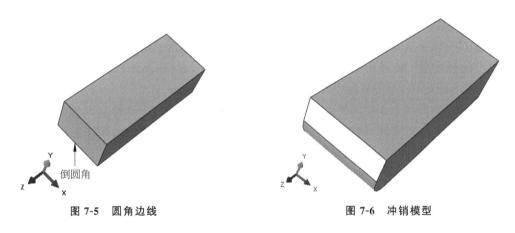

图 7-5　圆角边线　　　　　　图 7-6　冲销模型

7.3.2　创建材料

Step 9 在环境栏的模块（Module）下拉列表中选择属性（Property），进入属性模块。

Step 10 单击工具箱中的创建材料（Create Material），弹出编辑材料（Edit Material）对话框，定义名称为 rec，在材料行为（Material Behaviors）栏内执行通用（General）→密度（Density）命令，输入密度 7.9e-9；执行力学（Mechanical）→弹性（Elasticity）→弹性（Elastic）命令，输入杨氏模量（Young's Modulus）2e5，泊松比（Poisson's Ratio）0.3，其余保持参数不变；执行力学（Mechanical）→塑性（Plasticity）→塑性（Plastic）命令，输入表 7-1 中的数据，单击确定（OK）按钮，完成材料 rec 的定义。（注意：T-mm-s 应力的单位为 MPa，输入（40，0），（45，0.0002），…）。

表 7-1　材料塑性属性参数

序　号	真实应力/MPa	塑 性 应 变
1	40	0
2	45	0.0002
3	90	0.0004

序　号	真实应力/MPa	塑 性 应 变
4	150	0.0006
5	200	0.0009
6	450	0.0021
7	600	0.01
8	660	0.03

Step 11　创建截面属性。单击工具箱中的 创建截面(Create Section)按钮,在创建截面(Create Section)对话框中,保持默认名称 Section-1,选择类别:实体,均质(Category:Solid,Homogeneous),单击继续…(Continue…)按钮,进入编辑截面(Edit Section)对话框,材料(Material)选择 rec,单击确定(OK)按钮,完成截面的定义。

Step 12　赋予截面属性。单击工具箱中的 指派截面(Assign Section)按钮,选择部件 rec,单击鼠标中键,在弹出的编辑截面指派(Edit Assign Section)对话框中选择截面(Section):Section-1,单击鼠标中键,把截面属性赋予部件 rec。

Step 13　按照与上面相同的方法,在环境栏中的部件(Part)中选择 pin,此时图形窗口中将显示部件 pin,把截面属性 Section-1 赋予部件 pin,指派截面属性后部件变为绿色。

7.3.3　部件装配

Step 14　在环境栏的模块(Module)下拉列表中选择装配(Assembly)功能模式,进入装配模块。

Step 15　单击工具箱中的 创建实例(Create Instance),弹出创建实例(Create Instance)对话框,按住 Shift 键,选择 pin 和 rec 两个部件,类型选择独立(Independent),单击确定(OK)按钮。单击工具箱中的 平移实例(Translate Instance),在视图窗口中框选冲销部件 pin,单击鼠标中键,输入平移矢量的起点坐标(0,0,0),单击鼠标中键,输入第二个点坐标(0.0,0.0,-40.0),单击鼠标中键两次完成冲销部件的定位。

Step 16　单击工具箱中的 拆分几何元素:定义切割平面(Partition Cell:Define Cutting Plane),在视图区选择要拆分的实例 rec-1,单击鼠标中键确定,在提示区中选择一点及法线(Point & Normal),选择如图 7-7 所示的一点以及箭头所指的边作为法线方向,单击提示区中的创建分区(Create Partition),完成分区的创建。最终的装配图如图 7-8 所示。

Step 17　在菜单栏执行视图(View)→装配件显示选项(Assembly Display Options)命令,弹出装配件显示选项(Assembly Display Options)对话框,单击实例(Instance),取消 rec-1 的可见(Visible)选项,即取消实例 rec-1 在图形窗口的显示,仅显示实例 pin-1,单击确定(OK)按钮。

Step 18　在菜单栏执行工具(Tools)→表面(Surface)→创建(Create)命令,弹出创建表面(Create Surface)对话框,定义名称为 pin-sur,类型为几何(Geometry)的表面,单击继续…(Continue…)按钮,按住 Shift 键,在图形窗口中选择 pin-1 实例上的圆弧面及与其相邻

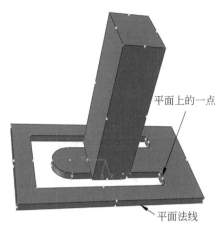

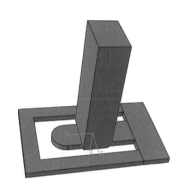

图 7-7 切割平面上的一点及法线方向   图 7-8 装配模型图

的两个面,如图 7-9 所示,单击提示区的完成(Done)按钮,完成 pin-sur 表面的定义。

　　Step 19 创建参考点 RP-1。在菜单栏执行工具(Tools)→参考点(Reference Point)命令,在提示区中输入坐标点(0,−5,−40),单击鼠标中键,完成 RP-1 参考点的创建。在菜单栏执行工具(Tools)→集(Set)→创建(Create),弹出创建集(Create Set)对话框,定义名称为 pin-rp,类型为几何(Geometry)的集,单击继续…(Continue…)按钮,选取参考点 RP-1,单击提示区的完成(Done)按钮,完成 pin-rp 集的定义。

　　Step 20 参考 Step 17,在图形窗口中仅显示实例 rec-1。在菜单栏执行工具(Tools)→表面(Surface)→创建(Create)命令,弹出创建表面(Create Surface)对话框,定义名称为 rec-sur,类型为几何(Geometry)的表面,在图形窗口中选择 rec-1 实例与 pin-1 实例相接触的表面,如图 7-10 所示,单击提示区的完成(Done)按钮,完成 rec-sur 表面的定义。

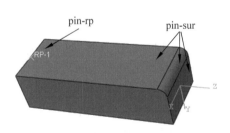

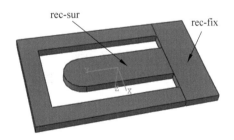

图 7-9 实例 **pin-1** 的集合示意图   图 7-10 实例 **rec-1** 的集合示意图

　　Step 21 在菜单栏执行工具(Tools)→集(Set)→创建(Create)命令,弹出创建集(Create Set)对话框,定义名称为 rec-fix,类型为几何(Geometry)的集,单击继续…(Continue…)按钮,在图形窗口中框选实例 rec-1 最右侧的长方形区域,如图 7-10 所示,单击提示区的完成(Done)按钮,完成 rec-fix 集的定义。

7.3.4 定义分析步

　　Step 22 在环境栏模块(Module)下拉列表中选择分析步(Step),进入分析步模块,单

击工具箱中的 创建分析步(Create Step)按钮,在弹出的创建分析步(Create Step)对话框中,保持默认名称(Name)为 Step-1,选择程序类型(Procedure Type)为通用:动力,显式(General:Dynamic,Explicit),单击继续…(Continue…)按钮。在弹出的编辑分析步(Edit Step)对话框中,基本信息(Basic)选项卡中接受默认时间长度 1;切换到质量缩放(Mass Scaling)选项卡,选中使用下面的缩放定义(Use Scaling Definitions Below),单击对话框底部的创建(Create)按钮,弹出编辑质量缩放(Edit Mass Scaling)对话框,在类型(Type)栏中选中按系数缩放(Scale by Factor),并输入放大系数 100000,其他接受默认设置,单击确定(OK)按钮,返回编辑分析步(Edit Step)对话框,单击确定(OK)按钮,完成分析步的定义。

提示:此处定义质量放大系数为 100000,从实际应用的角度来看并不合理,因为当模型的参数随应变率变化时,人为地放大模型质量会改变分析过程,从而给分析结果带来误差。本例只是作为教学实例,而不是实际工程应用,定义质量放大系数的目的是节省计算时间。

Step 23　设置变量输出。单击工具箱中的 场输出管理器(Field Output Manager)按钮,在弹出的场输出管理器(Field Output Request Manager)对话框中,可以看到 Abaqus/CAE 已经自动生成了一个名为 F-Output-1 的场输出变量。单击编辑…(Edit…)按钮,在弹出的编辑场输出请求(Edit Field Output Request Manager)对话框中,可以增加或者减少某些量的输出,单击确定(OK)按钮,返回场输出管理器(Field Output Request),然后单击关闭(Dismiss)按钮,完成场输出变量的定义。用同样的方法,也可以对历程变量进行设置。

7.3.5　定义相互作用

Step 24　在环境栏模块(Module)下拉列表中选择相互作用(Interaction),进入相互作用模块。

Step 25　单击工具箱中的 创建相互作用属性(Create Interaction Property)按钮,接受默认名称 IntProp-1,类型(Type)选择接触(Contact),单击继续…(Continue…)按钮,弹出编辑接触属性(Edit Contact Property)对话框,执行力学(Mechanical)→切向行为(Tangential Behavior),在摩擦公式(Friction formulation)下拉列表中选择罚(Penalty),摩擦系数(Friction Coeff)输入 0.3,其余各项参数都保持默认值,单击确定(OK)按钮,完成接触属性的定义。

Step 26　单击工具箱中的 创建相互作用(Create Interaction),弹出创建相互作用(Create Interaction)对话框,输入名称为 Int-1,分析步(Step)选项为 Step-1,类型为表面与表面接触(Explicit)(Surface-to-surface contact (Explicit)),单击继续…(Continue…)按钮,单击提示区中的表面…(Surface…),弹出区域选择(Region Selection)对话框,可以选择定义的表面,选取 pin-sur 作为主接触面,单击继续…(Continue…)按钮,选择提示区的表面…(Surface…),弹出区域选择(Region Selection)对话框,选取 rec-sur 作为从接触面,弹出编辑相互作用(Edit Interaction)对话框,保持默认的参数设置,单击确定(OK)按钮,完成相互作用的定义。

Step 27　单击工具栏中的 创建约束(Create Constraint),或在菜单栏执行约束(Constraint)→创建(Create)命令,保持默认名称 Constraint-1,选择约束类型刚体(Rigid body),然后单击继续…(Continue…)按钮,弹出编辑约束(Edit Constraint)对话框,选中区域类型(Region type)下面的体(单元)(Body(elements)),单击区域右侧的🖗编辑选择(Edit Selection)按钮,选择 pin-1 实例,然后单击参考点(Reference Point)右侧的🖗编辑…(Edit…)按钮,单击提示区中的集…(Sets…),弹出区域选择(Regions Selection)对话框,选择 pin-rp,返回到编辑约束(Edit Constraint)对话框,单击确定(OK)按钮,完成刚体约束的定义。

7.3.6 定义边界条件

Step 28 在环境栏模块(Module)下拉列表中选择载荷(Load),进入载荷模块。

Step 29 单击工具箱中的🖳创建边界条件(Boundary Conditions Manager)按钮,弹出创建边界条件(Create Boundary Conditions)对话框,创建名称为 BC-1,分析步(Step)为 Step-1,类别为力学:位移/转角(Mechanical:Displacement/Rotation)的边界条件,单击继续…(Continue…)按钮,单击提示区中的集…(Sets…),弹出区域选择(Regions Selection)对话框,选择 rec-fix,单击鼠标中键,弹出编辑边界条件(Edit Boundary Condition)对话框,选择 U1、U2、U3、UR1、UR2、UR3,单击确定(OK)按钮,完成边界条件的施加。

Step 30 执行菜单栏中的工具(Tools)→幅值(Amplitude)→创建(Create)命令,弹出创建幅值(Create Amplitude)对话框,保持默认名称 Amp-1,类型(Type)选择平滑分析步(Smooth step),单击继续…(Continue…)按钮,弹出编辑幅值(Edit Amplitude)对话框,第一行输入(0,0);第二行输入(1,1)。单击确定(OK)按钮,完成 Amp-1 的创建。

Step 31 单击工具箱中的🖳创建边界条件(Create Boundary Condition),弹出创建边界条件(Create Boundary Condition)对话框,创建名称为 BC-2,分析步(Step)为 Step-1,类别为力学:速度/角速度(Mechanical:Velocity/Angular velocity)的边界条件,单击继续…(Continue…)按钮,弹出区域选择(Region Selection)对话框,选中 pin-rp,单击继续…(Continue…)按钮,弹出编辑边界条件(Edit Boundary Condition)对话框,选中 V1、V2、V3、VR1、VR2、VR3,将 V3 设为 10,幅值选择 Amp-1,单击确定(OK)按钮。

7.3.7 网格划分

Step 32 在环境栏中模块(Module)下拉列表中选择网格(Mesh),进入网格模块。

Step 33 参考 Step 17,在图形窗口中仅显示实例 pin-1。单击工具箱中的🖳为部件实例布种(Seed Part Instance),在图形窗口选择实例 pin-1,单击提示区的完成(Done)按钮,弹出全局种子(Global Seeds)对话框,设置近似全局尺寸(Approximate global size)为 3,其他保持默认设置,单击确定(OK)按钮,完成实例 pin-1 网格单元密度的设置。单击工具箱中的🖳指派单元类型(Assign Element Type)工具,在图形窗口选择实例 pin-1,单击完成(Done)按钮,弹出单元类型(Element Type)对话框,选择为显式(Explicit)、线性(Linear)、三维应力(3D Stress)的 C3D8R 单元,单击确定(OK)按钮。实例 pin-1 的网格控制属性保持软件的默认设置。

Step 34 参考 Step 17,在图形窗口中仅显示实例 rec-1。单击工具箱中的🖳为部件实例布种(Seed Part Instance),在图形窗口选择实例 rec-1,单击提示区的完成(Done)按钮,弹出全局种子(Global Seeds)对话框,设置近似全局尺寸(Approximate global size)为 1,单击确定(OK)按钮,完成实例 rec-1 网格单元密度的设置。单击工具箱中的🖳指派单元类型

（Assign Element Type）工具，在图形窗口选择 pin-1，单击完成（Done）按钮，弹出单元类型（Element Type）对话框，选择为显式（Explicit）、线性（Linear）、三维应力（3D Stress）的 C3D8R 单元，单击确定（OK）按钮。在菜单栏执行网格（Mesh）→控制属性（Controls）命令，在图形窗口框选实例 rec-1，单击提示区的完成（Done）按钮，弹出网格控制属性（Mesh Controls）对话框，选择六面体单元（Hex）、扫掠网格（Sweep）划分技术，单击确定（OK）按钮。

Step 35   在图形窗口中同时显示两个实例。在菜单栏执行网格（Mesh）→实例（Instance）命令，在图形窗口框选实例 rec-1 和 pin-1，单击提示区的完成（Done）按钮，完成网格划分，单击工具箱中的 检查网格（Verify Mesh），在图形窗口框选实例 rec-1 和 pin-1，单击提示区的完成（Done）按钮，检查网格划分质量。

7.3.8   提交作业及结果分析

Step 36   在环境栏中模块（Module）下拉列表中选择作业（Job），进入作业模块。

Step 37   单击工具箱中的 创建作业（Create Job），弹出创建作业（Create Job）对话框，创建名称为 rec 的任务，单击继续...（Continue...）按钮，弹出编辑作业（Edit Job）对话框，保持默认设置，单击确定（OK）按钮。

Step 38   单击工具箱中的 右边的 作业管理器（Job Manager），弹出作业管理器（Job Manager）对话框，单击提交（Submit）按钮，提交作业。

Step 39   分析结束后，单击作业管理器（Job Manager）对话框的结果（Results）按钮，进入可视化（Visualization）模块，对结果进行处理。

Step 40   单击工具箱中的 在变形图上绘制云图（Plot Contours on Deformed Shape），钣金弯折后的 Mises 应力云图，如图 7-11 所示。

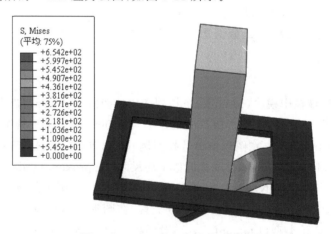

图 7-11   Mises 应力云图（见彩图）

Step 41   输出变形过程中参考点 RP-1 的反作用力的变化曲线。单击工具箱中的 创建 XY 数据（Create XY Data），弹出创建 XY 数据（Create XY Data）对话框，在源（Source）中选择 ODB 场变量输出（ODB field output），单击继续...（Continue...）按钮，弹出来自 ODB 场输出的 XY 数据（XY Data from ODB Field Output）对话框，在变量（Variables）选项卡中的位置（Position）下拉列表中选择唯一节点（Unique Nodal），勾选 RF 中的 RF3；单击单元/

节点(Element/Nodes),在方法(Method)选择节点集(Node Set)：PIN-RP,单击绘制(Plot)
按钮,参考点 RP-1 在 Z 方向的反作用力如图 7-12 所示。利用工具箱中的 ↦ XY 轴选项
(XY Axis Options)和 ⩘ XY 曲线选项(XY Curve Options),可以更改曲线图中的坐标轴、
曲线及文字的样式,在图形区域中双击鼠标左键可以将曲线图的背景颜色调整为白色。

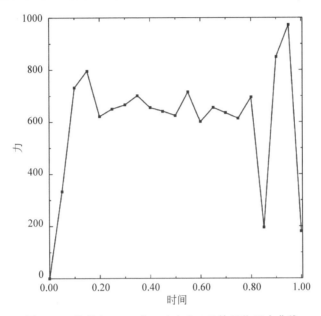

图 7-12　参考点 RP-1 在 Z 方向(RF3)的反作用力曲线

7.4　学习视频网址

第8章

轧制成形过程分析

轧制成形技术是通过轧辊与坯料之间摩擦力将板材坯料拖入轧辊之间的缝隙,在轧辊压力的作用下使材料产生塑性变形的一种加工方式。轧制成形是金属板材较为常见的加工方法,分析轧制成形过程中应力和应变分布对于优化轧制成形工艺具有重要指导意义。

8.1 问题描述

对长度 90mm、宽度 40mm、厚度 20mm 的铝板进行轧制成形,轧辊半径 350mm,轧辊转速为 1r/s,轧制压下量为 5mm,铝板初始速度 1.0367m/s,试分析铝板的变形情况。

8.2 问题分析

使用 Abaqus 对轧制成形过程进行数值模拟需考虑以下几个问题:

(1) 本例中的模型和边界条件都是对称的,所以可以取模型的一半进行分析。

(2) 在模拟过程中,可以不考虑轧辊变形,将其视为刚体,在本例中,由于不考虑轧辊变形,可以只建立轧辊外表面模型,赋予质量特性时把整个轧辊的质量赋予刚体的参考点。

(3) 整个模拟过程采用的单位制为 kg-m-s。

8.3 Abaqus/CAE 分析过程

8.3.1 建立模型

Step 1 启动 Abaqus/CAE,创建一个新的数据库,选择模型树中的 Model-1,单击鼠标右键,执行重命名…(Rename…)命令,将模型重命名为 roll,单击工具栏中的▇保存模型数据库(Save Model Database),保存模型为 roll.cae。

Step 2 单击工具箱中的 ⬛ 创建部件(Create Part),创建一个名为 plate 的三维(3D)模型,类型为可变形(Deformable),基本特征为实体:拉伸(Solid:Extrusion),大约尺寸(Approximate size)设为 0.1,单击继续...(Continue...)按钮,进入草图绘制环境。

Step 3 单击工具箱中的 ⬛ 创建线:矩形(四条线)(Create Lines:Rectangle (4 Lines)),输入长方形两个对角点坐标,第一点(0,0),按回车键,另一点(0.02,0.02),按回车键,单击鼠标右键,单击取消步骤(Cancel Procedure),单击提示区的完成(Done)按钮,弹出编辑基本拉伸(Edit Base Extrusion)窗口,输入拉伸深度(Depth)0.09,单击确定(OK)按钮,完成 plate 的建模,如图 8-1 所示。

Step 4 单击工具箱中的 ⬛ 创建部件(Create Part),创建名称为 roller 的三维(3D)模型,类型为解析刚体(Analytical rigid),基本特征为旋转壳(Revolve shell),大约尺寸(Approximate size)设为 0.7,单击继续...(Continue...)按钮,进入草图绘制环境。

Step 5 单击工具箱中的 ⬛ 创建线:首尾相连(Create Lines:Connected),在提示区输入线段起始点坐标(0.35,0),按回车键,输入线段终点坐标(0.35,0.03),按回车键,单击鼠标右键,单击取消步骤(Cancel Procedure),单击提示区的完成(Done)按钮,完成 roller 的建模,如图 8-2 所示。在菜单栏执行工具(Tools)→参考点(Reference Point)命令,在图形窗口选择轧辊圆心(0,0.015,0),创建一个参考点 RP。

提示:用户必须为刚体部件指定一个参考点,刚体部件上的边界条件和载荷都要施加在此参考点上。

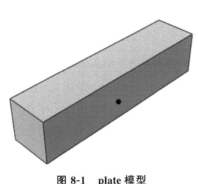

图 8-1 plate 模型

图 8-2 roller 模型

8.3.2 创建材料

Step 6 在环境栏中模块(Module)下拉列表中选择属性(Property),进入属性模块。

Step 7 单击工具箱中的 ⬛ 创建材料(Create Material),弹出编辑材料(Edit Material)对话框,输入材料名称 Al,执行通用(General)→密度(Density)命令,输入密度 2700;执行力学(Mechanical)→弹性(Elasticity)→弹性(Elastic)命令,输入杨氏模量(Young′s Modulus)7e10,泊松比(Poisson′s Ratio)0.3,执行力学(Mechanical)→塑性(Plasticity)→塑性(Plastic)命令,在数据栏中输入(280e6,0),按回车键;(300e6,0.002),按回车键;(320e6,0.01),按回车键;(350e6,0.2),按回车键;(370e6,0.5),按回车键,单击确定(OK)按钮,完成

材料 Al 的定义。

Step 8 单击工具箱中的🗝创建截面(Create Section),输入截面属性名称为 Section-Al,选择截面属性实体:均质(Solid:Homogeneous),单击继续...(Continue...)按钮,弹出编辑截面(Edit Section)对话框,在材料(Material)后面选择 Al,单击确定(OK)按钮,创建一个截面属性。

Step 9 在环境栏部件(Part)中选取部件 plate,单击工具箱中的🗝指派截面(Assign Section),在图形窗口中选择部件 plate,单击提示区的完成(Done)按钮,弹出编辑截面指派(Edit Section Assignment)对话框,在对话框中选择截面(Section):Section-Al,单击确定(OK)按钮,把截面属性 Section-Al 赋予部件 plate,部件 plate 颜色显示为绿色。

Step 10 在环境栏部件(Part)中选取部件 roller,执行菜单栏中特殊设置(Special)→惯性(Inertia)→创建(Create)命令,弹出创建惯量(Create Inertia)对话框,输入名称为 Inertia-roller,选择类型为点质量/惯量(Point mass/inertia),单击继续...(Continue...)按钮,选中 RP,单击完成(Done)按钮,弹出编辑惯量(Edit Inertia)对话框,在各向同性(Isotropic)文本框中输入质量 2,单击确定(OK)按钮,为刚体轧辊 roller 定义质量。

提示:解析刚体没有截面属性,对于需要运动的物体又须定义其质量特性,所以采用在刚体参考点上定义质量的方式来为刚体赋予质量,进而确定其转动惯量,如果不知道刚体具体的质量大小或者其质量大小并不重要,那么遵循的一个原则是刚体质量和变形体质量保持在同一个数量级上即可。

8.3.3 部件装配

Step 11 在环境栏中模块(Module)下拉列表中选择装配(Assembly),进入装配模块。

Step 12 单击工具箱中的🗝实例部件(Create Instance),弹出创建实例(Create Instance)对话框,按住 Shift 键,在部件(Parts)中选择部件 plate 和 roller,实例类型选择独立(Independent),单击确定(OK)按钮,创建部件 plate 和 roller 的实例,如图 8-3 所示。

Step 13 单击工具箱中的🗝平移实例(Translate Instance),在图形窗口选择 plate-1 实例,单击提示区的完成(Done)按钮;选择 plate-1 实例的右上端点 A 作为移动初始点,再选择实例 roller-1 上的里面圆上 B 点作为移动终点,A、B 两点的位置如图 8-3 所示,单击确定(OK)按钮,确定实例相对位置,单击工具栏🗝旋转视图(Rotate View),或采用 Ctrl+Alt+MB1 查看装配相对位置。

Step 14 单击工具箱中的🗝平移实例(Translate Instance),在图形窗口选择 plate-1 实例,单击提示区的完成(Done)按钮;在提示区以默认的(0,0,0)作为移动初始点,按回车键,输入(−0.005,0,0.09)作为移动终点,单击确定(OK)按钮,确定实例相对位置,完成最终的装配,如图 8-4 所示。

8.3.4 定义分析步

Step 15 在环境栏中模块(Module)下拉列表中选择分析步(Step),进入分析步模块。

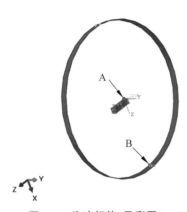
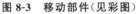

图 8-3　移动部件（见彩图）

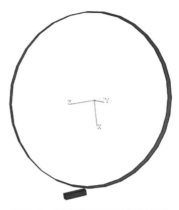

图 8-4　最终装配位置（见彩图）

Step 16　单击工具箱中的 ●▪■ 创建分析步（Create Step），弹出创建分析步（Create Step）对话框，接受默认分析步名称（Name）为 Step-1，选择分析类型为通用：动力，显式（General：Dynamic，Explicit），单击继续…（Continue…）按钮，输入时间长度（Time Period）为 0.2，几何非线性（Nlgeom）设为开（On），切换到质量缩放（Mass scaling）选项卡，选中使用下面的缩放定义（Use scaling definitions below），单击对话框底部的创建（Create）按钮，弹出编辑质量缩放（Edit mass scaling）对话框，在类型（Type）栏中选中按系数缩放（Scale by factor），并输入放大系数 10000，如图 8-5 所示，其他保持默认设置，单击确定（OK）按钮，返回编辑分析步（Edit Step）对话框，单击确定（OK）按钮。

图 8-5　编辑分析步对话框

8.3.5　定义相互作用

Step 17　在环境栏中模块（Module）下拉列表中选择相互作用（Interaction），进入相互作用模块。

Step 18　在菜单栏执行工具（Tools）→表面（Surface）→创建（Create）命令，弹出创建表

面(Create Surface)对话框,定义名称为 platesur 的接触表面,选取如图 8-6 所示的 plate-1 的上表面和前表面,单击提示区的完成(Done)按钮,完成 platesur 表面的定义。

Step 19　在菜单栏执行工具(Tools)→表面(Surface)→创建(Create)命令,弹出创建表面(Create Surface)对话框,定义名称为 roll-s 的接触表面,选取 roller-1 的外表面,单击提示区的完成(Done)按钮,在提示区中选择紫色(Purple)的外表面(也可能是棕色(Brown)),具体视外表面的具体颜色来定),完成 roll-s 表面的定义。

Step 20　在菜单栏执行工具(Tools)→集(Set)→创建(Create)命令,弹出创建集(Create Set)对话框,定义名称为 bot 的集,选取如图 8-6 所示的 plate-1 的下表面,单击提示区的完成(Done)按钮,完成 bot 集的定义,按相同的方法,选取 plate-1 的后表面,定义为 ysym 集。选中整个 plate-1 实例定义为 plate-1 集。

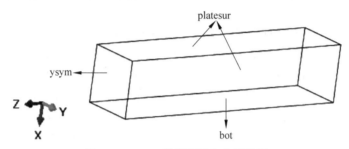

图 8-6　plate-1 的表面及集合示意图

Step 21　在菜单栏执行工具(Tools)→集(Set)→创建(Create)命令,弹出创建集(Create Set)对话框,定义名称为 roll-rp 的集,选取参考点 RP,单击提示区的完成(Done)按钮,完成 roll-rp 集的定义。

Step 22　单击工具箱中的 ⊟ 创建相互作用属性(Interaction Properties),弹出创建相互作用属性(Create Interaction Property)对话框,接受默认的名称 IntProp-1,选择接触类型(Type)为接触(Contact),单击继续…(Continue…)按钮,进入编辑接触属性(Edit Contact Property)对话框,单击力学(Mechanical)→切向行为(Tangential Behavior),在摩擦公式(Friction formulation)下拉列表中选择罚(Penalty),摩擦系数(Friction Coeff)栏中输入 0.3,单击确定(OK)按钮,完成相互作用属性的创建。

Step 23　单击工具箱中的 ⊟ 创建相互作用(Create Interaction),弹出创建相互作用(Create Interaction)对话框,定义名称为 Int-1,分析步(Step)为 Intial,类型为表面与表面接触(Explicit)(Surface-to-surface contact (Explicit))的接触对,单击继续…(Continue…)按钮,单击提示区的表面…(Surface…),弹出区域选择(Region Selection)对话框,选取 roll-s 作为主接触面,单击继续…(Continue…)按钮,选择提示区的表面…(Surface…),弹出区域选择(Region Selection)对话框,选取 platesur 作为从接触面,单击继续…(Continue…)按钮,弹出编辑相互作用(Edit Interaction)对话框,在对话框中的接触相互作用属性(Contact Interaction Property)中选择创建的相互作用属性 IntProp-1,其他保持默认设置,单击确定(OK)按钮。

8.3.6　定义边界条件

Step 24　在环境栏中模块(Module)下拉列表中选择载荷(Load),进入载荷模块。

Step 25　单击工具箱中的■创建边界条件(Create Boundary Condition),弹出创建边界条件(Create Boundary Condition)对话框,创建名称为 BC-1,分析步(Step)为 Initial,类别为力学:位移/转角(Mechanical:Displacement/Rotation)的边界条件,单击继续…(Continue…)按钮,单击提示区的集…(Sets…),弹出区域选择(Region Selection)对话框,选中 roll-rp,单击继续…(Continue…)按钮,弹出编辑边界条件(Edit Boundary Condition)对话框,选中 U1、U2、U3、UR1、UR3,单击确定(OK)按钮。

Step 26　单击工具箱中的■创建边界条件(Create Boundary Condition),弹出创建边界条件(Create Boundary Condition)对话框,创建名称为 BC-2,分析步(Step)为 Initial,类别为力学:对称/反对称/完全固定(Mechanical:Symmetry/Antisymmetry/Encastre)的边界条件,单击继续…(Continue…)按钮,单击提示区的集…(Sets…),弹出区域选择(Region Selection)对话框,选中 ysym,单击继续…(Continue…)按钮,弹出编辑边界条件(Edit Boundary Condition)对话框,选中 YSYMM,单击确定(OK)按钮。

Step 27　单击工具箱中的■创建边界条件(Create Boundary Condition),弹出创建边界条件(Create Boundary Condition)对话框,创建名称为 BC-3,分析步(Step)为 Initial,类别为力学:位移/转角(Mechanical:Displacement/Rotation)的边界条件,单击继续…(Continue…)按钮,单击提示区的集…(Sets…),弹出区域选择(Region Selection)对话框,选中 bot,单击继续…(Continue…)按钮,弹出编辑边界条件(Edit Boundary Condition)对话框,选中 U1,其值设为 0,单击确定(OK)按钮。

Step 28　单击工具箱中的■创建边界条件(Create Boundary Condition),弹出创建边界条件(Create Boundary Condition)对话框,创建名称为 BC-4,分析步(Step)为 Step-1,类别为力学:速度/角速度(Mechanical:Velocity/Angular velocity)的边界条件,单击继续…(Continue…)按钮,单击提示区的集…(Sets…),弹出区域选择(Region Selection)对话框,选中 roll-rp,单击继续…(Continue…)按钮,弹出编辑边界条件(Edit Boundary Condition)对话框,选中 VR2,其值设为 6.28,单击确定(OK)按钮。

Step 29　单击工具箱中的■边界条件管理器(Boundary Condition Manager),弹出边界条件管理器(Boundary Condition Manager)对话框,如图 8-7 所示。

图 8-7　边界条件管理器对话框

Step 30　单击工具箱中的■创建预定义场(Create Predefined Field),弹出创建预定义场(Create Predefined Field)对话框,创建名称为 Predefined Field-1,分析步(Step)为

Initial,类别为力学：速度（Mechanical：Velocity）的初始条件，如图 8-8 所示，单击继续…（Continue…）按钮，弹出区域选择（Region Selection）对话框，选中 plate-1,单击继续…（Continue…）按钮，弹出编辑预定义场（Edit Predefined Field）对话框，在 V3 对应框中输入－1.0367,赋予铝板初始速度。

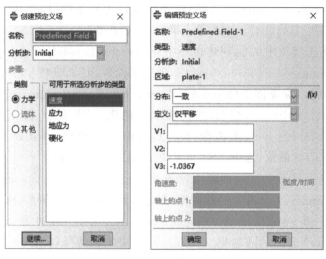

图 8-8　创建预定义场对话框

提示：注意边界条件（Create Boundary Condition）的速度和创建预定义场（Create Predefined Field）中的速度的区别。边界条件中的速度在计算中保持稳定，如轧辊的速度是电驱动轧辊的速度，在变形过程中保持不变；预定义场的速度，如铝板的初始速度，在变形过程中发生改变。

8.3.7　网格划分

Step 31　在环境栏中模块（Module）下拉列表中选择网格（Mesh）,进入网格模块。

Step 32　单击工具箱中的 ![icon] 为部件实例布种（Seed Part Instance）,在图形窗口选择 plate-1,单击提示区的完成（Done）按钮，弹出全局种子（Global Seeds）对话框，设置近似全局尺寸（Approximate global size）为 0.004,单击确定（OK）按钮，完成 plate-1 网格单元密度的设置。在菜单栏执行网格（Mesh）→控制属性（Controls）命令，在图形窗口框选 plate-1,单击提示区的完成（Done）按钮，弹出网格控制属性（Mesh Controls）对话框，选择六面体单元（Hex）、结构化网格（Structured）划分技术，单击确定（OK）按钮，plate-1 显示绿色。

Step 33　在菜单栏执行网格（Mesh）→单元类型（Element Type）命令，在图形窗口框选 plate-1,单击提示区的完成（Done）按钮，弹出单元类型（Element Type）对话框，选择显式（Explicit）、线性（Linear）、三维应力（3D Stress）的 C3D8R 单元，单击确定（OK）按钮。

Step 34　在菜单栏执行网格（Mesh）→实例（Instance）命令，在图形窗口框选 plate-1,单击提示区的完成（Done）按钮，完成网格划分，单击工具箱中的 ![icon] 检查网格（Verify Mesh）,在图形窗口框选 plate-1,单击提示区的完成（Done）按钮，检查网格划分质量。

提示：对于结构简单的不变形体，采用解析刚体建模，不需要进行网格划分。对于结构复杂的不变形体,采用离散刚体建模,需要对刚体进行网格划分。

8.3.8　提交作业及结果分析

Step 35　在环境栏中模块(Module)下拉列表中选择作业(Job),进入作业模块。

Step 36　单击工具箱中的 ![icon]创建作业(Create Job),弹出创建作业(Create Job)对话框,创建名称为 roll 的任务,单击继续...(Continue...)按钮,弹出编辑作业(Edit Job)对话框,单击确定(OK)按钮。

Step 37　单击工具箱中的 ![icon]作业管理器(Job Manager),弹出作业管理器(Job Manager)对话框,单击提交(Submit)按钮,提交作业。

Step 38　分析结束后,单击作业管理器(Job Manager)对话框的结果(Results)按钮,进入可视化(Visualization)模块,对结果进行处理。

Step 39　单击工具箱中的 ![icon]在变形图上绘制云图(Plot Contours on Deformed Shape),默认为 Mises 应力云图。执行菜单栏的工具(Tools)→显示组(Display Group)→创建(Create)命令,弹出创建显示组(Create Display Group)对话框,在项(Item)中选择部件实例(Part instances):ROLLER-1,单击对话框下方的删除(Remove)按钮,此时在图形窗口中仅显示 plate-1。

Step 40　单击工具箱中的 ![icon]通用选项(Common Options),弹出通用绘图选项(Common Plot Option)对话框,在基本信息(Basic)选项卡中选择可见边(Visible Edges)中的自由边(Free edges),单击确定(OK)按钮,铝板的 Mises 应力云图如图 8-9 所示。

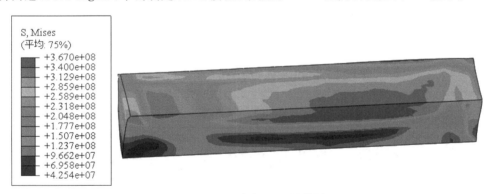

图 8-9　Mises 应力云图(见彩图)

Step 41　在菜单栏执行结果(Result)→场输出(Field Output)命令,弹出场输出(Field Output)对话框,选择输出变量 PEEQ,单击确定(OK)按钮,输出等效塑性应变。图 8-10 所示为不同时刻板材的塑性变形情况。

Step 42　单击工具箱中的 ![icon]通用选项(Common Options),弹出通用绘图选项(Common Plot Option)对话框,在基本信息(Basic)选项卡中选择可见边(Visible Edges)中的外部边(Exterior edges),单击确定(OK)按钮。在菜单栏执行工具(Tools)→路径(Path)→创建(Create)命令,弹出创建路径(Create Path)对话框,默认名称为 Path-1,类型(Type)为节点列表(Node list),单击继续...(Continue...)按钮,弹出编辑节点列表路径(Edit Node List Path)对话框,在视口选择集(View selection)单击添加于前(Add Before),在图表窗口选择板材中间层直线上多个节点,如图 8-11 所示,单击提示区的完成(Done)按钮,编辑节点列表路径(Edit Node

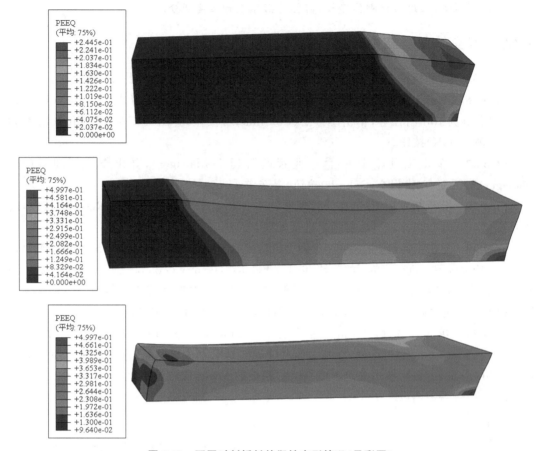

图 8-10　不同时刻板材的塑性变形情况（见彩图）

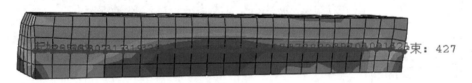

图 8-11　Path-1 路径（见彩图）

List Path)对话框显示已选的点,单击确定(OK)按钮,完成 Path-1 路径的定义。

Step 43　单击工具箱中的圈创建 XY 数据(Create XY Data),弹出创建 XY 数据(Create XY Data)对话框,在源(Source)中选择路径(Path),单击继续…(Continue…)按钮,弹出来自路径的 XY 数据(XY Data from Path)对话框,在路径(Path)下拉框选择 Path-1,单击分析步/帧(Step/Frame),弹出分析步/帧(Step/Frame)对话框,选择分析步 Step-1,帧(Frame)选择最后一步,单击确定(OK)按钮;单击场输出(Field Output),弹出场输出(Field Output)对话框,选择 S：Mises,单击确定(OK)按钮,单击绘制(Plot)按钮,Mises 应力随路径变化的曲线图如图 8-12 所示。利用工具箱中的圈 XY 轴选项(XY Axis Options)和圈 XY 曲线选项(XY Curve Options),可以更改曲线图中的坐标轴、曲线及文字的样式,在图形区域中双击鼠标左键可以将曲线图的背景颜色调整为白色。

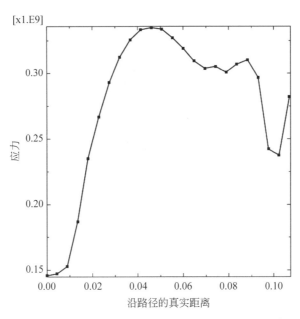

图 8-12　平板最终变形时的 Mises 应力随路径的变化情况

Step 44　单击工具箱中的$\boxplus$创建 XY 数据（Create XY Data），弹出创建 XY 数据（Create XY Data）对话框，在源（Source）中选择 ODB 场变量输出（ODB field output），单击继续…（Continue…）按钮，弹出来自 ODB 场输出的 XY 数据（XY Data from ODB field output）对话框，在变量（Variables）选项卡中位置（Position）下拉框选择唯一节点的（Unique Nodal），勾选 RF（Reaction force）下的 RF1。切换到单元/节点（Elements/Nodes）选项卡，方法（Method）中选择节点集（Node sets）：REFERENCE_POINT_ROLLER-1，单击绘制（Plot）按钮，绘制轧制过程中轧辊约束反力，如图 8-13 所示。

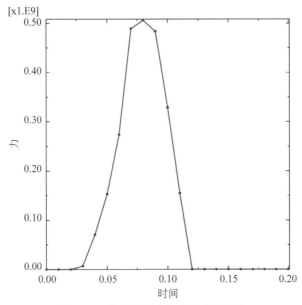

图 8-13　轧制过程中轧辊的约束反力

8.4 学习视频网址

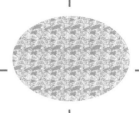

第 9 章

挤压成形过程分析

所谓挤压成形,就是将加热后的坯料放进挤压筒里,在挤压力的作用下,挤压头或者凸模将坯料压入特定的模具中,使之发生塑性变形,从而获得特定的尺寸、形状并且具有一定的力学性能的产品的加工方法。挤压成形是金属棒材较为常见的加工方法,分析挤压成形过程中温度和应力分布对于优化挤压成形工艺具有重要指导意义。

9.1 问题描述

如图 9-1 所示的铝棒和模具模型,铝棒初始半径为 0.2m,高 0.5m,挤压后半径为 0.1m。已知铝合金密度为 2700kg/m³,膨胀系数为 8.42e-5,弹性模量(杨氏模量)为 7e10Pa,泊松比为 0.3,比热为 880m²/(s² · K),材料塑性与温度相关,试分析挤压过程中铝棒的温度及应力分布情况。

图 9-1 铝棒材和模具模型

9.2　问题分析

使用 Abaqus 对挤压成形过程进行数值模拟需考虑以下几个问题：

(1) 本例中的模型和边界条件都是轴对称的，所以建立轴对称模型来进行挤压成形过程分析。

(2) 在模拟过程中，可以不考虑模具的变形，因此，模具可视为刚体。可是，直接把模具建立解析或离散刚体，模具与铝棒热力耦合作用难以考虑，因此，建模过程中，先把模具设为可变形体，输入热力学参数，再在后续过程中将模具约束为不发生形变的刚体。

(3) 整个模拟过程采用的单位制为 kg-m-s。

9.3　Abaqus/CAE 分析过程

9.3.1　建立模型

Step 1　启动 Abaqus/CAE，创建一个新的数据库，选择模型树中的 Model-1，单击鼠标右键，执行重命名…(Rename…)命令，将模型重命名为 extrusion，单击工具栏中的保存模型数据库(Save Model Database)，保存模型为 extrusion.cae。

Step 2　单击工具箱中的创建部件(Create Part)，创建名称为 deform 的轴对称(Axisymmetric)模型，类型为可变形(Deformable)，基本特征为壳(Shell)，大约尺寸(Approximate size)设为 1，单击继续…(Continue…)按钮，进入草图绘制环境。

Step 3　单击工具箱中的创建线：矩形（四条线）(Create Lines：Rectangle（4 Lines)），输入长方形两个对角点坐标，第一点(0,0)，按回车键，另一点(0.2,0.5)，按回车键，按 Esc 键退出创建线操作，单击提示区的完成(Done)按钮，建立铝棒模型，如图 9-2 所示。

Step 4　单击工具箱中的创建部件(Create Part)，创建名称为 rigid 的轴对称模型，类型为可变形(Deformable)，基本特征为壳(Shell)，大约尺寸(Approximate size)设为 4，单击继续…(Continue…)按钮，进入草图绘制环境。

Step 5　单击工具箱中的创建孤立点(Create Isolated Point)，输入点 A(0.2,0.5)，B(0.4,0.6)，C(0.5,0.6)，D(0.5,−0.4)，E(0.1,−0.4)，F(0.1,−0.3)，G(0.2,0)，H(0.13,−0.13)，每输入一点按回车键确定。

Step 6　单击工具箱中的创建线：首尾相连(Create Lines：Connected)，依次连接 G、A、B、C、D、E、F，单击鼠标右键，单击取消步骤(Cancel Procedure)，单击提示区的完成(Done)按钮。

Step 7　单击工具箱中的创建圆弧：过三点(Create Arc：Thru 3 point)，按顺序分别单击 G、H 以及 GH 之间的一点；再分别选择 F、H 以及 FH 之间的一点，按 Esc 键退出创建圆弧操作，单击提示区的完成(Done)按钮，完成挤压模具的建立，如图 9-3 所示。

Step 8　执行菜单栏的工具(Tools)→参考点(Reference Point)命令，在图形窗口选择 C 点，创建一个参考点 RP。

图 9-2　铝棒模型

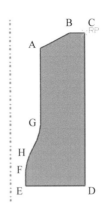

图 9-3　模具模型

9.3.2　创建材料

Step 9　在环境栏中模块(Module)下拉列表中选择属性(Property),进入属性模块。单击工具箱中的创建材料(Create Material),弹出编辑材料(Edit Material)对话框,输入材料名称 rigid,执行通用(General)→密度(Density)命令,输入密度 2700;执行力学(Mechanical)→弹性(Elasticity)→弹性(Elastic)命令,输入杨氏模量(Young's Modulus)7e10,泊松比(Poisson's Ratio)0.3;执行力学(Mechanical)→膨胀(Expansion)命令,输入膨胀系数 8.42e-5;执行热学(Thermal)→传导率(Conductivity)命令,勾选使用与温度相关的数据(Use temperature-dependent data),在第一行输入导热系数 204,温度为 0,按回车键,在第二行输入导热系数 225,温度为 300;执行热学(Thermal)→比热(Specific Heat)命令,输入比热 880;单击确定(OK)按钮,完成 rigid 材料的定义。

Step 10　单击工具箱中的材料管理器(Material Manager),弹出材料管理器(Material Manager)对话框,选中材料名称 rigid,单击复制…(Copy…)按钮,弹出复制材料对话框,输入材料名称 Al,单击确定(OK)按钮;单击编辑…(Edit…)按钮,弹出编辑材料对话框,执行热学(Thermal)→非弹性热份额(Inelastic Heat Fraction)命令,保持默认值 0.9;执行力学(Mechanical)→塑性(Plasticity)→塑性(Plastic)命令,勾选使用与温度相关的数据(Use temperature-dependent data),输入表 9-1 中的数据;单击确定(OK)按钮,完成 Al 材料的定义。

表 9-1　铝棒的塑性参数

序　号	应力/Pa	塑性应变	温度/℃
1	6e7	0	20
2	9e7	0.155	20
3	1.13e8	0.25	20
4	1.33e8	0.5	20

序　　号	应力/Pa	塑 性 应 变	温度/℃
5	1.45e8	1	20
6	4.5e7	0	130
7	6.3e7	0.155	130
8	7.5e7	0.25	130
9	8.9e7	0.5	130
10	1.1e8	1	130

Step 11　单击工具箱中的 创建截面(Create Section),输入截面属性名称为 Section-rigid,选择截面属性实体:均质(Solid:Homogeneous),单击继续…(Continue…)按钮,弹出编辑截面(Edit Section)对话框,在材料(Material)后面选择 rigid,单击确定(OK)按钮,创建一个截面属性。

Step 12　单击工具箱中的 创建截面(Create Section),输入截面属性名称为 Section-Al,选择截面属性实体:均质(Solid:Homogeneous),单击继续…(Continue…)按钮,弹出编辑截面(Edit Section),在材料(Material)后面选择 Al,单击确定(OK)按钮,创建一个截面属性。

Step 13　在环境栏部件(Part)中选取部件 deform,单击工具箱中的 指派截面(Assign Section),在图形窗口中选择部件 deform,单击提示区的完成(Done)按钮,弹出编辑截面指派(Edit Section Assignment)对话框,在对话框中选择截面(Section):Section-Al,单击确定(OK)按钮,把截面属性 Section-Al 赋予部件 deform。

Step 14　在环境栏部件(Part)中选取部件 rigid,单击工具箱中的 指派截面(Assign Section),参照 Step 13 把截面属性 Section-rigid 赋予部件 rigid。

9.3.3　部件装配

Step 15　在环境栏中模块(Module)下拉列表中选择装配(Assembly),进入装配模块。

Step 16　单击工具箱中的 创建实例(Create Instance),弹出创建实例(Create Instance)对话框,按住 Shift 键,在部件(Parts)中选择部件 deform 和 rigid,实例类型选择独立(Independent),单击确定(OK)按钮,创建部件 deform 和 rigid 的实例。

Step 17　在菜单栏执行工具(Tools)→集(Set)→创建(Create)命令,弹出创建集(Create Set)对话框,定义名称为 ref,类型为几何(Geometry)的集,单击继续…(Continue…)按钮,选择 rigid-1 上的参考点 RP,单击鼠标中键确认(或单击提示区的完成(Done)按钮),完成 ref 集的定义。

9.3.4　定义分析步

Step 18　在环境栏中模块(Module)下拉列表中选择分析步(Step),进入分析步模块。

Step 19　单击工具箱中的 创建分析步(Create Step),弹出创建分析步(Create Step)

对话框,接受默认的分析步名称(Name)为 Step-1,选择分析类型为通用:温度-位移耦合(General:Coupled,temp-displacement),单击继续...(Continue...)按钮,选择基本信息(Basic)选项卡,将响应(Response)设置为瞬态(Transient),分析步的时间长度(Time period)设置为1,将几何非线性(Nlgeom)设置为开(On);选择增量(Incrementation)选项卡,将类型(Type)设置为自动(Automatic),每个增量步的最大容许温度变化(Max. allowable temperature change per increment)设为100,其他保持默认设置,如图9-4所示,单击确定(OK)按钮。

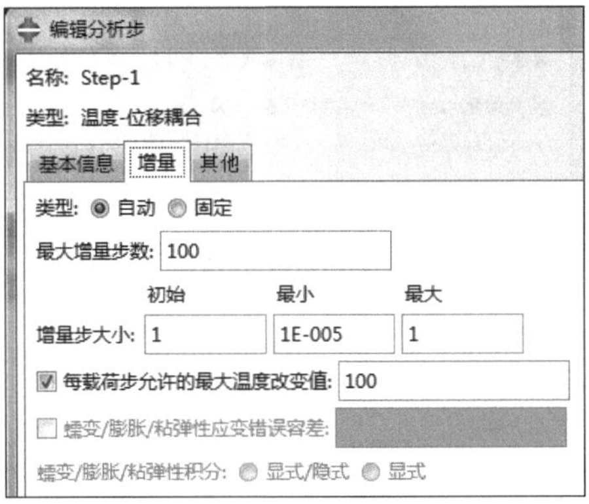

图 9-4　Step-1 分析步对话框参数设置

Step 20　单击 ➡ 右侧的 ▦ 分析步管理器(Step Manager),弹出分析步管理器(Step Manager)对话框,单击创建(Create)按钮,创建分析步 Step-2,弹出创建分析步(Create Step)对话框,选择分析类型为通用:温度-位移耦合(General:Coupled,temp-displacement),单击继续...(Continue...)按钮,选择基本信息(Basic)选项卡,将响应(Response)设置为瞬态(Transient),分析步的时间长度(Time period)设置为10,将几何非线性(Nlgeom)设置为开(On);选择增量(Incrementation)选项卡,将类型(Type)设置为自动(Automatic),最大增量步数(Maximum number of increment)为1000,增量步大小(Increment size)中初始(Initial)为2,最小(Minimum)为0.0001,最大(Maximum)为10,每个增量步的最大容许温度变化(Max. allowable temperature change per increment)设为100,其他保持默认设置,如图9-5所示,单击确定(OK)按钮。

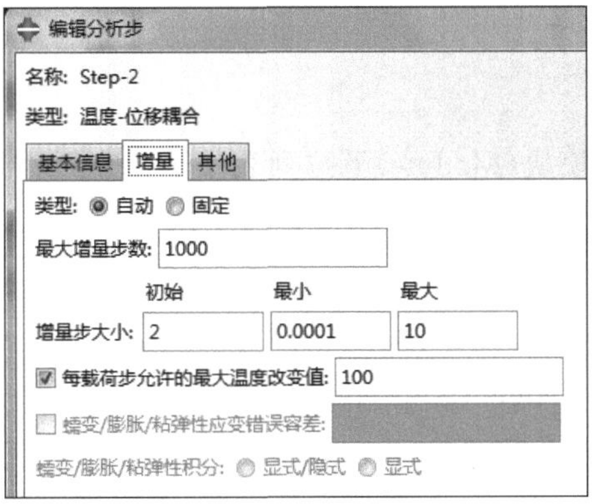

图 9-5　Step-2 分析步对话框参数设置

Step 21 按照 Step 20 的方法创建分析步 Step-3、Step-4,分析步的时间长度分别为 0.1s 和 10000s,增量(Incrementation)选项卡中的参数分别如图 9-6、图 9-7 所示。

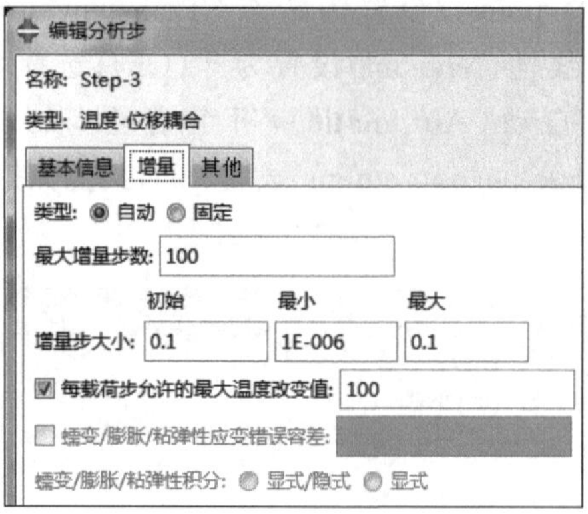

图 9-6　Step-3 分析步对话框参数设置

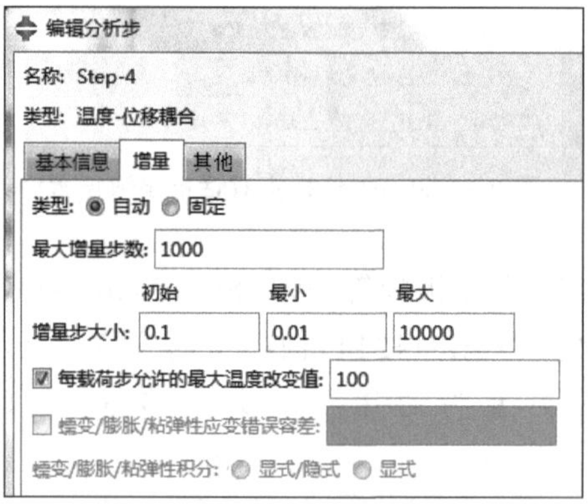

图 9-7　Step-4 分析步对话框参数设置

Step 22 单击工具箱中的场输出管理器(Field Output Manager)工具,弹出场输出请求管理器(Field Output Requests Manager)对话框,选中 F-Output-1 中 Step-1,单击右侧的编辑…(Edit…)按钮,弹出编辑场输出请求(Edit Field Output Requests)对话框,勾选热学(Thermal)中的 TEMP,完成场输出的创建。

9.3.5　定义相互作用

Step 23 在环境栏中模块(Module)下拉列表中选择相互作用(Interaction),进入相互作用模块。双击模型树中的创建相互作用属性(Create Interaction Properties),弹出创建相互作用属性对话框,接受默认的名称 IntProp-1,选择类型(Type)为接触(Contact),单击继续…(Continue…)按钮,进入编辑接触属性(Edit Contact Property)对话框,单击力学(Mechanical)→切向行为(Tangential Behavior),在摩擦公式(Friction formulation)下拉列表中选择罚(Penalty),摩擦系数(Friction Coeff)栏中输入 0.1,如图 9-8 所示。单击热学(Thermal)→生热(Heat Generation),接受默认设置,单击对话框底部确定(OK)按钮。

Step 24　在菜单栏执行视图(View)→装配件显示选项(Assembly Display Options)命令,弹出如图 9-9 所示的装配件显示选项(Assembly Display Options)对话框,单击实例(Instance),取消 deform-1 的可见(Visible)选项,即取消 deform-1 在图形窗口的显示,仅显示 rigid-1,单击确定(OK)按钮。

图 9-8　接触属性参数设置　　　　图 9-9　装配件显示选项对话框

Step 25　在菜单栏执行工具(Tools)→表面(Surface)→创建(Create)命令,弹出创建表面(Create Surface)对话框,定义名称为 rigidsur,类型为几何(Geometry)的接触表面,单击继续...(Continue...)按钮,按住 Shift 键,选取如图 9-10 所示的 5 个外表面,单击鼠标中键确认。在菜单栏执行工具(Tools)→集(Set)→创建(Create)命令,弹出创建集(Create Set)对话框,定义名称为 rigid,类型为几何(Geometry)的集,单击继续...(Continue...)按钮,框选实例 rigid-1,完成 rigid 集的定义。

Step 26　采用与 Step 24 类似的操作,在图形窗口中仅显示 deform-1。

Step 27　在菜单栏执行工具(Tools)→表面(Surface)→创建(Create),弹出创建表面(Create Surface)对话框,定义名称为 metalsur 的接触表面,按住 Shift 键,选取如图 9-11 所示的 metalsur 两个表面,单击提示区的完成(Done)按钮,完成 metalsur 表面的定义。利用同样的方法定义名称为 top 的接触表面,选取 deform-1 的上表面,单击提示区的完成(Done)按钮,完成 top 表面的定义;类似地,完成 bot、side 表面的定义。在菜单栏执行工具(Tools)→集(Set)→创建(Create)命令,弹出创建集(Create Set)对话框,定义名称为 load,类型为 Geometry 的集,单击继续...(Continue...)按钮,选取 deform-1 的上边,如图 9-11 所示,单击提示区的完成(Done)按钮,完成 load 集的定义;同理,框选整个实例 deform-1,完成 metal 集的定义;选择中轴线,完成 aixs 集的定义。

Step 28　采用与 Step 24 类似的操作,在图形窗口中显示实例 rigid-1、deform-1。

Step 29　单击工具箱中的创建相互作用(Create Interaction),弹出创建相互作用(Create Interaction)对话框,定义名称为 Int-1,分析步(Step)为 Intial,类型为表面与表面接触(Standard)(Surface-to-surface contact(Standard)),单击继续...(Continue...)按钮,单击

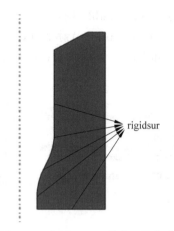

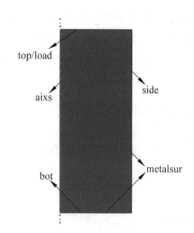

图 9-10　实例 rigid-1 的表面及集合　　　　图 9-11　实例 deform-1 的表面及集合

提示区中的表面…(Surface…),弹出区域选择(Region Selection)对话框,选取 rigidsur 作为主接触面,单击继续…(Continue…)按钮,选择提示区的表面…(Surface…),弹出区域选择(Region Selection)对话框,选取 metalsur 作为从接触面,单击确定(OK)按钮;单击工具箱中的 相互作用管理器(Interaction Manager),弹出相互作用管理器(Interaction Manager)对话框,选中 Step-3 下的传递(propagated),单击编辑…(Edit…)按钮,弹出编辑相互作用(Edit Interaction)对话框,取消勾选在本分析步中激活(Active in this step),单击确定(OK)按钮。

Step 30　单击工具箱中的 创建相互作用(Create Interaction),弹出创建相互作用(Create Interaction)对话框,定义名称为 Int-2,分析步(Step)为 Step-4,类型为表面热交换条件(Surface film condition)的相互作用,单击继续…(Continue…)按钮,弹出区域选择(Region Selection)对话框,选取 top,单击继续…(Continue…)按钮,在膜层散热系数(Film Coefficient)中输入 10,环境温度(Sink temperature)中输入环境温度 20,单击确定(OK)按钮。

Step 31　以同样的方法定义名称为 Int-3 和 Int-4,分析步(Step)为 Step-4,类型为表面热交换条件(Surface film condition)的相互作用,相互作用区域分别选择 bot、side,对流系数和环境温度分别为 10 和 20,分析挤压完成后 10000s 的热交换情况。

Step 32　单击工具箱中的 创建约束(Create Constraint),弹出创建约束(Create Constraint)对话框,接受默认的约束名称 Constraint-1,选择约束类型:刚体(Type:Rigid body),单击继续…(Continue…)按钮,弹出编辑约束(Edit constraint)对话框,在区域类型(Region type)选择体(单元)(Body(elements)),单击区域(Region)右边的 编辑选择(Edit Selection)按钮,在提示区中选择集…(Sets…),弹出区域选择(Region Selection)对话框,选择 rigid 集合,单击继续…(Continue…)按钮;在参考点(Reference Point)中单击 编辑…(Edit…)按钮,在提示区中选择集…(Sets…),弹出区域选择(Region Selection)对话框,选择 ref 集,单击确定(OK)按钮。

9.3.6　定义边界条件

Step 33　在环境栏中模块(Module)下拉列表中选择载荷(Load),进入载荷模块。

Step 34　单击工具箱中的 创建边界条件（Create Boundary Condition），弹出创建边界条件（Create Boundary Condition）对话框，创建名称为 BC-1，分析步（Step）为 Initial，类别为力学：位移/转角（Mechanical：Displacement/Rotation）的边界条件，单击继续...（Continue...）按钮，在提示区中选择集...（Sets...），弹出区域选择（Region Selection）对话框，选中 ref，单击继续...（Continue...）按钮，弹出编辑边界条件（Edit Boundary Condition）对话框，选中 U1、U2、UR3，单击确定（OK）按钮，如图 9-12 所示。

Step 35　单击工具箱中的 创建边界条件（Create Boundary Condition），弹出创建边界条件（Create Boundary Condition）对话框，创建名称为 BC-2，分析步（Step）为 Step-1，类别为力学：位移/转角（Mechanical：Displacement/Rotation）的边界条件，单击继续...（Continue...）按钮，弹出区域选择（Region Selection）对话框，选中 aixs，单击继续...（Continue...）按钮，弹出编辑边界条件（Edit Boundary Condition）对话框，选中 U1，单击确定（OK）按钮，如图 9-13 所示。

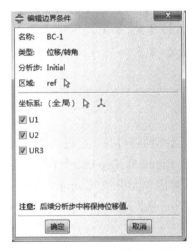

图 9-12　BC-1 边界条件设置

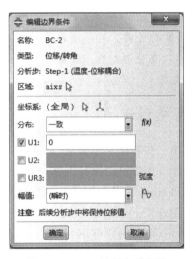

图 9-13　BC-2 边界条件设置

Step 36　为了加快收敛，在 Step-1 分析步中加载一个小的位移量。单击工具箱中的 创建边界条件（Create Boundary Condition），弹出创建边界条件（Create Boundary Condition）对话框，创建名称为 BC-3，分析步（Step）为 Step-1，类别为力学：位移/转角（Mechanical：Displacement/Rotation），单击继续...（Continue...）按钮，弹出区域选择（Region Selection）对话框，选中 load，单击继续...（Continue...）按钮，弹出编辑边界条件（Edit Boundary Condition）对话框，设置 U2 为 −0.000155，单击确定（OK）按钮。

提示：在接触分析中，如果在第一个分析步中就把所有的载荷施加到模型上，有可能分析计算无法收敛，所以先定义一个只有很小位移载荷的分析步，让接触关系平稳地建立起来，然后在下一个分析步中再施加真实的载荷。这样虽然分析步的数目增加了，但是减少了收敛的困难，计算时间反而可能会减少。

Step 37　单击工具箱中的 右侧的 边界条件管理器（Boundary Condition Manager），弹出边界条件管理器（Boundary Condition Manager）对话框，选择 BC-3 中 Step-2 下的传递（propagated），单击编辑...（Edit...）按钮，将设置 U2 为 −0.5，单击确定（OK）按钮。

Step 38　单击工具箱中的▇创建边界条件(Create Boundary Condition),弹出创建边界条件(Create Boundary Condition)对话框,创建名称为 BC-4,分析步(Step)为 Step-1,类别为其他:温度(Others:Temperature)的边界条件,单击继续…(Continue…)按钮,弹出区域选择(Region Selection)对话框,选中 ref,单击继续…(Continue…)按钮,弹出编辑边界条件(Edit Boundary Condition)对话框,在大小(Magnitude)中输入初始温度 20,单击确定(OK)按钮。

Step 39　单击工具箱中的▇创建预定义场(Create Predefined Field),分析步(Step)为 Initial,弹出创建预定义场(Create Predefined Field)对话框,创建名称为 Predefined Field-1,分析步(Step)为 Initial,类别为其他:温度(Others:Temperature)的初始条件,单击继续…(Continue…)按钮,弹出区域选择(Region Selection)对话框,选中 metal,单击继续…(Continue…)按钮,弹出编辑预定义场(Edit Predefined Field)对话框,在大小(Magnitude)中输入初始温度 20,单击确定(OK)按钮。

提示:创建边界条件(Create Boundary Condition)和创建预定义场(Create Predefined Field)中温度的区别。边界条件中的温度在计算中保持稳定,如通过水冷方式冷却的模具温度为 20℃,在变形过程中保持不变;预定义场的温度,如金属坯料的初始温度,在变形过程中发生改变。

9.3.7　网格划分

Step 40　在环境栏中模块(Module)下拉列表中选择网格(Mesh),进入网格模块。

Step 41　在菜单栏执行网格(Mesh)→单元类型(Element Type)命令,在图形窗口框选 deform-1 和 rigid-1,单击提示区的完成(Done)按钮,弹出单元类型(Element Type)对话框,选择显式(Explicit)、线性(Linear)、温度-位移耦合(Coupled Temperature-Displacement)的 CAX4T 单元,单击确定(OK)按钮。

Step 42　在菜单栏执行网格(Mesh)→控制属性(Controls)命令,在图形窗口框选 deform-1,单击提示区的完成(Done)按钮,弹出网格控制属性(Mesh Controls)对话框,选择四边形为主(Quad-dominated)、结构化网格(Structured)划分技术,单击确定(OK)按钮,此时 deform-1 将显示成绿色。

Step 43　单击工具箱中的▇拆分面:草图(Partition Face:Sketch)工具,单击 rigid-1,单击提示区中的完成(Done)按钮,进入草图绘制界面,利用▇创建线:首尾相连(Create Lines:Connected)命令将 rigid-1 实例分割成如图 9-14 所示的四部分,单击完成(Done)按钮;在菜单栏执行网格(Mesh)→控制属性(Controls)命令,按住 Shift 键选中整个 rigid-1 实例,单击提示区的完成(Done)按钮,弹出网格控制属性(Mesh Controls)对话框,选择四边形为主(Quad-dominated)、结构化网格(Structured)划分技术,单击确定(OK)按钮,此时整个 rigid-1 实例将显示为绿色。完成网格控制属性设置的装配体最终呈现如图 9-15 所示的状态。

Step 44　单击工具箱中的▇为部件实例布种(Seed Part Instance),在图形窗口选择 deform-1,单击提示区的完成(Done)按钮,弹出全局种子(Global Seeds)对话框,设置近似全局尺寸(Approximate global size)为 0.02,单击确定(OK)按钮,完成 deform-1 网格单元密度的设置。

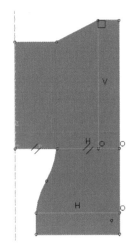
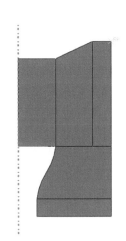

图 9-14　rigid-1 实例拆分草图（见彩图）　　图 9-15　完成网格控制属性设置的装配体（见彩图）

Step 45　单击工具箱中的 ![icon] 为部件实例布种（Seed Part Instance），在图形窗口框选 rigid-1，单击提示区的完成（Done）按钮，弹出全局种子（Global Seeds）对话框，设置近似全局尺寸（Approximate global size）为 0.05，单击确定（OK）按钮，完成 rigid-1 网格单元密度的设置。

Step 46　单击工具箱中的 ![icon] 为边布种（Seed Edges），在图形窗口选择 rigid-1 中间的 FG 圆弧部分，单击提示区的完成（Done）按钮，弹出局部种子（Local Seeds）对话框，采用指定尺寸（By Size）的方法，设置近似单元尺寸（Approximate element size）为 0.02，单击确定（OK）按钮，完成 rigid-1 圆弧边种子的设置。

Step 47　在菜单栏执行网格（Mesh）→实例（Instance）命令，在图形窗口框选 deform-1 和 rigid-1，单击提示区的完成（Done）按钮，完成网格划分，单击工具箱中的 ![icon] 检查网格（Verify Mesh），在图形窗口框选 deform-1 和 rigid-1，单击提示区的完成（Done）按钮，检查网格划分质量。

9.3.8　提交作业及结果分析

Step 48　在环境栏中模块（Module）下拉列表中选择作业（Job），进入作业模块。

Step 49　单击工具箱中的 ![icon] 创建作业（Create Job），弹出创建作业（Create Job）对话框，创建一个名称为 extrusion 的任务，单击继续…（Continue…）按钮，弹出编辑作业（Edit Job）对话框，保持默认设置，单击确定（OK）按钮。

Step 50　单击工具箱中的 ![icon] 右边的 ![icon] 作业管理器（Job Manager），弹出作业管理器（Job Manager）对话框，单击提交（Submit）按钮，提交作业。

Step 51　分析结束后，单击作业管理器（Job Manager）对话框的结果（Results）按钮，进入可视化（Visualization）模块，对结果进行处理。

Step 52　单击工具箱中的 ![icon] 绘制变形图（Plot Deformed Shape），显示变形结果。单击工具箱中的 ![icon] 在变形图上绘制云图（Plot Contours on Deformed Shape），在变形图上显示

云图，默认为 Mises 应力云图。执行主菜单的工具（Tools）→显示组（Display Group）→创建（Create），弹出创建显示组（Create Display Group）对话框，在项（Item）中选择部件实例（Part instances）：DEFORM-1，单击对话框中的替换（Replace）按钮，此时的可视化图形窗口中仅显示 deform-1 变形后的 Mises 应力云图如图 9-16（a）所示。

Step 53　显示挤压结束后在空气中冷却 10000s 后的温度场分布情况。通过执行菜单栏中结果（Result）→分析步/帧（Step/Frame）命令，弹出分析步/帧（Step/Frame）对话框，选择分析步 Step-4，帧（Frame）选择最后一帧，单击确定（OK）按钮。然后再选择菜单栏中结果（Results）→场输出（Field Output）命令，弹出场输出（Field Output）对话框，选择输出变量 NT11（节点温度在节点处），单击确定（OK）按钮，输出节点温度场，如图 9-16（b）所示。

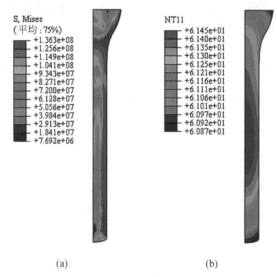

(a)　　　　　　　(b)

图 9-16　铝棒挤压变形后的 Mises 应力及冷却完成后的节点温度云图（见彩图）

Step 54　输出变形过程中某点的温度变化。单击工具箱中的创建 XY 数据（Create XY Data），弹出创建 XY 数据（Create XY Data）对话框，在源（Source）中选择 ODB 场变量输出（ODB field output），单击继续…（Continue…）按钮，弹出来自 ODB 场输出的 XY 数据（XY Data from ODB Field Output）对话框，在变量（Variables）选项卡中的位置（Position）下拉列表中选择唯一节点的（Unique Nodal），勾选 TEMP。单击单元/节点（Element/Nodes）选项卡，选择输出的节点，方法（Method）选择从视口中拾取（Pick form viewport），单击编辑选择集（Edit Selection），在图形窗口中的 deform-1 实例上选择自己感兴趣的某一点，单击提示区的完成（Done）按钮，显示 1 个节点已选中（1 Nodes selected），单击绘制（Plot）按钮，得到某一节点温度随时间变化的曲线，如图 9-17 所示。

Step 55　执行主菜单的工具（Tools）→路径（Path）→创建（Create）命令，弹出创建路径（Create Path）对话框，定义名称为 center，类型（Type）为节点列表（Node list），单击继续…（Continue…）按钮，弹出编辑节点列表路径（Edit Node List Path）对话框，在视口选择集（View selection）单击添加于前（Add Before），在图形窗口中选择铝棒中心线上的一列节点，单击提示区的完成（Done）按钮，编辑节点列表路径（Edit Node List Path）对话框显示已选的点，单击确定（OK）按钮，完成 center 路径的定义。

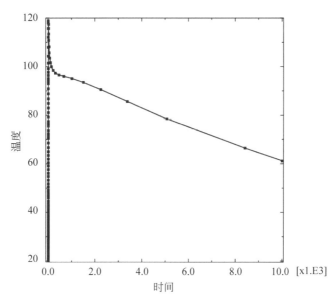

图 9-17　铝棒上某一节点的温度随时间变化的曲线图

Step 56　单击工具箱中的🔲创建 XY 数据（Create XY Data），弹出创建 XY 数据（Create XY Data）对话框，在源（Source）中选择路径（Path），单击继续…（Continue…）按钮，弹出来自路径的 XY 数据（XY Data from Path）对话框，在路径（Path）下拉框选择 center，单击分析步/帧（Step/Frame），弹出分析步/帧（Step/Frame）对话框，选择分析步 Step-2，帧（Frame）选择最后一帧，单击确定（OK）按钮；单击场输出（Field Output），弹出场输出（Field Output）对话框，选择 TEMP，单击确定（OK）按钮，单击绘制（Plot）按钮，坯料中心温度随路径的变化情况如图 9-18 所示。

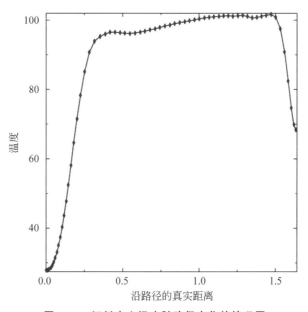

图 9-18　坯料中心温度随路径变化的情况图

9.4　学习视频网址

第10章

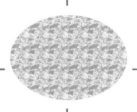

辊压成形分析

板料的辊压成形(简称辊形)是将长的金属材料置于前后直排的数组成形辊轮中通过,随着辊轮的回转,在将带料向前送进的同时,又顺次进行弯曲成形的加工方法。汽车上的风窗玻璃框,铁制车箱的底板及边板,自行车的轮圈及挡泥板,建筑工业中的天窗构件、橱窗构件和窗扇构件等,都是用这种加工方法加工的。辊形的主要特征有:

(1) 生产效率很高,而所需设备和工人数量却很少。

(2) 能够制造出断面形状十分复杂的构件,能最大限度地满足结构设计要求。

(3) 可以得到表面加工质量很高的各种形状的制件(保持带料的表面质量)。

(4) 可以连续与其他工艺过程结合:焊接(焊接管及自行车轮圈生产)、低温焊接(散热管生产)、弯曲、穿孔、打印、定尺剪切、卷入铁丝及纸板等。

(5) 辊形的主要变形工具——型辊的使用寿命长,而且制造较简单、成本低。

(6) 辊形可以加工各种材料,如软带钢、有色金属及其合金、不锈钢及其他许多材料。带料的厚度可以为0.1~20mm,宽度可达2000mm。制件的长度从理论上讲可以是任意的,不受设备条件的限制。

(7) 材料利用率高。

(8) 由于具有均匀的加工硬化性,因而制件的刚度和强度都有显著的提高。

10.1 问题描述

如图10-1所示,平板被夹持在V形底座的正中间位置,辊轮由后向前辊压,平板的长度为20mm,宽度为16mm,厚度为2mm。辊轮转动速度为30rad/s,以10mm/s的速度前进,辊压的时间为3s。

图 10-1   辊轮模型图(见彩图)

10.2   问题分析

使用 Abaqus 对辊压成形过程进行数值模拟需考虑以下几个问题:

(1)在模拟分析过程中,由于我们关注的重点为平板的成形状态,因此底座和辊轮可视为刚体,不发生变形。本实例中,我们先将底座和辊轮设置为可变形体,再在后续的建模过程中将底座和辊轮分别约束为不发生形变的刚体。

(2)整个模拟过程采用的单位制为 T-mm-s。

10.3   Abaqus/CAE 分析过程

10.3.1   建立模型

Step 1   启动 Abaqus/CAE,创建一个新的数据库,选择模型树中的 Model-1,单击鼠标右键,执行重命名…(Rename…)命令,将模型重命名为 tri,单击工具栏中的 ■ 保存模型数据库(Save Model Database),保存模型为 tri.cae。

Step 2   单击工具箱中的 ┗ 创建部件(Create Part),弹出创建部件(Create Part)对话框,输入部件名称 base,模型空间(Modeling Space)选择三维(3D),类型(type)为可变形(Deformable),基本特征(Base Feature)为实体:拉伸(Solid:Extrusion),大约尺寸(Approximate size)设置成 200,其他参数保持不变,单击继续…(Continue…)按钮,进入草图绘制界面。

Step 3   单击工具箱中的 ～ 创建线:首尾相连(Create Lines:Connected),依次输入坐标(−13,10),(−10,10),(0,0),(10,10),(13,10),(13,−5),(−13,−5),(−13,10),按回车键完成操作,绘制出底座的截面图,单击提示区中的完成(Done)按钮,弹出编辑基本拉伸(Edit Base Extrusion)对话框,输入拉伸深度(Depth)为40,单击确定(OK)按钮,完成 base 部件的绘制,如

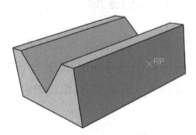

图 10-2   底座模型

图 10-2 所示。执行菜单栏中工具(Tools)→参考点(Reference Point)命令,在图形窗口下的提示区中输入(0,−5,40),创建一个参考点 RP。

Step 4　单击工具箱中的 创建部件(Create Part),弹出创建部件(Create Part)对话框,输入部件名称 plate,模型空间(Modeling Space)选择三维(3D),类型(Type)为可变形(Deformable),基本特征(Base Feature)为实体:拉伸(Solid:Extrusion),大约尺寸(Approximate size)设置成 200,其他参数保持不变,单击继续...(Continue...)按钮,进入草图绘制界面。

Step 5　单击工具箱中的 创建线:矩形(四条线)(Create Lines:Rectangle(4 Lines)),输入长方形两个对角点坐标,第一点(−8,−1),按回车键,另一点(8,1),按回车键,单击鼠标右键,单击取消步骤(Cancel Procedure),单击提示区的完成(Done)按钮,弹出编辑基本拉伸(Edit Base Extrusion)窗口,输入拉伸深度(Depth)20,单击确定(OK)按钮,完成 plate 的建模。

Step 6　单击工具箱中的 创建部件(Create Part),弹出创建部件(Create Part)对话框,输入部件名称 roller,模型空间(Modeling Space)为三维(3D),类型(Type)为可变形(Deformable),基本特征(Base Feature)为实体:旋转(Solid:Revolution),大约尺寸(Approximate size)设置成 200,其他参数保持不变,单击继续...(Continue...)按钮,进入草图绘制界面。

Step 7　单击工具箱中的 创建线:首尾相连(Create Lines:Connected),依次输入坐标(−30,0),(−20,10),(−10,10),(−10,−10),(−20,−10),(−30,0),按回车键完成操作,单击工具箱中的 创建圆角:两条曲线(Create Fillet:Bettween 2 Curves),在提示区中输入圆角半径(fillet radius)3,按回车键确定后选取草图上的两条斜边线,完成连接处的倒角,单击鼠标中键,完成草图绘制,如图 10-3 所示。单击提示区中的完成(Done)按钮,弹出编辑旋转(Edit Revolution)对话框,输入角度(Angle)为 360,单击确定(OK)按钮,完成 roller 部件的绘制。如图 10-4 所示。在菜单栏执行工具(Tools)→参考点(Reference Point)命令,在图形窗口下的提示区中输入(0,0,0),创建一个参考点 RP。

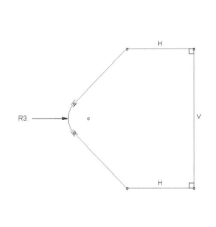

图 10-3　roller 部件草图

图 10-4　辊轮模型

10.3.2　创建材料

Step 8　在环境栏的模块(Model)下拉列表中选择属性(Property),进入属性模块。

Step 9　单击工具箱中的 创建材料（Create Material），弹出编辑材料（Edit Material）对话框。输入材料名称 plate，选择通用（General）→密度（Density），输入质量密度（Mass Density）2.7e-9，在材料行为（Material Behaviors）栏内执行力学（Mechanical）→弹性（Elasticity）→弹性（Elastic）命令，在材料行为（Material Behaviors）下方的数据表（Data）内输入杨氏模量（Young′s Modulus）70000，泊松比（Poisson′s Ratio）0.30，其他参数保持不变。执行力学（Mechanical）→塑性（Plasticity）→塑性（Plastic）命令，在数据表（Data）内依次输入表 10-1 的数据，单击（OK）按钮，完成平板的材料属性的定义。（注意：T-mm-s 应力单位为 MPa，因此输入(420,0)，(435,0.01)，…）。

表 10-1　平板的塑性应力应变参数

序　号	应力/MPa	应　变
1	420	0
2	435	0.01
3	445	0.03
4	470	0.1
5	520	1

Step 10　创建底座和辊轮的材料属性。单击工具箱中的 创建材料（Create Material），弹出编辑材料（Edit Material）对话框。在名称（Name）栏输入 rigid，选择通用（General）→密度（Density），输入质量密度（Mass Density）7.8e-9。在材料行为（Material Behaviors）栏内执行力学（Mechanical）→弹性（Elasticity）→弹性（Elastic）命令，在材料行为（Material Behaviors）下方的数据表（Data）内输入杨氏模量（Young′s Modulus）2.1e5，泊松比（Poisson′s Ratio）0.3，其余参数保持不变，完成底座和辊轮的材料属性定义。由于后续建模过程中，我们会将底座和辊轮约束为刚体，因此可以不设置材料的塑性参数。

Step 11　创建平板截面属性。单击工具箱中的 创建截面（Create Section）按钮，弹出创建截面（Create Section）对话框。输入截面属性名称（Name）为 plate，选择类别为实体：均质（Solid：Homogeneous），单击继续…（Continue…）按钮，进入编辑截面（Edit Section）对话框，材料（Material）选择 plate，单击（OK）按钮，完成平板的截面定义。

Step 12　创建底座和辊轮截面属性。单击工具箱中的 创建截面（Create Section）按钮，在创建截面（Create Section）对话框中，名称（Name）命名为 rigid，选择类别为实体：均质（Solid：Homogenous），单击继续…（Continue…）按钮，进入编辑截面（Edit Section）对话框，材料（Material）选择 rigid，单击确定（OK）按钮，完成底座和辊轮的截面属性定义。

Step 13　在环境栏部件（Part）中选择 plate，单击工具箱中的 指派截面（Assign Section）按钮，选择图形窗口中的 plate 部件，单击提示区的完成（Done）按钮，弹出编辑截面指派（Edit Section Assignment）对话框，截面（Section）选择 plate，单击确定（OK）按钮，完成平板的截面属性赋予。

Step 14　按照 Step 13 中平板截面属性的赋予方法，依次将 rigid 截面属性赋予底座和辊轮。

10.3.3　部件装配

Step 15　在环境栏中模块（Module）下拉列表中选择装配（Assembly），进入装配模块。单击工具箱中的 创建实例（Creat Instance）按钮，弹出创建实例（Create Instance）对话框，按住 Shift 键选择三个部件，实例类型选择独立（Independent），单击确定（OK）按钮，创建部件实例。

Step 16　在菜单栏执行视图（View）→装配件显示选项（Assembly Display Options）命令，弹出装配件显示选项（Assembly Display Options）对话框，单击实例（Instance），取消 roller-1 的可见（Visible）选项，即取消 roller-1 在图形窗口的显示，仅显示 base-1 和 plate-1，单击确定（OK）按钮。单击工具箱中的 平移实例（Translate Instance）按钮，选择实例 plate-1，在提示区中输入移动的起始点坐标（0，0，0），终点坐标（0，9，0），单击鼠标中键，完成 plate-1 的平移。

Step 17　在图形窗口中显示所有实例，单击工具箱中的 旋转实例（Rotate Instance）按钮，选择实例 roller-1，在提示区中输入旋转轴的起始点坐标（0，0，0），终点坐标（0，0，40），单击鼠标中键确定，再在提示区中输入旋转角度 90，单击鼠标中键完成旋转。单击工具箱中的 平移实例（Translate Instance）按钮，选择实例 roller-1，在提示区中输入平移的起始点坐标（0，0，0），终点坐标（0，32，−22），单击鼠标中键完成 roller-1 的平移。在菜单栏执行视图（View）→装配件显示选项（Assembly Display Options）命令，弹出装配件显示选项（Assembly Display Options）对话框，勾选所有的实例，单击确定（OK）按钮，在图形窗口中显示所有的实例。最终的装配图如图 10-5 所示。

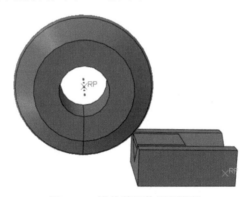

图 10-5　最终装配体（见彩图）

提示：此步平移终点坐标中 Y 值由辊压具体工艺决定，Z 值并不知道，需要多次尝试。先估计一个大致坐标，按回车键，观察 roller-1 与 plate-1 的位置，如果不符合要求，可以通过提示区的返回上一步 （Go Back to Previous Step），重新给定平移量，如此反复尝试直至两者位置关系符合要求为止。

10.3.4　定义分析步

Step 18　在环境栏模块（Module）下拉列表中选择分析步（Step），进入分析步模块。

Step 19   单击工具箱中的━━创建分析步（Create Step）按钮，在弹出的创建分析步（Create Step）对话框中，保持默认的分析步名称（Name）为 Step-1，选择程序类型（Procedure type）为通用：动力，显式（General：Dynamic，Explicit），单击继续…（Continue…）按钮，弹出编辑分析步（Edit Step）对话框，在基本信息（Basic）选项卡中输入时间长度（Time period）为 3，几何非线性（Ngleom）设为开（On）。切换到质量缩放（Mass scaling）选项卡，选中使用下面的缩放定义（Use scaling definitions below），单击对话框底部的创建（Create）按钮，弹出编辑质量缩放（Edit mass scaling）对话框，在类型（Type）栏中选中按系数缩放（Scale by factor），并输入放大系数 1000，其他接受默认设置，单击确定（OK）按钮，返回编辑分析步（Edit Step）对话框，单击确定（OK）按钮。

10.3.5   定义相互作用

Step 20   在环境栏中模块（Module）下拉列表中选择相互作用（Interaction），进入相互作用模块。在菜单栏执行工具（Tools）→表面（Surface）→创建（Create）命令，弹出创建表面（Create Surface）对话框。输入名称（Name）surf-base，类型（Type）选择几何（Geometry），单击继续…（Continue…）按钮，在图形窗口中选择实例 base-1 的 V 形上表面，如图 10-6 所示，单击鼠标中键，完成表面的创建。同理，选择如图 10-6 所示的 plate-1 的上表面及下表面，分别创建 surf-top 和 surf-bot 表面。选择如图 10-7 所示的辊轮外表面，创建 surf-roll 表面。

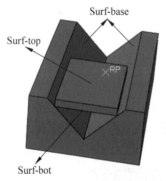

图 10-6   底座及平板表面集

图 10-7   辊轮表面集

Step 21   在菜单栏执行工具（Tools）→集（Set）→创建（Create）命令，弹出创建集（Create Set）对话框，定义名称为 roll-rp 的集，选取 roller-1 实例上的参考点 RP，单击提示区的完成（Done）按钮，完成 roll-rp 集的定义。同理，选取 base-1 实例上的 RP 点，完成 base-rp 集合的定义。

Step 22   单击工具箱中的━━创建相互作用属性（Create Interaction Property），输入名称（Name）IntProp-1，类型为接触（Contact），单击继续…（Continue…）按钮，弹出编辑接触属性（Edit Contact Property）对话框，执行力学（Mechanical）→切向行为（Tangential Behavior）命令，在摩擦公式（Friction formulation）下拉列表中选择罚（Penalty），输入摩擦系数（Friction Coeff）为 0.2，其余各项参数都保持默认设置，单击确定（OK）按钮，完成接触属性定义。

Step 23　单击工具箱中的 ⬚ 创建相互作用（Create Interaction），弹出创建相互作用（Create Interaction）对话框，定义名称为 Int-1，分析步（Step）为 Step-1，类型为表面与表面接触（Explicit）（Surface-to-surface contact（Explicit））的接触对，单击继续…（Continue…）按钮，单击提示区的表面…（Surfaces…），弹出区域选择（Region Selection）对话框，选取 surf-roll 作为主接触面，单击继续…（Continue…）按钮，选择提示区的表面…（Surfaces…），弹出区域选择（Region Selection）对话框，选取 surf-top 作为从接触面，单击继续…（Continue…）按钮，弹出编辑相互作用（Edit Interaction）对话框，接触相互作用属性（Contact Interaction Property）选择前面创建的相互作用属性 IntProp-1，其他保持默认设置，单击确定（OK）按钮。同理，创建名称为 Int-2，主接触面为 surf-base，从接触面为 surf-bot，相互作用属性为 IntProp-1 的表面与表面接触对。

Step 24　在相互作用（Interaction）功能模块中，单击工具栏中的 ◁ 创建约束（Create Constraint），或者执行主菜单约束（Constraint）→管理器（Manager）命令，然后单击约束管理器（Constraint Manager）对话框中的创建（Create）按钮，输入名称（Name）Constraint-base，选择约束类型刚体（Rigid Body），单击继续…（Continue…）按钮，弹出编辑约束（Edit Constraint）对话框，区域类型（Region Type）选择体（单元）（Body（elements）），单击右侧的 ▷ 编辑选择（Edit Selection）按钮，选择图形窗口中的 base-1 实例，然后单击参考点（Reference Point）右侧的 ▷ 编辑…（Edit…）按钮，在提示区中单击集…（Sets…）按钮，弹出区域选择（Regions Selection）对话框，选择 base-rp 集合，然后单击继续…（Continue…）按钮，返回到编辑约束（Edit Constraint）对话框，单击确定（OK）按钮，完成 base-1 实例刚体约束。同理，分别选择 roller-1 实例和 roll-rp，定义辊轮的刚体约束 Constraint-roll。

10.3.6　定义边界条件

Step 25　在环境栏模块（Module）下拉列表中选择载荷（Load），进入载荷模块。

Step 26　按照前述的方法，在图形窗口中仅显示实例 plate-1。单击工具箱中的 ⬚ 拆分几何元素：定义切割平面（Partition cell：Define Cutting Plane），在图形窗口中选中平板，单击鼠标中键，在提示区中选择 3 个点（3 Points），然后在平板上选择如图 10-8 所示的三个点，单击鼠标中键确定，平板将被三点组成的平面拆分。选择工具栏中的 ⬤ 删除选中（Remove Selected）按钮，在提示区中选择要删除的实体（Select entities to remove）后的下拉列表中选择几何元素（Cells），然后在图形窗口中选择平板外侧的一半，单击鼠标中键，隐藏平板外侧一半，如图 10-9 所示。

Step 27　在菜单栏执行工具（Tools）→集（Set）→创建（Create），弹出创建集（Create Set）

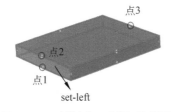

图 10-8　平板拆分示意图（见彩图）

图 10-9　set-middle 集合

对话框,定义名称为 set-middle,选择平板中间的平面,如图 10-9 所示,单击鼠标中键,完成平板中间平面集合的创建。选择菜单栏下方的 ● 全部替换(Replace All)按钮,恢复隐藏平板的显示。同理,创建名称为 set-left 的集合,集合区域为平板上靠近辊轮的左侧端面,如图 10-8 所示。完成所有集合的建立后,在图形窗口上显示所有的实例。

Step 28   单击工具箱中的 ▙ 创建边界条件(Create Boundary Conditions),弹出创建边界条件(Create Boundary Condition)对话框,输入名称(Name)为 BC-1,分析步(Step)为 Initial,类别选择力学:对称/反对称/完全固定(Mechanical:Symmetry/Antisymmetry/Encastre),单击继续…(Continue…)按钮,在提示区中右侧选择集…(Sets…),弹出区域选择(Region Selection)对话框,选择 base-rp,单击继续…(Continue…)按钮,弹出编辑边界条件(Edit Boundary Condition)对话框,选择完全固定(ENCASTRE),单击确定(OK)按钮,完成底座边界条件的施加。

Step 29   单击工具箱中的 ▙ 创建边界条件(Create Boundary Conditions)按钮,弹出创建边界条件(Create Boundary Condition)对话框,输入名称(Name)为 BC-2,分析步(Step)为 Initial,类别选择力学:位移/转角(Mechanical:Displacement/Rotation),单击继续…(Continue…)按钮,在提示区中右侧选择集…(Sets…),弹出区域选择(Region Selection)对话框,选择 set-left,单击继续…(Continue…)按钮,弹出编辑边界条件(Edit Boundary Condition)对话框,勾选 U3,单击确定(OK)按钮,完成平板左侧端面边界条件的施加。

Step 30   单击工具箱中的 ▙ 创建边界条件(Create Boundary Conditions)按钮,弹出创建边界条件(Create Boundary Condition)对话框,输入名称(Name)为 BC-3,分析步(Step)为 Initial,类别选择力学:位移/转角(Mechanical:Displacement/Rotation),单击继续…(Continue…)按钮,在提示区中右侧选择集…(Sets…),弹出区域选择(Region Selection)对话框,选择 set-middle,单击继续…(Continue…)按钮,弹出编辑边界条件(Edit Boundary Condition)对话框,勾选 U1,单击确定(OK)按钮,完成平板中间平面边界条件的施加。

提示:BC-2、BC-3 是为了加快求解速度而人为加上的边界条件,如果不加 BC-2,平板在与轧辊接触瞬间,产生 Z 方向的位移,模型求解困难。同样,如果网格不对称,平板会产生 X 方向的位移,因此,约束了 set-middle 的 U1。

Step 31   单击工具箱中的 ▙ 创建边界条件(Create Boundary Conditions)按钮,弹出创建边界条件(Create Boundary Condition)对话框,输入名称(Name)为 BC-4,分析步(Step)为 Step-1,类别选择力学:速度/角速度(Mechanical:Velocity/Angular velocity),单击继续…(Continue…)按钮,在提示区中右侧选择集…(Sets…),弹出区域选择(Region Selection)对话框,选择 roll-rp,单击继续…(Continue…)按钮,弹出编辑边界条件(Edit Boundary Condition)对话框,将 V3 设置为 10,VR1 设置为 30,其他都设置为 0。单击确定(OK)按钮,完成辊轮边界条件的施加。

10.3.7   网格划分

Step 32   在环境栏模块(Module)下拉列表中选择网格(Mesh),进入网格模块。

Step 33   单击工具栏中的 ▙ 为部件实例布种(Seed Part Instance)命令,弹出全局种子(Global Seeds)对话框,设置近似全局尺寸(Approximate global size)为 2,其余保持默认不变。所有实例的网格控制属性保持软件默认的设置。种子分布情况如图 10-10 所示。

Step 34　选择单元类型。单击工具箱中的![图标]指派单元类型（Assign Element Type），在视图区选择所有模型，单击完成（Done）按钮，弹出单元类型（Element Type）对话框，选择显式（Explicit）、线性（Linear）、三维应力（3D Stress）的 C3D8R 单元。单击确定（OK）按钮。

Step 35　划分网格。单击工具箱中的![图标]为部件实例划分网格（Mesh Part），单击提示区的是（Yes）按钮，完成网格划分，如图 10-11 所示。

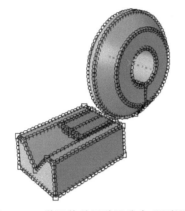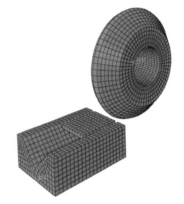

图 10-10　装配体单元种子分布（见彩图）　　　　图 10-11　装配体网格模型（见彩图）

Step 36　检查网格。单击工具箱的工具![图标]检查网格（Verify Mesh），在视图区框选所有实例，单击完成（Done）按钮，弹出检查网格（Verify Mesh）对话框，在类型（Type）栏内选择形状检查（Shape Metrics），单击高亮（Highlight）按钮，在消息栏中查看提示检查信息。

10.3.8　提交作业及结果分析

Step 37　在环境栏的模块（Module）下拉列表中选择作业（Job），进入作业模块。单击工具栏的![图标]创建作业（Create Job）工具，弹出创建作业（Create Job）对话框，在名称（Name）栏输入 Roll，单击继续…（Continue…）按钮，弹出编辑作业（Edit Job）对话框，保持其他参数不变，单击确定（OK）按钮。单击工具栏中的![图标]作业管理器（Job Manager）工具，弹出作业管理器（Job Manager）对话框，单击提交（Submit）按钮。

Step 38　分析完毕后，单击结果（Results）按钮，Abaqus/CAE 进入可视化（Visualization）模块。在菜单栏中执行工具（Tools）→显示组（Display Group）→创建（Create）命令，弹出创建显示组（Create Display Group）对话框，在项（Item）中选择部件实例（Part Instances）：PLATE-1，单击对话框底部的![图标]替换（Replace）按钮，视图窗口中仅显示平板。单击工具箱中的![图标]在变形图上绘制云图（Plot Contours on Deformed Shape）按钮，查看平板的 Mises 应力云图及等效塑性应变云图，如图 10-12、图 10-13 所示。

Step 39　在菜单栏执行文件（File）→打印（Print）命令，弹出打印（Print）对话框，在对话框的选择（Selection）栏中所有选项都保持默认设置，设置（Settings）栏中的渲染（Rendition）选择颜色（Color），目标（Destination）选择文件（File），在文件名（File name）中输入图片名称，同时可以单击后方的![图标]，更改图片的存储位置，格式（Format）选择 TIFF 或者 PNG,其他保持默认设置。完成设置后,单击确定(OK)按钮,即将当前视图窗口中的云图保存为图片。

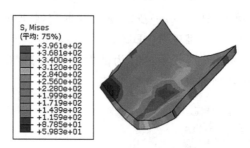

图 10-12　辊压完成后平板的 Mises 应力(见彩图)

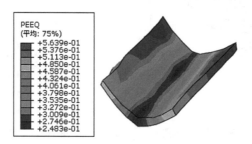

图 10-13　辊压完成后平板的等效塑性应变(见彩图)

10.4　学习视频网址

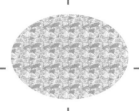

第 11 章

弯管成形分析

金属管道中大量用到弯管。弯管的成形方法非常多,有凹槽轮滚压法、感应加热煨弯法、型模压弯法、逐步成形法、数控弯管法等。其中,数控弯管是传统手工弯管与机床、数控技术相结合而发展起来的一种先进塑性加工技术,其工作原理是弯曲模固定在机床主轴上,管坯的一端被夹持模夹持,管坯外弧侧有压块,内弧侧有防皱块,管内有芯头和芯杆。弯曲模转动后,管坯绕模弯曲成形。转动速度和各模位置由数控控制,数控弯管具有弯曲准确度高、效率高等特点。

11.1 问题描述

长度为 300mm、直径为 29mm 的铝管,经过如图 11-1 所示的一套模具弯曲成形,铝管套在模具芯管上,一端插入模具压管上,模具旋转,完成弯管成形,试分析铝管在弯曲过程中的变形情况。

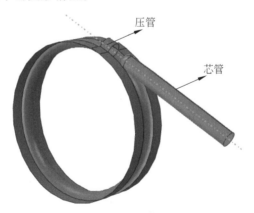

图 11-1 弯曲模具示意图(见彩图)

11.2 问题分析

使用 Abaqus 对弯管成形过程进行数值模拟需考虑以下几个问题:
(1) 在模拟分析过程中,模具和芯管均设置为刚体,即不考虑模具和芯管的变形。模具为离散刚体,通过合并部件的方式建立,需进行网格划分;芯管为解析刚体,无须进行网格划分。

(2) 显式动力学分析中,刚体需要赋予质量属性。

(3) 整个模拟过程采用的单位制为 T-mm-s。

11.3   Abaqus/CAE 分析过程

11.3.1   建立模型

Step 1   启动 Abaqus/CAE,创建一个新的数据库,选择模型树中的 Model-1,单击鼠标右键,执行重命名…(Rename…)命令,将模型重命名为 pipebend,单击工具栏中的 🖫 保存模型数据库(Save Model Database),保存模型为 pipebend.cae。

Step 2   单击工具箱中的 🖫 创建部件(Create Part),创建名称为 Part-1 的三维(3D)模型,类型为离散刚体(Discrete rigid),基本特征为壳:旋转(Shell:Revolution),大约尺寸(Approximate size)设为 400,单击继续…(Continue…)按钮,进入草图绘制环境。

Step 3   单击工具箱中的 ✛ 创建孤立点(Create Isolated Point),在提示区输入点 A(130,13),B(130,40),C(130,−13),D(130,−40)。单击工具箱中的 ⚞ 创建线:首尾相连(Create Lines:Connected),连接 AB、CD;单击工具箱中的 ⌒ 创建圆弧:圆心和两端点(Create Arc:Center and 2 Endpoints),在提示区输入圆心坐标(130,0),在图形窗口拾取 A 作为起始点,C 点作为圆弧终点,圆弧在 AB-CD 线段的左侧,完成圆弧的创建。单击鼠标右键,单击取消步骤(Cancel Procedure),单击提示区的完成(Done)按钮,弹出编辑旋转(Edit Revolution)对话框,输入旋转角度 360,单击确定(OK)按钮,完成 Part-1 的建模,如图 11-2 所示。

图 11-2   部件 part-1 模型图

Step 4   单击工具箱中的 🖫 创建部件(Create Part),创建名称为 Part-2 的三维(3D)模型,类型为离散刚体(Discrete rigid),基本特征为壳:拉伸(Shell:Extrustion),大约尺寸(Approximate size)设为 400,单击继续…(Continue…)按钮,进入草图绘制环境。

图 11-3   部件 part-2 模型图

Step 5   单击工具箱中的 ✛ 创建孤立点(Create Isolated Point),在提示区输入点坐标 E(130,13),F(130,40),G(130,−13),H(130,−40)。单击工具箱中的 ⚞ 创建线:首尾相连(Create Lines:Connected),连接 EF、GH;单击工具箱中的 ⌒ 创建圆弧:圆心和两端点(Create Arc:Center and 2 Endpoints),在提示区输入圆心坐标(130,0),在图形窗口拾取 E 作为起始点,G 点作为圆弧终点,圆弧在 EF-GH 线段的右侧,完成圆弧的创建。单击鼠标右键,单击取消步骤(Cancel Procedure),单击提示区的完成(Done)按钮,弹出编辑基本拉伸(Edit Base Extrusion)对话框,输入拉伸深度 20,单击确定(OK)按钮,完成 Part-2 的建模,如图 11-3 所示。

Step 6　在环境栏中模块(Module)下拉列表中选择装配(Assembly),进入装配模块,通过装配模块将 Part-1 和 Part-2 合并为一个部件。

Step 7　单击工具箱中的 创建实例(Create Instance),弹出创建实例(Create Instance)对话框,按住 Shift 键,在部件(Parts)中选择 Part-1 和 Part-2 部件,实例类型选择非独立(Dependent),单击确定(OK)按钮。

Step 8　单击工具箱中的 合并/切割实例(Merge/Cut Instances),弹出合并/切割实体(Merge/Cut Instances)对话框,输入部件名称为 roll,运算(Operations)选择合并几何(Merge-Geometry),原始实体(Original Instances)选择禁用(Suppress),相交边界(Intersecting Boundaries)选择保持(Retain),如图 11-4 所示,单击左下方继续...(Continue...)按钮,提示选择需要合并的实例,框选 Part-1 和 Part-2,单击提示区的完成(Done)按钮,完成 Part-1 和 Part-2 的合并,如图 11-5 所示。

图 11-4　合并/切割实体对话框

图 11-5　部件 roll 模型图

Step 9　在环境栏中模块(Module)下拉列表中选择部件(Part),重新进入部件模块。在部件(Part)下拉框中选择 roll 部件,在菜单栏执行工具(Tools)→参考点(Reference Point)命令,在提示区输入(0,0,0),创建一个参考点 RP,完成 roll 的建模。

Step 10　单击工具箱中的 创建部件(Create Part),创建名称为 pipe 的三维(3D)模型,类型为可变形(Deformable),基本特征为壳:旋转(Shell:Revolution),大约尺寸(Approximate size)设为 400,单击继续...(Continue...)按钮,进入草图绘制环境。

Step 11　单击工具箱中的 创建线:首尾相连(Create Lines:Connected),在提示区中输入起点坐标(14.5,-130),终点坐标(14.5,130),单击鼠标右键,单击取消步骤(Cancel Procedure),单击提示区的完成(Done)按钮,弹出编辑旋转(Edit Revolution)对话框,输入旋转角度 360,单击确定(OK)按钮,完成铝管模型的建立,如图 11-6 所示。

Step 12　创建内部芯管模型。单击工具箱中的 创建部件(Create Part),创建名称为 inside 的三维(3D)模型,类型为离散刚体(Discrete rigid),基本特征为壳:旋转(Shell:Revolution),大约尺寸(Approximate size)设为 400,单击继续...(Continue...)按钮,进入草图绘制环境。

Step 13　单击工具箱中的 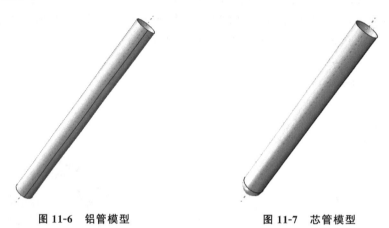 创建线：首尾相连（Create Lines：Connected），在提示区中输入起点坐标（14，-150），终点坐标（14，150）。单击工具箱中的 创建圆弧：圆心和两端点（Create Arc：Center and 2 Endpoints），在提示区输入圆心坐标（0，-150），圆弧的起始点坐标（14，-150），圆弧终点坐标（0，-165），单击鼠标右键，单击取消操作（Cancel Procedure），单击提示区的完成（Done）按钮，弹出编辑旋转（Edit Revolution）窗口，输入旋转角度 360，单击确定（OK）按钮，创建内部芯管旋转体。在菜单栏执行工具（Tools）→参考点（Reference Point）命令，在提示区输入（0，150，0），创建一个参考点 RP，完成芯管的创建，如图 11-7 所示。

图 11-6　铝管模型　　　　　　　　　图 11-7　芯管模型

11.3.2　创建材料

Step 14　在环境栏中模块（Module）下拉列表中选择属性（Property），进入属性模块。

Step 15　单击工具箱中的 创建材料（Create Material），弹出编辑材料（Edit Material）对话框，输入材料名称 Al，执行通用（General）→密度（Density）命令，输入密度 2.7e-9；执行力学（Mechanical）→弹性（Elasticity）→弹性（Elastic）命令，输入杨氏模量（Young's Modulus）70000，泊松比（Poisson's Ratio）0.3，执行力学（Mechanical）→塑性（Plasticity）→塑性（Plastic）命令，在数据栏中输入（130，0），（140，0.05），（180，0.2），（210，1），按回车键，单击确定（OK）按钮，完成 Al 材料的定义。

Step 16　单击工具箱中的 创建截面（Create Section），输入截面属性名称为 Section-Al，选择截面属性为壳：均质（Shell：Homogeneous），单击继续…（Continue…）按钮，弹出编辑截面（Edit Section），在壳的厚度（Shell thickness）中输入板厚 1，材料（Material）选择 Al，单击确定（OK）按钮，创建一个截面属性。

Step 17　在环境栏中部件（Part）下拉列表选取部件 pipe，单击工具箱中的 指派截面（Assign Section），在图形窗口中选择部件 pipe，单击提示区的完成（Done）按钮，弹出编辑截面指派（Edit Section Assignment）对话框，在对话框中选择截面（Section）：Section-Al，其他保持默认设置，单击确定（OK）按钮，赋予部件 pipe 截面属性，此时部件显示绿色，表明部件赋予了材料属性。

11.3.3 部件装配

Step 18 在环境栏中模块（Module）下拉列表中选择装配（Assembly），进入装配模块。

Step 19 单击工具箱中的 █ 删除特征（Delete Feature），框选图形窗口中的实例。然后单击工具箱中的 █ 创建实例（Create Instance），弹出创建实例（Create Instance）对话框，按住 Shift 键，在部件（Parts）中选择 roll、pipe、inside 部件，实例类型选择独立（Independent），单击确定（OK）按钮，完成部件 roll、pipe、inside 的导入。

Step 20 长按工具箱中的 █ 创建约束：面平行（Create Constraint：Parallel Face）在弹出的隐藏命令中选择 █ 创建约束：共轴（Create Constraint：Coaxial）或者执行菜单栏约束（Constraint）→共轴（Coaxial）命令，提示选择移动实例的圆柱面，选择 pipe，提示选择固定实例的圆柱面，选择 roll 的压管圆柱面，单击确定（OK）按钮，完成 pipe 与压管圆柱面的共轴约束，如图 11-8 所示。

Step 21 单击工具箱中的 █ 平移实例（Translate Instance），在图形窗口中选择 pipe 实例，单击提示区的完成（Done）按钮，在图形窗口选择 pipe 前端面圆心（如图 11-8 所示）作为移动初始点，单击工具栏 █ 渲染模型：线框（Render Model：Wireframe），以线框显示模型，在图形窗口中选择压管前端面圆心作为移动终点，单击确定（OK）按钮，完成 pipe 与 roll 的装配，单击工具栏 █ 渲染模型：阴影（Render Model：Shaded），取消线框模式的显示。

Step 22 同理，选择工具箱中 █ 创建约束：共轴（Create Constraint：Coaxial），提示选择移动实例的圆柱面，选择 inside 实例，提示选择固定实例的圆柱面，选择 roll 的压管圆柱面，此时观察两个箭头的方向，确保共轴约束后 inside 有倒圆的一端对准压管圆柱面（若方向不正确，可以单击提示区的翻转（Flip）按钮，使移动实例 inside 的箭头改变方向），单击确定（OK）按钮，完成 inside 实例与压管圆柱面的共轴约束。

Step 23 单击工具箱中的 █ 平移实例（Translate Instance），提示选择移动的实例，在图形窗口选择 inside 实例，单击提示区的完成（Done）按钮；在图形窗口选择 inside 的 RP 作为移动初始点，提示输入移动向量的终点坐标，在图形窗口选择 pipe 后端面圆心作为移动终点，单击确定（OK）按钮，完成 inside 与 pipe 的装配，单击 █ 切换全局透明开关（Toggle Global Translucency），最终装配体如图 11-9 所示（为了更清楚表示实例之间的相对位置，采用线框模式表示）。

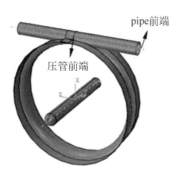

图 11-8 pipe 与压管圆柱面共轴示意图

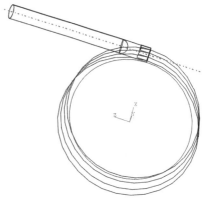

图 11-9 最终装配体线框模式示意图

11.3.4 定义分析步

Step 24 在环境栏中模块(Module)下拉列表中选择分析步(Step),进入分析步模块。

Step 25 单击工具箱中的■分析步管理器(Step Manager)按钮,单击创建(Create),弹出创建分析步(Create Step)对话框,输入分析步名称(Name)为 form,分析类型为通用:动力,显示(General:Dynamic,Explicit),单击继续…(Continue…)按钮,弹出编辑分析步(Edit Step)对话框,在时间长度(Time period)输入时间步长为 0.1,几何非线性(Nlgeom)设为开(On),单击对话框底部确定(OK)按钮,完成分析步 form 的创建。

Step 26 在菜单栏执行视图(View)→装配件显示选项(Assembly Display Options)命令,弹出装配件显示选项(Assembly Display Options)对话框,单击实例(Instance),取消勾选 inside-1、pipe-1 的可见(Visible)选项,即取消 inside-1、pipe-1 在图形窗口的显示,仅显示 roll-1 实例,单击确定(OK)按钮。

Step 27 在菜单栏执行工具(Tools)→集(Set)→创建(Create)命令,弹出创建集(Create Set)对话框,定义名称为 rollrp,类型为几何(Geometry)的集,单击继续…(Continue…)按钮,选取 roll-1 的参考点 RP,单击提示区的完成(Done)按钮。同理,选择压管前端面两点,创建集合 twopoint,如图 11-10 所示。

Step 28 在图形窗口中仅显示 pipe-1 实例。在菜单栏执行工具(Tools)→表面(Surface)→创建(Create)命令,弹出创建表面(Create Surface)对话框,定义名称为 pipefront,选择 pipe-1 的前端外表面,如图 11-11 所示,单击提示区的完成(Done)按钮。在菜单栏执行工具(Tools)→集(Set)→创建(Create)命令,弹出创建集(Create Set)对话框,定义名称为 pipe,类型为几何(Geometry)的集合,单击继续…(Continue…)按钮,框选整个实例 pipe-1,单击提示区的完成(Done)按钮,完成 pipe 集的定义。

图 11-10 压管圆柱面的集合 twopoint(见彩图)

图 11-11 实例 pipe-1 的 pipefront 表面集合(见彩图)

Step 29 在图形窗口中仅显示 inside-1 实例。在菜单栏执行工具(Tools)→集(Set)→创建(Create)命令,弹出创建集(Create Set)对话框,定义名称为 insiderp,类型为几何(Geometry)的集合,单击继续…(Continue…)按钮,选取 inside 的参考点 RP,单击提示区的完成(Done)按钮,完成 insiderp 集的定义。最后,在图形窗口中显示所有实例。

Step 30 单击工具箱中的■场输出管理器(Field Output Manager),单击创建(Create)按钮,弹出创建场(Create Field)对话框,创建一个名为 F-Output-2(系统默认输出为 F-Output-1),分析步(Step)为 form 的输出,单击继续…(Continue…)按钮,弹出编辑场输出请求（Edit Field Output Request）对话框，在作用域（Domain）选择集（Set），在右侧下拉框中选择 pipe，在输出变量（Output variables）中，单击体积/厚度/坐标（Volume/Thickness/Coordinates）左侧的 ▶ 按钮，勾选 STH 选项，其他保持默认设置，单击确定（OK）按钮。

Step 31　同理，创建一个名为 F-Output-3，分析步（Step）为 form 的输出，单击继续…（Continue…）按钮，弹出编辑场输出请求（Edit Field Output Request）对话框，在作用域（Domain）选择集（Set），在右侧下拉框中选择 insiderp，在输出变量（Output variables）中，单击作用力/反作用力（Forces/Reactions）左侧的 ▶ 按钮，勾选 RF 选项，其他保持默认设置，单击确定（OK）按钮。

11.3.5　定义相互作用

Step 32　在环境栏中模块（Module）下拉列表中选择相互作用（Interaction），进入相互作用模块。

Step 33　单击工具箱中的 🔧 创建相互作用属性（Creat Interaction Property），弹出创建相互作用属性（Create Interaction Property）对话框，接受默认的名称 IntProp-1，选择类型：接触（Type：Contact），单击继续…（Continue…）按钮进入编辑接触属性（Edit Contact Property）对话框，单击力学（Mechanical）→切向行为（Tangential Behavior），在摩擦公式（Friction formulation）下拉列表中选择罚（Penalty），摩擦系数（Friction Coeff）栏中输入 0.1。

Step 34　单击工具箱中的 🔧 创建相互作用（Create Interaction），弹出创建相互作用（Creat Interaction）对话框，创建默认名称为 Int-1，分析步（Step）为 form，类型为通用接触（Explicit）（General Contact（Explicit））的接触对，单击继续…（Continue…）按钮，弹出编辑相互作用（Edit Interaction）对话框，在全局属性指派（Global property assignment）中选择接触属性为 IntProp-1，其他保持默认设置，单击确定（OK）按钮。

Step 35　单击工具箱中的 🔧 创建约束（Create Constraint），弹出创建约束（Create Constraint）对话框，接受默认的约束名称 Constraint-1，选择约束类型：耦合（Type：Coupling），单击继续…（Continue…）按钮，单击提示区右侧的集…（Sets…），弹出区域选择（Region Selection）对话框，选择 twopoint 集，单击继续…（Continue…）按钮，在提示区选择区域类型为表面…（Surfaces…），在弹出区域选择（Region Selection）对话框中选择 pipefront 表面，单击继续…（Continue…）按钮，弹出编辑约束（Edit Constraint）对话框，保持默认设置，如图 11-12 所示，单击确定（OK）按钮。

Step 36　为刚体定义质量点。在菜单栏执行特殊设置（Special）→惯性（Inertia）→创建（Create）命令，弹出创建惯性（Create Inertia）对话框，定义名称为 roll，类型为点质量/惯性（Point mass/inertia），单击继续…（Continue…）按钮，

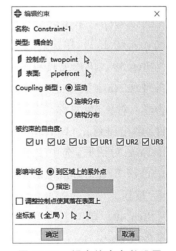

图 11-12　耦合约束参数设置

单击提示区右侧的集…（Sets…），弹出区域选择（Region Selection）对话框,选择参考点rollrp,单击继续…（Continue…）按钮,进入编辑惯性（Edit Inertia）对话框,在质量中选择各向同性（Mass：Isotropic）并输入0.0003,在转动惯量（Rotary Inertia）中分别输入 I11：0.0003、I22：0.0003、I33：0.0003,如图11-13所示,单击确定（OK）按钮。

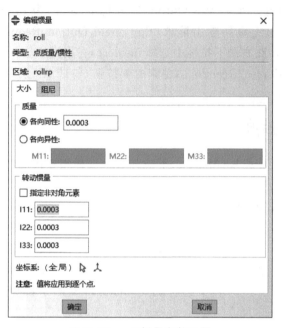

图 11-13　roll 惯量参数设置

11.3.6　定义边界条件

Step 37　在环境栏中模块（Module）下拉列表中选择载荷（Load）,进入载荷模块。

Step 38　在菜单栏执行工具（Tools）→幅值（Amplitude）→创建（Create）命令,弹出创建幅值（Create Amplitude）对话框,接受默认名称 Amp-1,类型（Type）选择平滑分析步（Smooth step）,单击继续…（Continue…）按钮,弹出编辑幅值（Edit Amplitude）对话框,输入(0,0),(0.1,1),单击确定（OK）按钮,完成幅值的定义。

Step 39　单击工具箱中的创建边界条件（Create Boundary Condition）,弹出创建边界条件（Create Boundary Condition）对话框,创建名称为 BC-1,分析步（Step）为 form,类别为力学：对称/反对称/完全固定（Mechanical：Symmetry/Antisymmetry/Encastre）的边界条件,单击继续…（Continue…）按钮,单击提示区的集…（Sets…）,弹出区域选择（Region Selection）对话框,选中 insiderp,单击继续…（Continue…）按钮,弹出编辑边界条件（Edit Boundary Condition）对话框,选中完全固定（ENCASTRE）,约束所有自由度,单击确定（OK）按钮。

Step 40　单击工具箱中的创建边界条件（Create Boundary Condition）,弹出创建边界条件（Create Boundary Condition）对话框,创建名称为 BC-2,分析步（Step）为 form,类别为力学：位移/转角（Mechanical：Displacement/Rotation）的边界条件,单击继续…

（Continue…）按钮，单击提示区的集…（Sets…），弹出区域选择（Region Selection）对话框，选中 rollrp 集，单击继续…（Continue…）按钮，弹出编辑边界条件（Edit Boundary Condition）对话框，在 UR2 中输入－1.5，其他值设为 0，同时在幅值（Amplitude）中选择 Amp-1，单击确定（OK）按钮。

11.3.7　网格划分

Step 41　在环境栏中模块（Module）下拉列表中选择网格（Mesh），进入网格模块。

Step 42　按照 Step 26 的方法，在图形窗口中仅显示 pipe-1。单击工具箱中的 📐 为部件实例布种（Seed Part Instance），在图形窗口中框选 pipe-1，单击提示区的完成（Done）按钮，弹出全局种子（Global Seeds）对话框，设置近似全局尺寸（Approximate global size）为 5，单击确定（OK）按钮，完成 pipe-1 的网格单元种子密度的设置。在菜单栏执行网格（Mesh）→控制属性（Controls）命令，在图形窗口框选所有实例，单击提示区的完成（Done）按钮，弹出网格控制属性（Mesh Controls）对话框，选择四边形为主（Quad-dominated）、自由网格（Free）划分技术，单击确定（OK）按钮。单击工具箱中的 📐 指派单元类型（Assign Element Type），在视图区框选模型，单击完成（Done）按钮，弹出单元类型（Element Type）对话框，选择显式（Explicit）、线性（Linear）、壳（Shell）的 S4R 单元。

Step 43　在图形窗口中仅显示 inside-1 和 roll-1。单击工具箱中的 📐 为部件实例布种（Seed Part Instance），在图形窗口选择所有实例，单击提示区的完成（Done）按钮，弹出全局种子（Global Seeds）对话框，设置近似全局尺寸（Approximate global size）为 20，单击确定（OK）按钮，完成 inside-1 和 roll-1 网格单元种子密度的设置。在菜单栏执行网格（Mesh）→控制属性（Controls）命令，在图形窗口框选所有实例，单击提示区的完成（Done）按钮，弹出网格控制属性（Mesh Controls）对话框，选择四边形为主（Quad-dominated）、自由网格（Free）划分技术，单击确定（OK）按钮。单击工具箱中的 📐 指派单元类型（Assign Element Type），在视图区框选模型，单击完成（Done）按钮，弹出单元类型（Element Type）对话框，选择显式（Explicit）、线性（Linear）、离散刚体单元（Discrete Rigid Element）的 R3D4 单元。最后，在图形窗口中显示所有实例。

Step 44　在菜单栏执行网格（Mesh）→实例（Instance）命令，在图形窗口框选所有实例，单击提示区的完成（Done）按钮，完成网格划分，单击工具箱中的 📐 检查网格（Verify Mesh），在图形窗口框选所有实例，单击提示区的完成（Done）按钮，检查网格划分质量。

11.3.8　提交作业及结果分析

Step 45　在环境栏中模块（Module）下拉列表中选择作业（Job），进入作业模块。

Step 46　单击工具箱中的 🖥 创建作业（Create Job），弹出创建作业（Create Job）对话框，创建名称为 pipebend 的任务，单击继续…（Continue…）按钮，弹出编辑作业（Edit Job）对话框，单击确定（OK）按钮。单击工具箱中的 🖥 右边的 🖥 作业管理器（Job Manager），弹出作业管理器（Job Manager）对话框，单击提交（Submit）按钮，提交作业。仿真分析结束后,单击作业管理器(Job Manager)对话框的结果(Results)按钮,进入可视化(Visualization)模块,对结果进行处理。

Step 47 单击工具箱中的 █ 在变形图上绘制云图(Plot Contours on Deformed Shape),在变形图上显示云图,默认为 Mises 应力云图。执行主菜单的工具(Tools)→显示组(Display Group)→创建(Create)命令,弹出创建显示组(Create Display Group)对话框,在项(Item)中选择部件实例(Part instances):pipe-1,单击对话框中的替换(Replace)按钮,图形窗口仅显示 pipe-1。pipe-1 变形后的 Mises 应力云图和成形后的厚度分布云图如图 11-14、图 11-15 所示。

图 11-14　铝管变形后的 Mises 应力云图(见彩图)

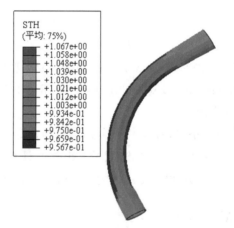

图 11-15　铝管成形后厚度分布云图(见彩图)

Step 48 如果想输出某一时刻的变形结果,如输出 0.045s 的等效塑性应变,通过选择工具栏结果(Result)→分析步/帧(Step/Frame),弹出分析步/帧(Step/Frame)对话框,选择 form 载荷步,帧(Frame)选择 0.045,如图 11-16 所示,单击确定(OK)按钮。通过执行主菜单的结果(Results)→场输出(Field Output),弹出场输出(Field Output)对话框,选择输出变量 PEEQ,单击确定(OK)按钮,输出等效塑性应变,如图 11-17 所示。

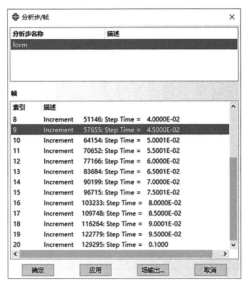

图 11-16　分析步/帧对话框

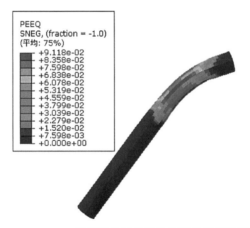

图 11-17　0.045s 时铝管的等效塑性应变云图(见彩图)

Step 49　单击工具箱中的创建 XY 数据(Create XY Data),在弹出的对话框中,源(Source)选择 ODB 场变量输出(ODB field output),单击继续...(Continue...)按钮,弹出来自 ODB 场输出的 XY 数据(XY Data from ODB Field Output)对话框,在变量(Variables)选项卡中位置(Position)下拉列表中选择唯一节点的(Unique Nodal),勾选 RF 中的 Magnitude,再单击单元/节点(Element/Nodes)选项卡,在方法(Method)中选择节点集(Nodes sets):INSIDERP,单击保存(Save)按钮,此时可以在左侧模型树的 XY 数据(XY Data)中看到刚刚保存的曲线,在模型树中选中这条曲线,单击鼠标右键,选择重命名...(Rename...),将曲线重命名为 RFMag。再单击鼠标右键,单击绘制(Plot)按钮,图形窗口中显示 inside-1 芯管的反作用力合力随时间变化的曲线,如图 11-18 所示。

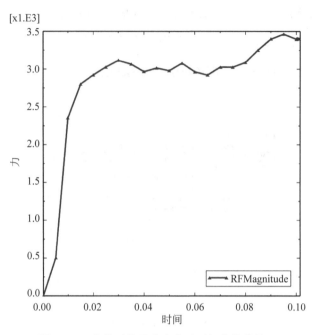

图 11-18 芯管反作用力合力随时间变化曲线图

Step 50 单击工具箱中的 创建 XY 数据(Create XY Data),弹出创建 XY 数据(Create XY Data)对话框,在源(Source)中选择 ODB 场变量输出(ODB field output),单击继续…(Continue…)按钮,弹出来自 ODB 场输出的 XY 数据(XY Data from ODB Field Output)对话框,在变量(Variables)选项卡中位置(Position)下拉列表中选择唯一节点的(Unique Nodal),勾选 RF 下的 RF1、RF2、RF3。切换到单元/节点(Elements/Nodes)选项卡,方法(Method)中选择节点集(Node sets):INSIDERP,单击保存(Save)按钮,此时可以在左侧模型树的 XY 数据(XY Data)中看到刚刚保存的三条曲线,在模型树中选中某条曲线,单击鼠标右键,选择重命名…(Rename…),将对应的曲线重命名为 RF1、RF2、RF3。单击工具箱中的 创建 XY 数据(Create XY Data),弹出创建 XY 数据(Create XY Data)对话框,在源(Source)中选择操作 XY 数据(Operate on XY data),弹出操作 XY 数据(Operate on XY data)对话框,在右侧运算操作符(Operates)中选择 sqrt(A),此时,对话框上方的输入表达式框中出现 sqrt(),在这个表达式的括号中输入表达式:"RF1" * "RF1" + "RF2" * "RF2" + "RF3" * "RF3"(其中,"RF1"等字符的输入是通过选中 XY 数据栏中对应名称的曲线并双击而得到,+ 和 * 字符的输入是在右侧运算操作符中选择。整个表达式都可以从键盘输入,输入时需注意必须是英文状态),单击另存为…(Save As…),输入名称为 OperateRF。完成后,在模型树的 XY 数据中选中保存的 OperateRF 曲线和 RFMag 曲线,单击鼠标右键,单击绘制(Plot)按钮,两条曲线的对比图如图 11-19 所示。从对比图可以看出,通过各个方向的分力求得的反作用力合力与软件直接输出的反作用力合力一致。在 Abaqus 中,我们可以通过该步骤对数据进行处理,以此得到想要的数据结果。

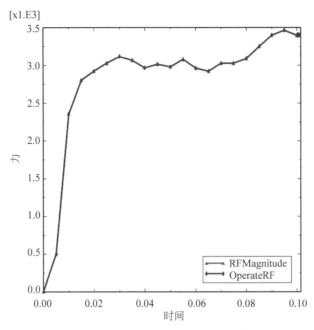

图 11-19　曲线 OperateRF 与 RFMag 对比图

11.4　学习视频网址

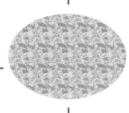

第 12 章

板料拉深过程分析

平板拉深是利用拉深模在压力机的压力作用下,将平板坯料或空心工件制成开口空心零件的加工方法,由于拉深过程中部件的各部位受力和变形情况不同,易在筒壁相切处发生拉裂,凸缘处容易起皱。同时,由于材料各向异性的影响,易产生"制耳"现象,分析拉深过程中板料应力和应变分布对于优化拉深工艺具有重要指导意义。

12.1 问题描述

钢板的半径为 75mm、厚度为 1mm,拉深凸模的半径为 50mm、圆角半径为 5mm;拉深凹模的半径为 51mm、圆角半径为 5mm,试分析钢板在拉深过程中的变形情况。

12.2 问题分析

使用 Abaqus 对板料拉深成形过程进行数值模拟需考虑以下几个问题:

(1) 如果需要分析板料拉深过程中的"制耳"现象,需要建立三维模型,但本例中的模型和边界条件是轴对称的,因此取 1/4 模型进行分析。

(2) 模拟仿真过程中可以不考虑凸模、凹模和压边圈的变形,因此将它们都设置为离散刚体。

(3) 整个模拟过程采用的单位制为 kg-m-s。

12.3 Abaqus/CAE 分析过程

12.3.1 建立模型

Step 1 启动 Abaqus/CAE,创建一个新的数据库,选择模型树中的 Model-1,单击鼠标右键,执行重命名...(Rename...)命令,将模型重命名为 draw,单击工具栏中的■保存模型数据库(Save Model Database),保存模型为 draw.cae。

Step 2　单击工具箱中的▙创建部件（Create Part），创建名称为 plate 的三维（3D）模型，类型为可变形（Deformable），基本特征为实体：旋转（Solid：Revolution），大约尺寸（Approximate size）设为 0.2，单击继续...（Continue...）按钮，进入草图绘制环境。

Step 3　单击工具箱中的▢创建线：矩形（四条线）（Create Lines：Rectangle（4 Lines）），输入长方形两个对角点坐标，第一点（0，0），按回车键，第二点（0.075，0.001），按回车键，单击鼠标右键，单击取消步骤（Cancel Procedure），单击提示区的完成（Done）按钮，弹出编辑旋转（Edit Revolution）窗口，输入旋转角度 90，单击确定（OK）按钮，完成 plate 的建模，如图 12-1 所示。

图 12-1　plate 模型

Step 4　单击工具箱中的▙创建部件（Create Part），创建名称为 punch 的三维（3D）模型，类型为离散刚体（Discrete rigid），基本特征为壳：旋转（Shell：Revolution），大约尺寸（Approximate size）设为 0.2，单击继续...（Continue...）按钮，进入草图绘制环境。

Step 5　单击工具箱中的✐创建线：首尾相连（Create Lines：Connected），在提示区输入线段起始点坐标（0，0），按回车键，在提示区输入线段的第二点坐标（0.05，0），按回车键，在提示区输入线段终点坐标（0.05，0.105），按回车键，单击鼠标右键，单击取消步骤（Cancel Procedure），单击工具箱中的▢创建倒角：两条曲线（Create Fillet：Between 2 Curves），在提示区输入倒角半径为 0.005，按回车键，依次选择图形窗口中横竖两条线段，单击鼠标右键，单击取消步骤（Cancel Procedure），单击提示区的完成（Done）按钮，弹出编辑旋转（Edit Revolution）窗口，输入旋转角度 90，单击确定（OK）按钮。在菜单栏执行工具（Tools）→参考点（Reference Point）命令，在图形窗口选择凸模圆角圆心，创建一个参考点 RP，完成 punch 的建模，如图 12-2 所示。

图 12-2　punch 模型

Step 6　单击工具箱中的▙创建部件（Create Part），创建名称为 holder 的三维（3D）模型，类型为离散刚体（Discrete rigid），基本特征为壳：旋转（Shell：Revolution），大约尺寸（Approximate size）设为 0.2，单击继续...（Continue...）按钮，进入草图绘制环境。

Step 7　单击工具箱中的✐创建线：首尾相连（Create Lines：Connected），在提示区输入线段起始点坐标（0.051，0.055），按回车键，在提示区输入线段的第二点坐标（0.051，0），按回车键，在提示区输入线段终点坐标（0.1，0），按回车键，单击鼠标右键，单击取消步骤（Cancel Procedure），单击工具箱中的▢创建倒角：两条曲线（Create Fillet：Between 2 Curves），在提示区输入倒角半径为 0.005，按回车键，依次选择图形窗口中横竖两条线段，单击鼠标右键，单击取消步骤（Cancel Procedure），单击提示区的完成（Done）按钮，弹出编辑旋转（Edit Revolution）窗口，输入旋转角度 90，单击确定（OK）按钮。在菜单栏执行工具（Tools）→参考点（Reference Point）命令，在图形窗口选择压边圈圆角圆心，创建一个参考点 RP，完成 holder 的创建，如图 12-3 所示。

图 12-3　holder 模型图

Step 8　单击工具箱中的▙创建部件（Create Part），创建

名称为 die 的三维(3D)模型,类型为离散刚体(Discrete rigid),基本特征为壳:旋转(Shell:Revolution),大约尺寸(Approximate size)设为 0.2,单击继续...(Continue...)按钮,进入草图绘制环境。

Step 9　单击工具箱中的<img>创建线:首尾相连(Create Lines:Connected),在提示区输入线段起始点坐标(0.051,−0.05),按回车键,在提示区输入线段的第二点坐标(0.051,0),按回车键,在提示区输入线段终点坐标(0.1,0),按回车键,单击鼠标右键,单击取消步骤(Cancel Procedure),单击工具箱中的<img>创建倒角:两条曲线(Create Fillet:Between 2 Curves),在提示区输入倒角半径为 0.005,按回车键,依次选择图形窗口中横竖两条线段,单击鼠标右键,单击取消步骤(Cancel Procedure),单击提示区的完成(Done)按钮,弹出编辑旋转(Edit Revolution)窗口,输入旋转角度 90,单击确定(OK)按钮。在菜单栏执行工具

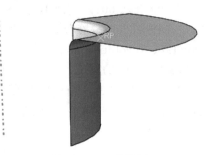

图 12-4　die 模型图

(Tools)→参考点(Reference Point)命令,在图形窗口选择凹模圆角圆心,创建一个参考点 RP,完成 die 的建模,如图 12-4 所示。

12.3.2　创建材料

Step 10　在环境栏中模块(Module)下拉列表中选择属性(Property),进入属性模块。

Step 11　单击工具箱中的<img>创建材料(Create Material),弹出编辑材料(Edit Material)对话框,输入材料名称 Steel,执行力学(Mechanical)→弹性(Elasticity)→弹性(Elastic)命令,输入杨氏模量(Young's Modulus)2.1e11,泊松比(Poisson's Ratio)0.3,执行力学(Mechanical)→塑性(Plasticity)→塑性(Plastic)命令,在数据栏中依次输入(4e8,0),(4.2e8,0.02),(5e8,0.2),(6e8,0.5),如果要考虑"制耳"现象,还需要使用各向异性材料本构模型。在塑性界面中单击子选项(Suboptions)下拉列表中的势能(Potential),弹出子选项编辑器(Suboption Editor),在数据栏中依次输入 R11:0.7071,R22:1.38,R33:0.9054,R12:0.8037,R13:0.956,R23:0.6967,单击确定(OK)按钮,完成 Steel 材料的定义。

Step 12　单击工具箱中的<img>创建截面(Create Section),输入截面属性名称为 Section-Steel,选择截面属性实体:均质(Solid:Homogeneous),单击继续...(Continue...)按钮,弹出编辑截面(Edit Section),在材料(Material)后面选择 Steel,单击确定(OK)按钮,创建一个截面属性。

Step 13　在环境栏部件(Part)中选取部件 plate,单击工具箱中的<img>指派截面(Assign Section),在图形窗口中选择部件 plate,单击提示区的完成(Done)按钮,弹出编辑截面指派(Edit Section Assignment)对话框,在对话框中选择截面(Section):Section-Steel,单击确定(OK)按钮,把截面属性 Section-Steel 赋予部件 plate,赋予属性后,部件 plate 颜色显示为绿色。

Step 14　单击工具箱中的<img>指派材料方向(Assign Material Orientation),在图形窗口中选择部件 plate,单击鼠标中键,在提示区选择使用默认方向或别的方法(Use Default

Orientation or Other Method)，弹出编辑材料方向（Edit Material Orientation）对话框，保持默认参数设置，单击确定（OK）按钮，完成材料方向的指派。

12.3.3　部件装配

Step 15　在环境栏中模块（Module）下拉列表中选择装配（Assembly），进入装配模块。

Step 16　单击工具箱中的 ![icon]创建实例（Create Instance），弹出创建实例（Create Instance）对话框，按住 Shift 键，在部件（Parts）中选择 plate、punch、holder 和 die 部件，实例类型选独立（Independent），单击确定（OK）按钮，创建部件 plate、punch、holder 和 die 的实例。

Step 17　单击工具箱中的 ![icon]平移实例（Translate Instance），在图形窗口选择 holder-1 实例，单击提示区的完成（Done）按钮；在提示区接受默认的（0,0,0）作为移动初始点，按回车键，输入（0,0.001,0）作为移动终点，单击确定（OK）按钮，确定实例 holder-1 与 plate-1 相对位置。

Step 18　单击工具箱中的 ![icon]平移实例（Translate Instance），在图形窗口选择 punch-1 实例，单击提示区的完成（Done）按钮；在提示区将默认的（0,0,0）作为移动初始点，按回车键，输入（0,0.001,0）作为移动终点，单击确定（OK）按钮，确定实例 punch-1 与 plate-1 的相对位置，移动后，装配图如图 12-5 所示。

图 12-5　平移实例后装配图

Step 19　在菜单栏执行视图（View）→装配件显示选项（Assembly Display Options）命令，弹出装配件显示选项（Assembly Display Options）对话框，单击实例（Instance），取消 die-1、holder-1、punch-1 的可见（Visible）选项，即取消 die-1、holder-1、punch-1 在图形窗口的显示，仅显示 plate-1，单击确定（OK）按钮。

Step 20　在菜单栏执行工具（Tools）→表面（Surface）→创建（Create），弹出创建表面（Create Surface）对话框，定义名称为 platetop 的接触表面，选取 plate-1 的上表面（与 punch-1 接触的面），单击提示区的完成（Done）按钮，完成 platetop 表面的定义。类似地，选取 plate-1 的下表面（与 die-1 接触的面），完成 platebot 表面的定义。在菜单栏执行工具（Tools）→集（Set）→创建（Create）命令，弹出创建集（Create Set）对话框，定义名称为 center 的集，类型为几何（Geometry），单击继续...（Continue...）按钮，选取 plate-1 的中心线，单击提示区的完成（Done）按钮，完成 center 集的定义；同理，选择垂直于 Z 轴、X 轴的对称面，完成 zsym、xsym 集的定义。实例 plate-1 上的表面和集合的位置如图 12-6 所示。

Step 21　在图形窗口中仅显示实例 holder-1。在菜单栏执行工具（Tools）→表面（Surface）→创建（Create）命令，弹出创建表面（Create Surface）对话框，定义名称为 holdersur 的接触表面，选取 holder-1 的整个内表面（与实例 plate-1 接触的一侧为内表面），单击提示区的完成（Done）按钮，在提示区选择棕色（Brown）（内表面的颜色也可能显示为

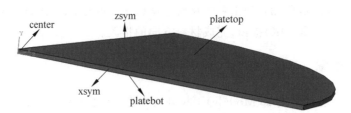

图 12-6　实例 plate-1 的表面和集合位置示意图

紫色(Purple)),完成 holdersur 表面的定义。在菜单栏执行工具(Tools)→集(Set)→创建(Create)命令,弹出创建集(Create Set)对话框,定义名称为 refholder,类型为几何(Geometry)的集,单击继续...(Continue...)按钮,选取 holder-1 的参考点 RP,单击提示区的完成(Done)按钮,完成 refholder 集的定义。

Step 22　在图形窗口中仅显示实例 die-1。在菜单栏执行工具(Tools)→表面(Surface)→创建(Create)命令,弹出创建表面(Create Surface)对话框,定义名称为 diesur 的接触表面,选取 die-1 的内表面(与实例 plate-1 接触的一侧为内表面),单击提示区的完成(Done)按钮,在提示区选择紫色(Purple)(内表面的颜色也可能显示为棕色(Brown)),完成 diesur 表面的定义。在菜单栏执行工具(Tools)→集(Set)→创建(Create)命令,弹出创建集(Create Set)对话框,定义名称为 refdie,类型为几何(Geometry)的集,单击继续...(Continue...)按钮,选取 die-1 的参考点 RP,单击提示区的完成(Done)按钮,完成 refdie 集的定义。

Step 23　采用同样的方法,仅显示实例 punch-1。选取 punch-1 的所有外表面(与实例 plate-1 接触的一侧为外表面)创建 punchsur 表面;选取 punch-1 的参考点 RP,建立 refpunch 集合。

Step 24　在菜单栏执行视图(View)→装配件显示选项(Assembly Display Options)命令,弹出装配件显示选项(Assembly Display Options)对话框,单击实例(Instance),显示所有实例,单击确定(OK)按钮。

12.3.4　定义分析步

Step 25　在环境栏中模块(Module)下拉列表中选择分析步(Step),进入分析步模块。

Step 26　单击工具箱中的 创建分析步(Create Step),弹出创建分析步(Create Step)对话框,输入分析步名称(Name)为 contact1,选择分析类型为通用:静力,通用(General:Static,General),单击继续...(Continue...)按钮,弹出编辑分析步(Edit Step)对话框,输入时间步长为 0.001,几何非线性(Nlgeom)设为开(On),其他保持默认设置,单击对话框底部确定(OK)按钮。

Step 27　类似于 Step 26,创建 holdforce 和 contact2 分析步,时间步长都为 0.001,其他参数保持默认设置。

Step 28　单击工具箱中的 创建分析步(Create Step),弹出创建分析步(Create Step)对话框,输入分析步名称(Name)为 deepdraw,选择分析类型为通用:静力,通用(General:Static, General),单击继续...(Continue...)按钮,弹出编辑分析步(Edit Step)对话框,输入时间步长为 1，切换至增量（Incrementation）选项卡，类型（Type）选择自动（Automatic），最大增量步数（Maximum number of increments）设置为 1000，增量步大小（Increment size）中的初始（Initial）值为 1e-6，最小（Minimum）值为 1e-10，最大（Maximum）值为 0.1。单击对话框底部确定（OK）按钮。

Step 29　单击工具箱中的 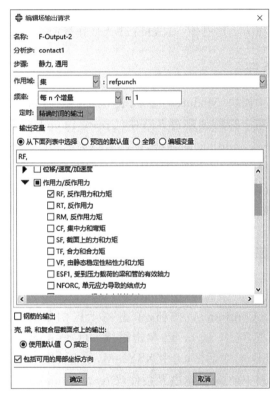 创建场输出（Create Field Output），弹出创建场（Create Field）对话框，创建一个名称为 F-Output-2（系统默认输出为 F-Output-1），分析步（Step）为 contact1 的输出，单击继续…（Continue…）按钮，弹出编辑场输出请求（Edit Field Output Request）对话框，在作用域（Domain）选择集（Set），在右侧下拉框中选择 refpunch，在输出变量（Output variables）中，单击作用力/反作用力（Forces/Reactions）左侧的 ▶ 按钮，勾选 RF 选项，具体设置如图 12-7 所示。

图 12-7　F-Output-2 场输出设置

12.3.5　定义相互作用

Step 30　在环境栏中模块（Module）下拉列表中选择相互作用（Interaction），进入相互作用模块。

Step 31　单击工具箱中的 创建相互作用属性（Create Interaction Properties），弹出创建相互作用属性（Create Interaction Property）对话框，接受默认的名称 IntProp-1，选择接触类型：接触（Type：Contact），单击继续…（Continue…）按钮，进入编辑接触属性（Edit Contact Property）对话框，单击力学（Mechanical）→切向行为（Tangential Behavior），在摩

擦公式(Friction formulation)下拉列表中选择罚(Penalty),在摩擦系数(Friction Coeff)中输入 0.2,单击确定(OK)按钮。

Step 32　单击工具箱中的 创建相互作用(Create Interaction),弹出创建相互作用(Create Interaction)对话框,定义名称为 punch-plate,分析步(Step)为 Initial,类型为表面与表面接触(Surface-to-surface contact(Standard))的接触对,单击继续…(Continue…)按钮,单击提示区的表面…(Surfaces…),弹出区域选择(Region Selection)对话框,选取 punchsur 作为主接触面,单击继续…(Continue…)按钮,选择提示区的表面…(Surfaces…),弹出区域选择(Region Selection)对话框,选取 platetop 作为从接触面,弹出编辑相互作用(Edit Interaction)对话框,保持默认参数设置,单击确定(OK)按钮。

Step 33　采用与 Step 32 相同的操作,建立 holder-plate 接触对,分析步(Step)为 Initial,holdersur 作为主接触面,platetop 作为从接触面;建立 die-plate 接触对,分析步(Step)为 Initial,diesur 作为主接触面,platebot 作为从接触面。

12.3.6　定义边界条件

Step 34　在环境栏中模块(Module)下拉列表中选择载荷(Load),进入载荷模块。

Step 35　单击工具箱中的 创建边界条件(Create Boundary Condition),弹出创建边界条件(Create Boundary Condition)对话框,创建名称为 center,分析步(Step)为 contact1,类别为力学:位移/转角(Mechanical:Displacement/Rotation)的边界条件,单击继续…(Continue…)按钮,单击提示区的集…(Sets…),弹出区域选择(Region Selection)对话框,选中 center 集,单击继续…(Continue…)按钮,弹出编辑边界条件(Edit Boundary Condition)对话框,选中 U1、U2、U3、UR1、UR2、UR3,其值均设为 0,单击确定(OK)按钮。

Step 36　单击工具箱中的 创建边界条件(Create Boundary Condition),弹出创建边界条件(Create Boundary Condition)对话框,创建名称为 xsym,分析步(Step)为 contact1,类别为力学:对称/反对称/完全固定(Mechanical:Symmetry/Antisymmetry/Encastre)的边界条件,单击继续…(Continue…)按钮,单击提示区的集…(Sets…),弹出区域选择(Region Selection)对话框,选中 xsym 集,单击继续…(Continue…)按钮,弹出编辑边界条件(Edit Boundary Condition)对话框,选中 XSYMM,单击确定(OK)按钮。

Step 37　单击工具箱中的 创建边界条件(Create Boundary Condition),弹出创建边界条件(Create Boundary Condition)对话框,创建名称为 zsym,分析步(Step)为 contact1,类别为力学:对称/反对称/完全固定(Mechanical:Symmetry/Antisymmetry/Encastre)的边界条件,单击继续…(Continue…)按钮,单击提示区的集…(Sets…),弹出区域选择(Region Selection)对话框,选中 zsym 集,单击继续…(Continue…)按钮,弹出编辑边界条件(Edit Boundary Condition)对话框,选中 ZSYMM,单击确定(OK)按钮。

Step 38　给凹模一个小位移,建立凹模与板料的接触。单击工具箱中的 创建边界条件(Create Boundary Condition),弹出创建边界条件(Create Boundary Condition)对话框,创建名称为 refdie,分析步(Step)为 contact1,类别为力学:位移/转角(Mechanical:Displacement/Rotation)的边界条件,单击继续…(Continue…)按钮,单击提示区的集…(Sets…),弹出区域选择(Region Selection)对话框,选中 refdie 集,单击继续…(Continue…)

按钮,弹出编辑边界条件(Edit Boundary Condition)对话框,选中 U1、U3、UR1、UR2、UR3,其值均设为 0,U2 设为 1e-8,单击确定(OK)按钮。

Step 39　给压边圈一个小位移,建立压边圈与板料的接触。单击工具箱中的创建边界条件(Create Boundary Condition),弹出创建边界条件(Create Boundary Condition)对话框,创建名称为 refholder,分析步(Step)为 contact1,类别为力学：位移/转角(Mechanical：Displacement/Rotation) 的边界条件,单击继续...(Continue...)按钮,单击提示区的集...(Sets...),弹出区域选择(Region Selection)对话框,选中 refholder 集,单击继续...(Continue...)按钮,弹出编辑边界条件(Edit Boundary Condition)对话框,选中 U1、U3、UR1、UR2、UR3,其值均设为 0,U2 设为 −1e-8,单击确定(OK)按钮。

Step 40　类似于 Step 39,创建名称为 refpunch 边界条件,分析步(Step)为 contact1,选中 refpunch 集,U1、U2、U3、UR1、UR2、UR3 的值均设为 0。

Step 41　单击工具箱中右侧的边界条件管理器(Boundary Condition Manager),弹出边界条件管理器(Boundary Condition Manager)对话框,选中 center 边界条件 contact2 分析步中的传递(Propagated),单击右边的编辑...(Edit...)按钮,弹出编辑边界条件(Edit Boundary Condition)对话框,取消 U2 的约束,单击对话框的确定(OK)按钮。

Step 42　单击工具箱中右侧的边界条件管理器(Boundary Condition Manager),弹出边界条件管理器(Boundary Condition Manager)对话框,选中 refholder 边界条件 holdforce 分析步中的传递(Propagated),单击右边的编辑...(Edit...)按钮,弹出编辑边界条件(Edit Boundary Condition)对话框,取消 U2 的约束,单击对话框左方的确定(OK)按钮。

Step 43　单击工具箱中右侧的边界条件管理器(Boundary Condition Manager),弹出边界条件管理器(Boundary Condition Manager)对话框,选中 refpunch 边界条件的 contact2 分析步中的传递(Propagated),单击右边的编辑...(Edit...)按钮,弹出编辑边界条件(Edit Boundary Condition)对话框,设置 U2 等于 −0.001,单击确定(OK)按钮;选中 refpunch 边界条件的 deepdraw 分析步中的传递(propagated),单击右边的编辑...(Edit...)按钮,弹出编辑边界条件(Edit Boundary Condition)对话框,设置 U2 等于 −0.03,单击确定(OK)按钮。设置完成后,边界条件管理器(Boundary Condition Manager)对话框,如图 12-8 所示。

图 12-8　边界条件管理器对话框

Step 44   单击工具箱中的 ⬒ 创建载荷（Create Load），弹出创建载荷（Create Load）对话框，接受默认载荷名称为 Load-1，分析步（Step）为 holdforce，类别为力学：集中力（Mechanical：Concentrated force）的载荷，单击提示区的集…（Sets…），弹出区域选择（Region Selection）对话框，选择 refholder，在弹出的对话框中将 CF2 设置为 −10000，单击确定（OK）按钮。

12.3.7   网格划分

Step 45   在环境栏中模块（Module）下拉列表中选择网格（Mesh），进入网格模块。

Step 46   采用与 Step 19 相同的方法，在图形窗口中仅显示 plate-1。

Step 47   在菜单栏执行网格（Mesh）→单元类型（Element Type）命令，在图形窗口框选 plate-1，单击提示区的完成（Done）按钮，弹出单元类型（Element Type）对话框，选择隐式（Standard）、线性（Linear）、三维应力（3D Stress）的 C3D8R 单元，单击确定（OK）按钮。

Step 48   在菜单栏执行网格（Mesh）→控制属性（Controls）命令，在图形窗口框选 plate-1，单击提示区的完成（Done）按钮，弹出网格控制属性（Mesh Controls）对话框，选择六面体单元（Hex）、结构化网格（Structured）划分技术，单击确定（OK）按钮，plate-1 显示绿色。

Step 49   单击工具箱中的 ⬒ 为部件实例布种（Seed Part Instance），在图形窗口选择 plate-1，单击提示区的完成（Done）按钮，弹出全局种子（Global Seeds）对话框，设置近似全局尺寸（Approximate global size）为 0.002，单击确定（OK）按钮，完成 plate-1 网格单元密度的设置。

Step 50   采用与 Step 19 相同的方法，在图形窗口中显示 die-1、holder-1、punch-1 三个实例。

Step 51   在菜单栏执行网格（Mesh）→单元类型（Element Type），在图形窗口框选 die-1、holder-1、punch-1，单击提示区的完成（Done）按钮，弹出单元类型（Element Type）对话框，选择隐式（Standard）、线性（Linear）、离散刚体单元（Discrete Rigid Element）的 R3D4 单元，单击确定（OK）按钮。

Step 52   在菜单栏执行网格（Mesh）→控制属性（Controls）命令，在图形窗口框选 die-1、holder-1、punch-1，单击提示区的完成（Done）按钮，弹出网格控制属性（Mesh Controls）对话框，选择四边形为主（Quad-dominated）、扫掠网格（Sweep）划分技术，单击确定（OK）按钮，die-1、holder-1、punch-1 显示黄色。

Step 53   单击工具箱中的 ⬒ 为部件实例布种（Seed Part Instance），在图形窗口框选 die-1、holder-1、punch-1，单击提示区的完成（Done）按钮，弹出全局种子（Global Seeds）对话框，设置近似全局尺寸（Approximate global size）为 0.01，单击确定（OK）按钮，完成 die-1、holder-1、punch-1 网格单元密度的设置。

Step 54   在菜单栏执行视图（View）→装配件显示选项（Assembly Display Options）命令，弹出装配件显示选项（Assembly Display Options）对话框，单击实例（Instance），勾选所有实例，单击确定（OK）按钮。

Step 55   在菜单栏执行网格（Mesh）→实例（Instance）命令，在图形窗口框选所有实例，单击提示区的完成（Done）按钮，完成网格划分。单击工具箱中的<img>检查网格（Verify Mesh），在图形窗口框选所有实例，单击提示区的完成（Done）按钮，检查网格划分质量。

12.3.8　提交作业及结果分析

Step 56　在环境栏中模块（Module）下拉列表中选择作业（Job），进入作业模块。

Step 57　单击工具箱中的<img>创建作业（Create Job），弹出创建作业（Create Job）对话框，创建一个名为 draw 的任务，单击继续…（Continue…）按钮，弹出编辑作业（Edit Job）对话框，单击确定（OK）按钮。

Step 58　单击工具箱中的<img>创建作业（Create Job）右边的<img>作业管理器（Job Manager），弹出作业管理器（Job Manager）对话框，单击提交（Submit）按钮，提交作业。

Step 59　分析结束后，单击作业管理器（Job Manager）对话框的结果（Results）按钮，进入可视化（Visualization）模块，对结果进行处理。

Step 60　单击工具箱中的<img>在变形图上绘制云图（Plot Contours on Deformed Shape），在变形图上显示云图，默认为 Mises 应力云图。执行主菜单的工具（Tools）→显示组（Display Group）→创建（Create）命令，弹出创建显示组（Create Display Group）对话框，在项（Item）中选择部件实例（Part instances）：PLATE-1，单击对话框中的替换（Replace）按钮，图形窗口中仅显示 plate-1。图 12-9 显示了拉深过程中不同时刻平板的应力云图。

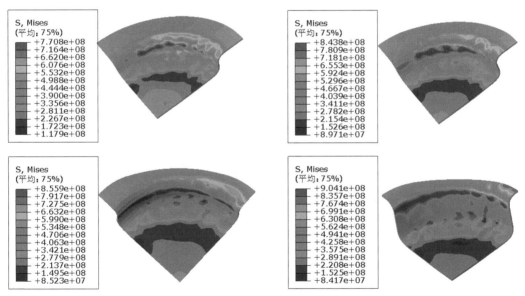

图 12-9　不同时刻平板的应力云图（见彩图）

Step 61　单击工具箱中的<img>创建 XY 数据（Create XY Data），弹出创建 XY 数据（Create XY Data）对话框，在源（Source）中选择 ODB 场变量输出（ODB field output），单击继续…（Continue…）按钮，弹出来自 ODB 场输出的 XY 数据（XY Data from ODB Field Output）对话框，在变量（Variables）选项卡中位置（Position）下拉列表中选择唯一节点（Unique Nodal），勾选 RF 中的 RF2，再单击单元/节点（Element/Nodes）选项卡，选择方法

（Selection-Method）中选择节点集（Nodes sets）：REFPUNCH，单击绘制（Plot）按钮，显示实例 punch-1 的反作用力 RF2 随时间变化的曲线如图 12-10 所示。

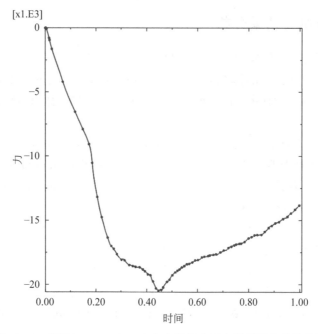

图 12-10　实例 **punch-1** 在 **Y** 方向上的反作用力随时间变化的曲线

12.4　学习视频网址

第 13 章

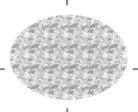

旋压成形分析

旋压成形是将金属坯料放在芯模的顶部,旋轮通过轴向运动和径向运动,使旋转坯料在旋轮滚压作用下产生局部连续塑性变形,最终获得所需要的薄壁回转体零件的一种技术。旋压成形瞬间的变形区小,所以总的变形较小,加工设备要求简单,模具费用低,变形区大部分处于压应力状态,变形条件较好,是一种经济、快速成形薄壁回转体零件的方法,特别是在结合高效、精密的数控技术后,具有更明显的优越性。因此,旋压成形不仅在化工、机械制造、电子及轻工业等领域得到了广泛的应用,而且在航空、航天、兵器等金属精密加工技术领域占有重要的地位。旋压成形作为一种成形机理非常复杂的材料成形技术,成形工艺参数对成形过程和质量的影响较大。如何调整旋压成形工艺参数及材料对旋压成形工艺的适应性怎样,都是旋压成形在实际应用中亟需解决的问题。

13.1 问题描述

旋压加工模型如图 13-1(a)所示,旋轮的形状如图 13-1(b)所示。旋压过程采用反旋加工,即毛坯左部施加固定约束,旋轮从右向左移动,材料的流动方向和旋轮方向相反,其几何参数和材料数据参见表 13-1。

表 13-1 旋压工艺参数

工艺参数名称		参　数　值
旋轮	直径	100mm
	圆角半径	5mm
	入旋角	20°
	旋出角	30°
毛坯	长度	80mm
	厚度	10mm
	直径	150mm

续表

工艺参数名称		参 数 值
芯模	长度	130mm
	直径	150mm
主轴转速		4rad/s
减薄率		30%
进给速度		0.8mm/s
密度		7800kg/m³
弹性模量		2.1e11Pa
泊松比		0.3

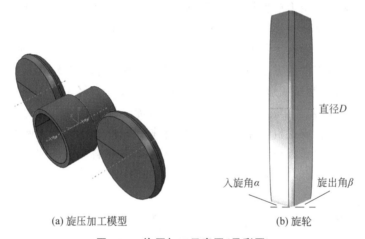

(a) 旋压加工模型　　　　　　　　　　(b) 旋轮

图 13-1　施压加工示意图(见彩图)

13.2　问题分析

使用 Abaqus 对旋压加工过程进行数值模拟需考虑以下问题:

(1) 旋轮和芯模作为解析刚体,无须选择单元类型及网格划分,毛坯采用三维八节点六面体减缩积分的 C3D8R 单元。

(2) 在有限元算法中,使可变形体(毛坯)以一定的速度旋转目前在理论上还是不完善的,所以采取等效转化的方式,即把芯模与毛坯的旋转转化为旋轮的旋转,芯模与毛坯固定不动,两个旋轮在做进给运动的同时绕毛坯旋转。

(3) 整个模拟过程采用的单位制为 kg-m-s。

13.3　Abaqus/CAE 分析过程

13.3.1　建立模型

Step 1　启动 Abaqus/CAE,创建一个新的数据库,选择模型树中的 Model-1,单击鼠标右键,执行重命名…(Rename…)命令,将模型重命名为 Spinning,单击工具栏中的🖫保存模型数据库(Save Model Database),保存模型为 Spinning.cae。

Step 2　单击工具箱中的🖫创建部件(Create Part),创建名称为 roughcast 的三维(3D)模型,类型(Type)为可变形(Deformable),基本特征(Base Feature)为实体:旋转(Solid: Revolution),大约尺寸(Approximate size)设为 0.2,单击继续…(Continue…)按钮,进入草图绘制环境。

Step 3　单击工具箱中的⬚创建线:矩形(四条线)(Create Lines: Rectangle (4 Lines)),在提示区输入矩形第一个对角点坐标(0.06,0),按回车键,在提示区输入对角点坐标(0.07,0.08),按回车键,单击鼠标右键,单击取消步骤(Cancel Procedure),单击提示区的完成(Done)按钮,弹出编辑旋转(Edit Revolution)窗口,输入旋转角度 360,单击确定(OK)按钮。

Step 4　在菜单栏执行工具(Tools)→集(Set)→创建(Create)命令,弹出创建集(Create Set)对话框,定义名称为 whole-roughcast,类型为几何(Geometry)的集,单击继续…(Continue…)按钮,在图形窗口中框选整个部件 roughcast,单击鼠标中键确认,完成 whole-roughcast 集的定义。用同样的方法,定义毛坯的上端面为 Rough-upper 集。

Step 5　在菜单栏执行工具(Tools)→表面(Surface)→创建(Create)命令,弹出创建表面(Create Surface)对话框,定义名称为 Rough-inner 的接触表面,类型为几何(Geometry)的表面,单击继续…(Continue…)按钮,选择毛坯的内表面,单击鼠标中键确认,完成 Rough-inner 表面的定义。用同样的方法,定义毛坯的外表面为 Rough-outer 表面集,如图 13-2 所示。

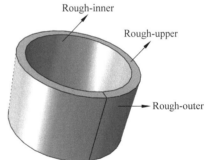

图 13-2　毛坯部件及表面集合

Step 6　单击工具箱中的🖫创建部件(Create Part),创建名称为 mould 的三维(3D)模型,类型(Type)为解析刚体(Analytical rigid),基本特征为旋转壳(Revolve shell),大约尺寸(Approximate size)设为 0.2,单击继续…(Continue…)按钮,进入草图绘制环境。

Step 7　单击工具箱中的⟋创建线:首尾相连(Create Lines: Connected),在提示区输入线段起始点坐标(0,0),按回车键,输入第二点坐标(0.06,0),按回车键,输入线段终点坐标(0.06,0.13),按回车键,单击提示区的完成(Done)按钮,弹出编辑旋转(Edit Revolution)对话框,输入旋转角度 360,单击确定(OK)按钮。

Step 8　在菜单栏执行工具(Tools)→参考点(Reference Point)命令,在提示区中输入

(0,0.13,0),创建一个参考点 RP。

Step 9　在菜单栏执行工具(Tools)→集(Set)→创建(Create)命令,弹出创建集(Create Set)对话框,定义名称为 Set-RP-1,类型为几何(Geometry)的集,单击继续...(Continue...)按钮,选择上一步的参考点 RP,单击鼠标中键确认(或单击提示区的完成(Done)按钮),完成 Set-RP-1 集的定义。

Step 10　在菜单栏执行工具(Tools)→表面(Surface)→创建(Create)命令,弹出创建表面(Create Surface)对话框,定义名称为 mould-outer 的接触表面,类型为几何(Geometry)的表面,单击继续...(Continue...)按钮,选择芯模 mould 的整个外表面,单击提示区的完成(Done)按钮,在提示区单击棕色(Brown)(外表面的颜色也可能为紫色(Purple)),完成 mould-outer 表面的定义。

Step 11　单击工具箱中的 创建部件(Create Part),创建名称为 roller01 的三维(3D)模型,类型(Type)为解析刚体(Analytical rigid),基本特征为旋转壳(Revolve shell),大约尺寸(Approximate size)设为 0.3,单击继续...(Continue...)按钮,进入草图绘制环境。

Step 12　单击工具箱中的 创建线:首尾相连(Create Lines:Connected),在提示区输入线段起始点坐标(0,0.013),按回车键,输入线段终点坐标(0.1,0.013),按回车键。同样,过点(0,−0.013),(0.1,−0.013)作一条直线。单击工具箱中的 创建圆:圆心和圆周(Create Circle:Center and Perimeter),输入圆心坐标(0.095,0),按回车键,输入圆周上点的坐标(0.1,0),按回车键,作半径为 0.005 的圆。

Step 13　长按工具箱中的 创建构造线:过两点的直线(Create Construction:Oblique Line Thru 2 Points),在弹出的隐藏菜单中选择 创建构造:角处的线(Create Construction:Line at an Angle),在提示区输入角(Angle)为 110,按回车键,在圆心右边的任意位置选择一点,创建一条构造线,单击鼠标右键,单击取消步骤(Cancel Procedure)。同样的方法,创建另一条角度为 60 的构造线,使其位于圆的右边。

Step 14　单击工具箱中的 添加约束(Add Constraint),弹出添加约束(Add Constraint)对话框,选择固定(Fixed),在图形窗口单击 Step 12 中所创建的圆,单击鼠标中键,创建圆的固定约束。

Step 15　在添加约束(Add Constraint)对话框中选择相切(Tangent),提示区显示为相切约束选择第一个实体,单击圆周,提示为相切约束选择第二个实体,选择 Step 13 中创建的构造线,完成两者的相切约束;同理,对 Step 13 中的另一条构造线执行相同的操作,使其与圆相切。

Step 16　单击工具箱中的 创建线:首尾相连(Create Lines:Connected),通过构造线和圆周的切点 A 以及构造线与直线的交点 B 作两直线。单击工具箱中的 删除(Delete),提示区出现选择要删除的实体,按住 Shift 键,选择两条构造线,单击提示区的完成(Done)按钮。

Step 17　单击工具箱中的 自动修剪(Auto-Trim),选择圆的大圆弧以及直线右端,删除这些线段,完成旋轮的草图绘制,结果如图 13-3 所示。单击提示区的完成(Done)按钮,弹出编辑旋转(Edit Revolution)对话框,输入旋转角度 360 完成旋轮的创建,如图 13-4 所示。

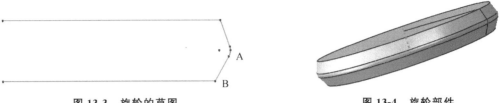

图 13-3　旋轮的草图　　　　　　　　　　图 13-4　旋轮部件

Step 18　在菜单栏执行工具（Tools）→参考点（Reference Point）命令，在提示区中输入（-0.167,0,0），创建一个参考点 RP。

Step 19　在菜单栏执行工具（Tools）→集（Set）→创建（Create）命令，弹出创建集（Create Set）对话框，定义名称为 ref-roller01，类型为几何（Geometry）的集，单击继续…（Continue…）按钮，选择参考点 RP，单击鼠标中键确认，完成 ref-roller01 集的定义。

Step 20　在菜单栏执行工具（Tools）→表面（Surface）→创建（Create）命令，弹出创建表面（Create Surface）对话框，定义名称为 roller01-outer，类型为几何（Geometry）的接触表面，单击继续…（Continue…）按钮，选择旋轮整个外表面，单击提示区的完成（Done）按钮，在提示区单击棕色（Brown），完成 roller01-outer 表面的定义。

Step 21　在模型树中选择 roller01 部件，单击鼠标右键，执行复制（Copy）命令，弹出部件复制（Part Copy）对话框，输入复制后部件的名称为 roller02，单击确定（OK）按钮，复制部件 roller01 到 roller02。在菜单栏执行工具（Tools）→参考点（Reference Point）命令，提示区若出现替换已有参考点则单击提示区的是（Yes）按钮，再在提示区中输入新的参考点位置坐标为（0.167,0,0），完成参考点 RP 的创建。在菜单栏执行工具（Tools）→集（Set）→重命名（Rename）→ ref-roller01 命令，弹出重命名集合（Rename Set）对话框，重命名该参考点的节点集 ref-roller02。在菜单栏执行工具（Tools）→表面（Surface）→重命名（Rename）→ roller01-outer 命令，重命名该旋轮的外表面为 roller02-outer。

提示：① 旋轮参考点的位置，是根据毛坯的减薄率来确定的，毛坯的内径为 0.06，厚度为 0.01，旋轮的半径为 0.1，本例中减薄率为 30%，即 0.01×30%＝0.003，所以旋轮中心距旋转轴的距离应该是：0.06＋0.01＋0.1-0.003＝0.167，旋轮的参考点需要恰好位于旋转轴上，由于建模时旋轮的中心为坐标原点，所以两个旋轮的参考点位置分别为（0.167,0,0）和（-0.167,0,0）。

② 部件装配完成后，实例名称为部件名-n（n 为该部件创建实例次数，如 roller01-1）。在创建实例前定义的集和表面，在创建实例后变为实例名.集名和实例名.表面名（roller01-1.roller01-outer）。

13.3.2　创建材料

Step 22　在环境栏中模块（Module）下拉列表中选择属性（Property），进入属性模块。单击工具箱中的创建材料（Create Material），弹出编辑材料（Edit Material）对话框，输入材料名称 steel，执行通用（General）→密度（Density）命令，输入密度 7800；执行力学（Mechanical）→弹性（Elasticity）→弹性（Elastic）命令，输入杨氏模量（Young's Modulus）2.1e11，泊松比（Poisson's Ratio）0.3；执行力学（Mechanical）→塑性（Plasticity）→塑性

(Plastic)命令,输入表13-2中的数据,单击确定(OK)按钮,完成材料steel的定义。

表 13-2　毛坯的塑性应力-应变数据表

编　号	屈服应力/Pa	塑 性 应 变
1	1.6872e8	0
2	2.7202e8	0.2
3	3.3737e8	0.4
4	3.8265e8	0.6
5	4.1842e8	0.8
6	4.4845e8	1.0

Step 23　单击工具箱中的 创建截面(Create Section),输入截面属性名称为Section-steel,选择截面属性类别为实体(Solid),类型为均质(Homogeneous),单击继续…(Continue…)按钮,弹出编辑截面对话框,在材料(Material)后面选择steel,单击确定(OK)按钮,创建一个截面属性。

Step 24　在环境栏部件(Part)中选取部件roughcast,单击工具箱中的 指派截面(Assign Section),在图形窗口中选择部件roughcast,单击提示区的完成(Done)按钮,弹出编辑截面指派(Edit Section Assignment)对话框,在对话框中选择截面(Section):Section-steel,单击确定(OK)按钮,把截面属性Section-steel赋予部件roughcast。

Step 25　在环境栏部件(Part)中选取部件roller01,执行特殊设置(Special)→惯性(Inertia)→创建(Create)命令,弹出创建惯性(Create Inertia)对话框,输入名称为Inertia-roller01,选择类型为点质量/惯量(Point mass/inertia),单击继续…(Continue…)按钮,单击提示区的集…(Sets…),弹出区域选择(Region Selection)对话框,选中ref-roller01,单击继续…(Continue…)按钮,弹出编辑惯量(Edit Inertia)对话框,在各向同性(Isotropic)文本框中输入质量2,单击确定(OK)按钮,为刚体旋轮roller01定义质量。

Step 26　按同样的方法,为旋轮roller02和芯模mould赋予质量属性,名称分别为Inertia-roller02和Inertia-mould,质量值均为2。

提示:解析性刚体没有截面属性,对于需要运动的物体又须定义其质量特性,所以采用在刚体参考点上定义质量的方式来为刚体赋予质量,进而确定其转动惯量,如果不知道刚体具体的质量是多少或者其质量大小并不重要,遵循的一个原则是刚体质量和变形体质量保持在同一个数量级上即可。

13.3.3　部件装配

Step 27　在环境栏中模块(Module)下拉列表中选择装配(Assembly),进入装配模块。

Step 28　单击工具箱中的 创建实例(Create Instance),弹出创建实例(Create Instance)对话框,按住Shift键,在部件(Parts)中选择roughcast、roller01、roller02、mould部件,实例类型选非独立(Dependent),单击确定(OK)按钮,创建部件roughcast、roller01、roller02、mould的实例。

Step 29 单击工具箱中的 平移实例（Translate Instance），单击提示区右侧的实例…（Instance …）按钮，弹出的实例选择（Instance Selection）对话框中选择实例 roller01-1，单击确定（OK）按钮，接受默认的平移起点坐标（0,0,0），按回车键，在提示区输入平移终点坐标（0.167,0,0），按回车键，单击提示区中的确定（OK）按钮，完成实例 roller01-1 的平移。

Step 30 采用 Step 29 类似的方法，将实例 roller02-1 由（0,0,0）平移到（−0.167,0,0）；实例 mould-1 由（0,0,0）平移到（0,−0.05,0）。平移后的装配关系如图 13-5 所示。

图 13-5 装配关系图

Step 31 在菜单栏执行视图（View）→工具栏（Toolbars）→视图（Views）命令，在弹出的视图工具栏中单击 应用前视图（Apply Front View），再单击工具栏的 关闭透视（Turn Perspective Off），单击工具栏的 方盒缩放（Box Zoom View），框选旋轮和毛坯的接触部分，放大显示表明二者还有一部分重合在一起。

Step 32 单击工具箱中的 平移实例（Translate Instance），单击提示区右侧的实例…（Instance…）按钮，在弹出的实例选择（Instance Selection）对话框，选择实例 roller01-1 和 roller02-1，单击确定（OK）按钮，接受默认的平移起点坐标（0,0,0），按回车键，在提示区输入平移终点坐标（0,−0.01,0），按回车键，单击提示区中的确定（OK）按钮，完成实例 roller01-1 和 roller02-1 的定位，如图 13-6 所示。

提示：此步的平移量并不知道，需要多次尝试，先给定 Y 方向的一个估计平移量，按回车键，观察旋轮和毛坯的关系，如果不符合要求，单击提示区的 返回上一步（Go Back to Previous Step），重新给定平移量，如此反复尝试直至两者位置关系符合要求为止。

图 13-6 定位后模型装配图

13.3.4 定义分析步

Step 33 在环境栏中模块（Module）下拉列表中选择分析步（Step），进入分析步模块。

Step 34 单击工具箱中的 创建分析步（Create Step），弹出创建分析步（Create Step）对话框，接受默认分析步名称（Name）为 Step-1，选择分析类型为通用：动力，显示（General：Dynamic，Explicit），单击继续…（Continue…）按钮，弹出编辑分析步（Edit Step）

对话框,在时间长度(Time period)中输入时间步长为 75,几何非线性(Nlgeom)设为开 (On),切换到质量缩放(Mass scaling)选项卡,选中使用下面的缩放定义(Use scaling definitions below),单击对话框底部的创建(Create)按钮,弹出编辑质量缩放(Edit mass scaling)对话框,在类型(Type)栏中选中按系数缩放(Scale by factor),并输入放大系数 1e6,其他接受默认设置,单击确定(OK)按钮,返回编辑分析步(Edit Step)对话框,单击确定(OK)按钮。

　　提示:此处定义质量放大系数为 1000000,从实际应用的角度来看并不合理,因为当模型的参数随应变率变化时,人为地放大模型质量会改变分析过程,从而给分析结果带来误差。但是由于该模型的计算时间较长,单机运行时如果不使用质量放大来加快计算速度,其所用时间令人难以接受。本例只是作为教学实例,而不是实际工程应用,所以,这个系数可以根据计算机配置和个人实际情况灵活选取。

　　Step 35　单击工具箱中的📊场输出管理器(Field Output Manager),弹出场输出请求管理器(Field Output Requests Manager)对话框,单击对话框右侧的编辑...(Edit...)按钮,进入编辑场输出请求(Edit Field Output Request)对话框,将间隔(Interval)设为 200,单击输出变量(Out Variables)的从下面列表中选择(Select from List Below),选中作用力/反作用(Forces/Reactions)中的反作用力(RT,Reaction Forces),单击确定(OK)按钮,再单击关闭(Dismiss)按钮。

　　Step 36　单击工具箱中的📊历程输出管理器(History Output Manager),弹出历程输出请求管理器(History Output Requests Manager)对话框,单击对话框右侧的编辑...(Edit...)按钮,进入编辑历程输出请求(Edit History Output Request)对话框,作用域(Domain)选择集(Set):roughcast-1.whole-roughcast,输出变量选择 ALLIE 和 ALLKE,单击确定(OK)按钮,完成历程变量输出的设置,单击关闭(Dismiss)按钮退出。

　　Step 37　在菜单栏执行其他(Other)→ALE 自适应网格控制(ALE Adaptive Mesh Controls)→创建(Create)命令,弹出创建 ALE 自适应网格控制属性(Create ALE Adaptive Mesh Controls)对话框,接受默认的名称 Ada-1,单击继续...(Continue...)按钮,进入编辑 ALE 自适应网格控制(Edit Adaptive Mesh Controls)对话框,保持默认设置,单击确定(OK)按钮。

　　Step 38　在菜单栏执行其他(Other)→ALE 自适应网格区域(ALE Adaptive Mesh Domain)→编辑...(Edit...)→分析步(Step-1)命令,弹出 ALE 自适应网格域(Edit ALE Adaptive Mesh Domain)对话框,选择使用下面的 ALE 自适应网格域(Use ALE Adaptive Mesh Domain below),再单击区域(Region)后面的🔧编辑...(Edit...)按钮,在提示区中选择集...(Sets...),选择 roughcast-1.whole-roughcast 集合,单击继续...(Continue...)按钮,勾选 ALE 自适应网格控制(ALE Adaptive Mesh Controls)复选框并选择上一步创建的 ALE 自适应网格控制 Ada-1,其他接受默认选项,如图 13-7 所示,单击确定(OK)按钮,完成自适应网格区域的设置。

　　提示:由于在旋压过程中网格发生弹塑性大变形,很容易使毛坯的网格发生严重扭曲而导致求解无法正常进行,采用 Abaqus 提供的 ALE 网格自适应技术可以有效地解决这个问题。

　　Step 39　在菜单栏执行输出(Output)→重启动请求(Restart Requests)命令,弹出编辑

图 13-7 编辑 ALE 自适应网格域对话框

重启动请求(Edit Restart Requests)对话框,选中覆盖(Overlay)和 Time Marks 下面的方框,如图 13-8 所示,单击确定(OK)按钮,完成创建重启动要求,即记录重启动位置信息,选择覆盖方式。

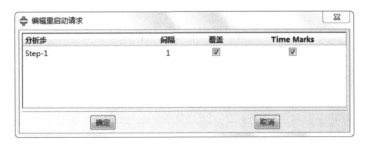

图 13-8 编辑重启动请求对话框

提示:对于计算时间较长的分析,推荐设置重启动选项,以避免由于某种原因分析中断(如计算机故障、突然停电等)而造成的时间损失。

13.3.5 定义相互作用

Step 40 在环境栏中模块(Module)下拉列表中选择相互作用(Interaction),进入相互作用模块。

Step 41 单击工具箱中的 创建相互作用属性(Interaction Properties),弹出创建相互作用属性(Create Interaction Property)对话框,定义名称为 fric030,选择类型(Type)为接触(Contact)的相互作用,单击继续...(Continue...)按钮,进入编辑接触属性(Edit Contact Property)对话框,如图 13-9 所示,单击力学(Mechanical)→切向行为(Tangential Behavior)命令,在摩擦公式(Friction formulation)下拉列表中选择罚(Penalty),输入摩擦系数(Friction Coeff)0.3,单击确定(OK)按钮。

Step 42 单击工具箱中的 创建相互作用(Create Interaction),弹出创建相互作用(Create Interaction)对话框,定义名称为 roller01-roughcast,分析步(Step)为 Initial,类型为表面与表面接触(Surface-to-surface contact (Explicit))的接触对,单击继续...(Continue...)按钮,单击提示区的表面...(Surfaces...),弹出区域选择(Region Selection)对话框,选取

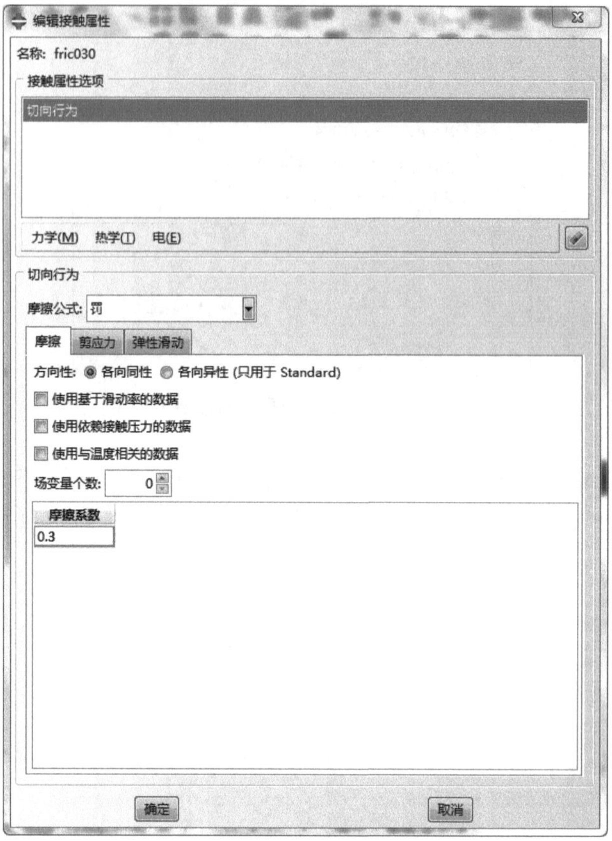

图 13-9　相互作用属性参数设置

roller01-1 的外表面 roller01-1.roller01-outer 作为主接触面,单击继续…(Continue…)按钮,选择提示区的表面…(Surfaces…),弹出区域选择(Region Selection)对话框,选取 roughcast-1 的外表面 roughcast-1.rough-outer 作为从接触面,力学约束公式化(Mechanical constraint formulation)选择运动接触法(Kinematic contact method),滑移公式(Sliding formulation)选择有限滑移(Finite sliding),接触作用属性(Contact interaction property)选择 fric030,如图 13-10 所示,单击确定(OK)按钮,完成旋轮 roller01-1 与毛坯 roughcast-1 的面面接触。

Step 43　采用与 Step 42 相同的方法,以 roller02-1.roller02-outer 为主接触面,roughcast-1.rough-outer 作为从接触面,定义旋轮 roller02-1 与毛坯 roughcast-1 的面面接触关系 roller02-roughcast。以 mould-1.mould-outer 为主接触面,roughcast-1.rough-inner 为从接触面,定义芯模 mould-1 和毛坯内表面的接触关系 mould-roughcast。

13.3.6　定义边界条件

Step 44　在环境栏中模块(Module)下拉列表中选择载荷(Load),进入载荷模块。

Step 45　单击工具箱中的 ⛏ 创建边界条件(Create Boundary Condition),弹出创建边界条件(Create Boundary Condition)对话框,创建名称为 mould-fixed,分析步(Step)为

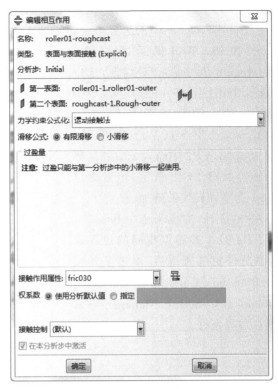

图 13-10　相互作用

Initial,类别为力学：位移/转角(Mechanical：Displacement/Rotation)的边界条件,单击继续...(Continue...)按钮,单击提示区的集...(Sets...),弹出区域选择(Region Selection)对话框,选中 mould-1.Set-RP-1 集,单击继续...(Continue...)按钮,弹出编辑边界条件(Edit Boundary Condition)对话框,选中 U1、U2、U3、UR1、UR2、UR3,单击确定(OK)按钮,完成芯模的固定约束。

Step 46　采用相同的方法,创建名称为 roughcast-fixed,分析步(Step)为 Initial,类别为力学：位移/转角(Mechanical：Displacement/Rotation)的边界条件,区域选择(Region Selection)对话框中选择 roughcast-1.Rough-upper 集,单击继续...(Continue...)按钮,弹出编辑边界条件(Edit Boundary Condition)对话框,选中 U1、U2、U3、UR1、UR2、UR3,单击确定(OK)按钮,约束 Rough-upper 的所有自由度。

Step 47　在菜单栏执行工具(Tools)→幅值(Amplitude)→创建(Create),弹出创建幅值(Create Amplitude)对话框,接受默认命名 Amp-1,类型(Type)选择平滑分析步(Smooth step),单击继续...(Continue...)按钮,弹出编辑幅值(Edit Amplitude)对话框,输入如图 13-11 所示数值,单击确定(OK)按钮。

Step 48　单击工具箱中的 创建边界条件(Create Boundary Condition),弹出创建边界条件(Create Boundary Condition)对话框,创建名称为 velocity-

图 13-11　幅值曲线参数设置

roller01,分析步(Step)为 Step-1,类别为力学:速度/角速度(Mechanical:Velocity/Angular velocity)的边界条件,单击继续...(Continue...)按钮,单击提示区的集...(Sets...),弹出区域选择(Region Selection)对话框,选中旋轮 roller01-1 的参考点 roller01-1.ref-roller01 集,单击继续...(Continue...)按钮,弹出编辑边界条件(Edit Boundary Condition)对话框,选中 V1、V2、V3、VR1、VR2、VR3,在 V2 中输入 0.0008,VR2 中输入 25.1327,幅值(Amplitude)选择 Amp-1,如图 13-12 所示,单击确定(OK)按钮,完成 roller01-1 速度和转速的施加。

Step 49   按照 Step 48 的方法,对参考点 roller02-1.ref-roller02 定义同旋轮 roller01-1 参考点相同的边界条件 velocity-roller02。边界条件定义完成后,单击工具箱中的 边界条件管理器(Boundary Condition Manager),弹出边界条件管理器(Boundary Condition Manager)对话框,可以查看所定义的所有边界条件。

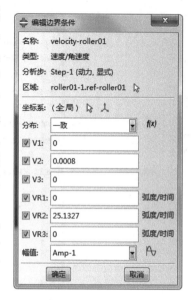

图 13-12   velocity-roller01
边界条件设置

13.3.7   网格划分

Step 50   在环境栏中模块(Module)下拉列表中选择网格(Mesh),进入网格模块,并选择对象(Object)为部件(Part):roughcast。

Step 51   单击工具箱中的 为边布种(Seed Edges),按照图 13-13 所示的种子数目为各边设置种子。

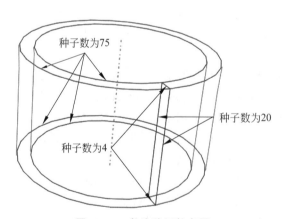

图 13-13   各边种子数布置

Step 52   在菜单栏执行网格(Mesh)→控制属性(Controls)命令,在图形窗口中框选 roughcast-1,单击提示区的完成(Done)按钮,弹出网格控制属性(Mesh Controls)对话框,选择六面体单元(Hex)、扫掠网格(Sweep)划分技术,单击确定(OK)按钮。在菜单栏执行网格(Mesh)→单元类型(Element Type)命令,在图形窗口中框选毛坯 roughcast-1,单击提示区的完成(Done)按钮,弹出单元类型(Element Type)对话框,选择显式(Explicit)、线性

（Linear）、三维应力（3D Stress）的 C3D8R 单元，单击确定（OK）按钮。

Step 53　单击工具箱中的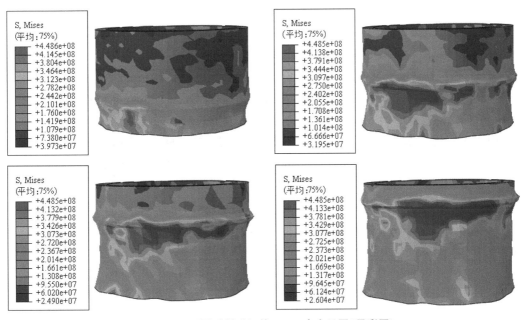为部件划分网格（Mesh Part），单击提示区中的是（Yes）按钮，完成毛坯网格划分。

提示：解析刚体无须进行单元类型选择和单元划分操作，但离散刚体需要进行单元类型选择和单元划分操作。

13.3.8　提交作业及结果分析

Step 54　在环境栏中模块（Module）下拉列表中选择作业（Job），进入作业模块。

Step 55　单击工具箱中的创建作业（Create Job），弹出创建作业（Create Job）对话框，创建名称为 spinning 的任务，单击继续…（Continue…）按钮，弹出编辑作业（Edit Job）对话框，单击确定（OK）按钮。

Step 56　单击工具箱中的作业管理器（Job Manager），弹出作业管理器（Job Manager）对话框，单击提交（Submit）按钮，提交作业。

Step 57　分析结束后，单击作业管理器（Job Manager）对话框的结果（Results）按钮，进入可视化（Visualization）模块，对结果进行处理。

Step 58　单击工具箱中的，在变形图上绘制云图（Plot Contours on Deformed Shape），在变形图上显示云图，默认为 Mises 应力云图。执行主菜单的工具（Tools）→显示组（Display Group）→创建（Create）命令，弹出创建显示组（Create Display Group）对话框，在项（Item）中选择部件实例（Part instances）：ROUGHCAST-1，单击对话框中的替换（Replace）按钮，图形窗口中仅显示 ROUGHCAST-1。旋压成形过程中毛坯在不同时刻的 Mises 应力情况如图 13-14 所示。

图 13-14　不同时刻毛坯的 Mises 应力云图（见彩图）

Step 59   在菜单栏执行文件(File)→关闭 ODB(Close ODB)命令,选择关闭 spinning .odb,单击确定(OK)按钮。再双击模型树区域的█输出数据库(Output Databases),在弹出的对话框中选择 spinning.odb,并取消对话框右下角处只读(Read Only)的选择,单击确定(OK)按钮重新打开结果数据库。

Step 60   在菜单栏执行工具(Tools)→坐标系(Coordinate System)→创建(Create)命令,输入坐标系名称 CSYS-Result-Cy1,选择固定坐标系(Fixed system),类型为柱坐标系(Cylindrical),单击继续...(Continue...)按钮,在提示区输入坐标系原点坐标(0,0,0),按回车键,输入坐标系 R 轴上一点的坐标(1,0,0),按回车键,再输入位于 R-T 平面内的一点坐标(0,0,1),按回车键,创建一个圆柱坐标系,坐标原点与整体坐标一致,R 轴与 X 轴一致,T 轴与 Z 轴一致。

Step 61   在菜单栏执行工具(Tools)→坐标系(Coordinate System)→移到 ODB(Move to ODB)→CSYS-Result-Cy1 命令,把定义的圆柱坐标系 CSYS-Result-Cy1 应用于结果数据库。

Step 62   执行主菜单的工具(Tools)→路径(Path)→创建(Create)命令,弹出创建路径(Create Path)对话框,接受默认名称为 Path-1,类型(Type)为节点列表(Node list),单击继续...(Continue...)按钮,弹出编辑节点列表路径(Edit Node List Path)对话框,将部件实例(Part Instance)选择为 roughcast-1,同时在视口选择集(View selection)中单击添加于前(Add Before),在图形窗口中选择平行于轴线的一条直线上多个节点,如图 13-15 所示,单击提示区的完成(Done)按钮,再单击确定(OK)按钮,完成 Path-1路径的定义。

图 13-15   节点路径(见彩图)

Step 63   单击工具箱中的█创建 XY 数据(Create XY Data),弹出创建 XY 数据(Create XY Data)对话框,在源(Source)中选择路径(Path),单击继续...(Continue...)按钮,弹出来自路径的 XY 数据(XY Data from Path)对话框,在路径(Path)下拉框选择 Path-1,单击分析步/帧(Step/Frame),在分析步/帧(Step/Frame)对话框中选择分析步 Step-1,帧(Frame)选择最后一步,单击确定(OK)按钮;单击场输出(Field Output),弹出场输出(Field Output)对话框,选择 PEEQ,单击确定(OK)按钮,再单击绘制(Plot)按钮,毛坯的等效塑性应变随路径的变化情况如图 13-16 所示。

Step 64   执行工具(Tools)→XY 数据(XY Data)→创建(Create),在弹出的创建 XY 数据(Create XY Data)对话框中选择源(Source)为 ODB 历程变量输出(ODB history output),单击继续...(Continue...)按钮,进入历程输出(History Output)对话框,在输出变量(Output Variables)栏中选择 Internal energy:ALLIE PI:ROUGHCAST-1 in ELSET WHOLE- ROUGHCAST,单击绘制(Plot)按钮,绘制毛坯内能曲线,如图 13-17 所示。

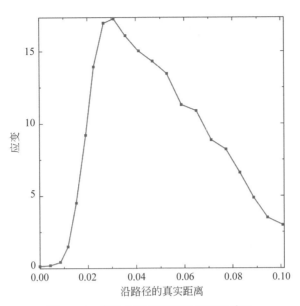

图 13-16　等效塑形应变随路径变化情况

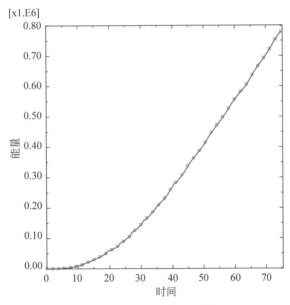

图 13-17　毛坯内能曲线图

13.4　学习视频网址

第 14 章

板材二次弯曲成形分析

弯曲是将板料、型材、管材或棒料等按设计要求弯成一定的角度或一定的曲率,形成所需形状零件的冲压工序。塑性弯曲时伴随有弹性变形,当外载荷去除后,塑性变形保留下来,而弹性变形会完全消失,使弯曲件的形状和尺寸发生变化而与模具尺寸不一致,即产生回弹。分析弯曲过程中板料应力和应变分布,对于减少回弹、优化弯曲工艺具有重要指导意义。

14.1 问题描述

长度为 200mm、宽度为 30mm、厚度为 2mm 的钢板,经过如图 14-1 所示的两套模具弯曲变形,试分析钢板在弯曲成形过程中的变形情况。

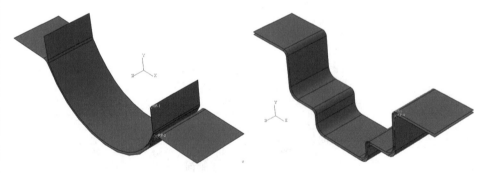

图 14-1 两套弯曲模具示意图(见彩图)

14.2 问题分析

使用 Abaqus 对板材二次弯曲成形过程进行数值模拟需考虑以下问题:

(1)整个模拟采用三维(3D)有限元分析,不考虑两套模具的变形,均采用刚体。

(2)模拟过程采用的单位制为 kg-m-s。

14.3　Abaqus/CAE 分析过程

14.3.1　建立模型

Step 1　启动 Abaqus/CAE，创建一个新的数据库，选择模型树中的 Model-1，单击鼠标右键，执行重命名…（Rename…）命令，将模型重命名为 bend，单击工具栏中的 保存模型数据库（Save Model Database），保存模型为 bend.cae。

Step 2　单击工具箱中的 创建部件（Create Part），创建一个名为 plate 的三维（3D）模型，类型（Type）为可变形（Deformable），基本特征为壳：拉伸（Shell：Extrusion），大约尺寸（Approximate size）设为 0.4，单击继续…（Continue…）按钮，进入草图绘制环境。

Step 3　单击工具箱中的 创建线：首尾相连（Create Lines：Connected），在提示区输入线段起始点坐标（−0.1，0），按回车键，再输入终点坐标（0.1，0），按回车键，单击鼠标右键，单击取消步骤（Cancel Procedure），单击提示区的完成（Done）按钮，弹出编辑基本拉伸（Edit Base Extrusion）窗口，输入拉伸深度 0.03，单击确定（OK）按钮，完成平板的创建。

Step 4　创建第一套模具凹模。单击工具箱中的 创建部件（Create Part），创建名称为 smoothbot 的三维（3D）模型，类型为离散刚体（Discrete rigid），基本特征为壳：拉伸（Shell：Extrusion），大约尺寸（Approximate size）设为 0.3，单击继续…（Continue…）按钮，进入草图绘制环境。

Step 5　单击工具箱中的 创建孤立点（Create Isolated Point），在提示区输入点坐标 A（−0.1，0），按回车键；C（0，0.025），按回车键；E（0.1，0），按回车键。单击工具箱中的 创建线：首尾相连（Create Lines：Connected），连接 AE；单击工具箱中的 创建圆：圆心和圆周（Create Circle：Center and Perimeter），选取 C 作为圆心，并在提示区输入圆上一点的坐标（0，0.09），按回车键，完成半径为 0.065 的圆的绘制，圆与线段 AE 相交的两点从左往右分别定义为 B、D 点。单击工具箱中的 自动裁剪（Auto-Trim），在图形窗口单击删除 AE 线段上方的大圆弧及线段 BD，完成草图绘制，如图 14-2 所示，单击鼠标右键，单击取消步骤（Cancel Procedure），单击提示区的完成（Done）按钮，弹出编辑基本拉伸（Edit Base Extrusion）对话框，输入拉伸深度 0.04，单击确定（OK）按钮，创建拉伸壳。

Step 6　单击工具箱中的 创建内/外圆角（Create Round or Fillet），按住 Shift 键，选取圆弧面和平面之间的两段边界线 BB′和 DD′，单击提示区的完成（Done）按钮，输入 0.005 作为倒角半径，按回车键，完成 smoothbot 的创建，如图 14-3 所示的。在菜单栏执行工具（Tools）→参考点（Reference Point）命令，在图形窗口选择 C 点，为 smoothbot 部件创建一个参考点 RP。

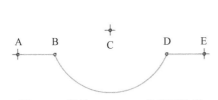

图 14-2　部件 smoothbot 的草图绘制

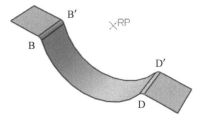

图 14-3　部件 smoothbot 模型图

　　Step 7　创建第一套模具凸模。单击工具箱中的 创建部件(Create Part),创建名称为 smoothtop 的三维(3D)模型,类型为离散刚体(Discrete rigid),基本特征为壳:拉伸(Shell:Extrusion),大约尺寸(Approximate size)设为 0.3,单击继续…(Continue…)按钮,进入草图绘制环境。

　　Step 8　单击工具箱中的 创建孤立点(Create Isolated Point),在提示区依次输入点坐标 F($-0.1,0$),G($0.1,0$),H($0,0.025$)。单击工具箱中的 创建线:首尾相连(Create Lines:Connected),连接 FG;单击工具箱中的 创建圆:圆心和圆周(Create Circle:Center and Perimeter),选取 H 作为圆心,并在提示区输入圆上一点的坐标($0,0.0878$),按回车键,完成半径为 0.0628 的圆的绘制(部件 smoothtop 的圆弧面半径比部件 smoothbot 小 0.0022),按回车键,圆与线段 FG 相交的两点从左往右分别定义为 I、J 点。单击工具箱中的 自动裁剪(Auto-Trim),在图形窗口单击删除 FG 线段上方的大圆弧、线段 FI、IJ 和 JG,保留小圆弧。选择工具箱中的 添加约束(Add Constraint),弹出添加约束(Add Constraint)对话框,选择固定(Fixed),在图形窗口选择圆心 H 点,单击鼠标中键,创建圆的固定约束。单击工具箱中的 创建线:首尾相连(Create Lines:Connected),分别从 I、J 两点创建两条垂直线,单击工具箱中的 添加尺寸(Add Dimension),分别为两条垂直线添加 0.02 的尺寸约束,完成草图绘制,如图 14-4 所示,单击鼠标右键,单击取消步骤(Cancel Procedure),单击提示区的完成(Done)按钮,弹出编辑基本拉伸(Edit Base Extrusion)窗口,输入拉伸深度 0.04,单击确定(OK)按钮,创建拉伸壳。

　　Step 9　单击工具箱中的 创建内/外圆角(Create Round or Fillet),选取圆弧面和平面之间的两段边界线,单击提示区的完成(Done)按钮,输入 0.005 作为倒角半径,按回车键,生成如图 14-5 所示的几何模型,在菜单栏执行工具(Tools)→参考点(Reference Point)命令,在图形窗口选择 H 点,创建一个参考点 RP,完成 smoothtop 的创建,保存文件。

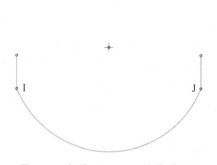

图 14-4　部件 smoothtop 的草图绘制

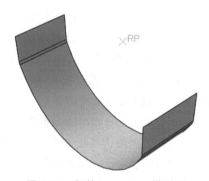

图 14-5　部件 smoothtop 模型图

　　Step 10　创建第二套模具凹模。单击工具箱中的 创建部件(Create Part),创建名称为 finalbot 的三维(3D)模型,类型为离散刚体(Discrete rigid),基本特征为壳:拉伸(Shell:Extrusion),大约尺寸(Approximate size)设为 0.3,单击继续…(Continue…)按钮,进入草图绘制环境。

　　Step 11　单击工具箱中的 创建线:首尾相连(Create Lines:Connected),顺序连接以下各点:A($-0.1,0.06$),B($-0.06,0.06$),C($-0.06,0.02$),D($-0.03,0.02$),E($-0.03,0$),

F(0.03,0)、G(0.03,0.02)、H(0.06,0.02)、I(0.06,0.06)、J(0.1,0.06)，单击鼠标右键，单击取消步骤(Cancel Procedure)。单击工具箱中的 █ 创建倒角：两条曲线(Create Fillet：Between 2 Curves)，在提示区输入倒角半径为0.004，按回车键，依次选择图形窗口中 B、D、G、I 点两侧的两条线段，完成倒角；同理，依次选择图形窗口中 C、E、F、H 点两侧的两条线段，完成半径为0.008的倒角，完成部件 finalbot 的草图绘制，如图14-6所示。单击提示区的完成(Donc)按钮，弹出编辑基本拉伸(Edit Base Extrusion)窗口，输入拉伸深度0.04，单击确定(OK)按钮，创建拉伸壳，如图14-7所示。

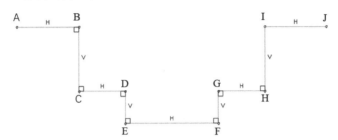

图 14-6　部件 finalbot 的草图绘制

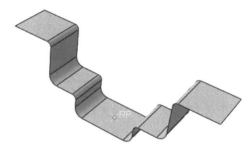

图 14-7　finalbot 最终模型图

Step 12　在菜单栏执行工具(Tools)→参考点(Reference Point)命令，在提示区输入(0,0,0.02)，创建一个参考点 RP，完成 finalbot 的创建。

Step 13　创建第二套模具凸模。单击工具箱中的 █ 创建部件(Create Part)，创建名称为 finaltop 的三维(3D)模型，类型为离散刚体(Discrete rigid)，基本特征为壳：拉伸(Shell：Extrusion)，大约尺寸(Approximate size)设为0.3，单击继续...(Continue...)按钮，进入草图绘制环境。

Step 14　单击工具箱中的 █ 创建线：首尾相连(Create Lines：Connected)，顺序连接以下各点：(−0.1,0.06)、(−0.0578,0.06)、(−0.0578,0.02)、(−0.0278,0.02)、(−0.0278,0)、(0.0278,0)、(0.0278,0.02)、(0.0578,0.02)、(0.0578,0.06)、(0.1,0.06)。单击鼠标右键，单击取消步骤(Cancel Procedure)。类似部件 finalbot 草图的绘制，单击工具箱中的 █ 创建倒角：两条曲线(Create Fillet：Between 2 Curves)，在相应的顶点处分别倒角半径为0.004和0.008的圆角。单击提示区的完成(Done)按钮，弹出编辑基本拉伸(Edit Base Extrusion)窗口，输入拉伸深度0.04，单击确定(OK)按钮，创建拉伸壳。

Step 15　在菜单栏执行工具(Tools)→参考点(Reference Point)命令，在提示区输入(0,0,0.02)，创建一个参考点 RP，完成 finaltop 的创建。

14.3.2　创建材料

Step 16　在环境栏中模块（Module）下拉列表中选择属性（Property），进入属性模块，单击工具箱中的　创建材料（Create Material），弹出编辑材料（Edit Material）对话框，输入材料名称 steel，执行通用（General）→密度（Density）命令，输入密度 7800；执行力学（Mechanical）→弹性（Elasticity）→弹性（Elastic）命令，输入杨氏模量（Young's Modulus）2.1e11，泊松比（Poisson's Ratio）0.3，执行力学（Mechanical）→塑性（Plasticity）→塑性（Plastic）命令，输入表 14-1 中的数据；单击确定（OK）按钮，完成 steel 材料的定义。

表 14-1　材料 steel 的塑性参数

序号	应力/Pa	塑性应变	序号	应力/Pa	塑性应变
1	4.18e7	0	8	3.6e8	0.0014
2	4.63e7	0.0002	9	4.09e8	0.001825
3	9.13e7	0.0004	10	4.7e8	0.0021
4	1.394e8	0.0006	11	5.41e8	0.00245
5	2.04e8	0.0009	12	5.95e8	0.010425
6	2.72e8	0.0012	13	6.35e8	0.02095
7	2.94e8	0.0013	14	6.59e8	0.0333

Step 17　单击工具箱中的　创建截面（Create Section），输入截面属性名称为 Section-steel，选择截面属性壳：均质（Shell：Homogeneous），单击继续…（Continue…）按钮，弹出编辑截面（Edit Section），在壳的厚度（Shell thickness）中输入板厚 0.002，在材料（Material）后面选择 steel，单击确定（OK）按钮，创建一个截面属性。

Step 18　在环境栏部件（Part）中选取部件 plate，单击工具箱中的　指派截面（Assign Section），在图形窗口中选择部件 plate，单击提示区的完成（Done）按钮，弹出编辑截面指派（Edit Section Assignment）对话框，在对话框中选择截面（Section）：Section-steel，单击确定（OK）按钮，把截面属性 Section-steel 赋予部件 plate。

14.3.3　部件装配

Step 19　在环境栏中模块（Module）下拉列表中选择装配（Assembly），进入装配模块。

Step 20　单击工具箱中的　创建实例（Create Instance），弹出创建实例（Create Instance）对话框，按住 Shift 键，在部件（Parts）中选择 plate、finalbot、finaltop、smoothbot、smoothtop 部件，实例类型选独立（Independent），单击确定（OK）按钮，创建部件 plate、finalbot、finaltop、smoothbot、smoothtop 的实例。

Step 21　单击工具箱中的　平移实例（Translate Instance），单击提示区右下角的实例（Instance），选择 finalbot-1 实例，单击确定（OK）按钮，在提示区输入起始点坐标点为（0，0，0），按回车键，输入平移的终点坐标（0，−0.06，−0.1），按回车键，完成实例的平移。

Step 22　同理,将实例 finaltop-1 先以(0,0,0)指向(0,-0.0578,-0.1)的矢量平移,再以(0,0,0)指向(0,0.04,0)的矢量平移。将实例 smoothtop-1 以(0,0,0)指向(0,0.04,0)的矢量平移。将实例 plate-1 以(0,0,0)指向(0,0.001,0.005)的矢量平移。完成平移后得到如图 14-8 所示的装配实例。

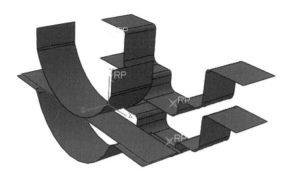

图 14-8　平移各实例后装配图(见彩图)

14.3.4　定义分析步

该成形过程分为两步,实际模拟过程分为五步来完成:

① 进行第一次成形(forming1)。

② 成形后第一套模具的上下模分开(seperate1)。

③ 定位半成品在第二套模具上的空间位置。为了使视图简洁明了,在该分析步中人为加入一个操作:移开第一套模具,让第二套模具出现在前面(positionplate)。

④ 进行第二次成形(forming2)。

⑤ 成形后第二套模具的上下模分开(seperate2)。

Step 23　在环境栏中模块(Module)下拉列表中选择分析步(Step),进入分析步模块。

Step 24　单击工具箱中的 ●╍创建分析步(Create Step),弹出创建分析步(Create Step)对话框,输入分析步名称(Name)为 forming1,选择分析类型为通用:动力,显式(General: Dynamic,Explicit),单击继续…(Continue…)按钮,弹出编辑分析步(Edit Step)对话框,在时间长度(Time period)输入时间步长为 0.04,几何非线性(Nlgeom)设为开(On),其他保持默认设置,单击对话框底部确定(OK)按钮,创建 forming1 分析步。

Step 25　采用与 Step 24 相同的方法,创建 seperate1、positionplate、forming2、seperate2 分析步,时间步长分别为 0.0001、0.0001、0.04、0.0001。单击工具箱中的 ●╍右边的 ▦分析步管理器(Step Manager),弹出分析步管理器(Step Manager)对话框,如图 14-9 所示。

Step 26　在菜单栏执行视图(View)→装配件显示选项(Assembly Display Options)命令,弹出装配件显示选项(Assembly Display Options)对话框,单击实例(Instance),取消 smoothbot-1、smoothtop-1、finalbot-1、finaltop-1 的可见(Visible)选项,在图形窗口仅显示 plate-1,单击确定(OK)按钮。

Step 27　在菜单栏执行工具(Tools)→集(Set)→创建(Create)命令,弹出创建集

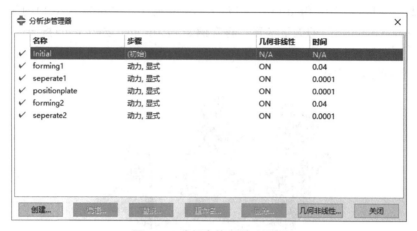

图 14-9　分析步管理器对话框

（Create Set）对话框，定义名称为 plate，类型为几何（Geometry）的集，单击继续…（Continue…）按钮，框选实例 plate-1（在视图中拉出矩形框，确定将 plate-1 的顶点和边都选中）。

Step 28　单击工具栏中的 拆分面：草图（Partition Face：Sketch），在图形窗口中选择实例 plate-1 的上表面，单击鼠标中键，再选择平板的其中一条短边，进入草图绘制界面，利用工具箱中的 创建线：首尾相连（Create Lines：Connected）绘制如图 14-10 所示的两条中心线，单击鼠标中键两次，将实例 plate-1 沿两条中心线分割为四部分。按照 Step 27 方法，将实例 plate-1 长的中心线定义为 zcenter 集，短的中心线定义为 xcenter 集。

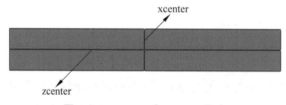

图 14-10　xcenter 与 zcenter 集合

Step 29　在图形窗口中只显示实例 smoothbot-1。在菜单栏执行工具（Tools）→集（Set）→创建（Create）命令，弹出创建集（Create Set）对话框，定义名称为 smoothbotRP，类型为几何（Geometry）的集，单击继续…（Continue…）按钮，选取 smoothbot-1 的参考点 RP，单击提示区的完成（Done）按钮，完成 smoothbotRP 集的定义。利用同样的方法，选中整个实例 smoothbot-1，定义名为 smoothbot 的集合。同理，定义 smoothtop、smoothtopRP、finalbot、finalbotRP、finaltop、finaltopRP 集合。

Step 30　单击工具箱中的 创建场输出（Create Field Output），弹出创建场（Create Field）对话框，创建一个名为 F-Output-2（系统默认输出为 F-Output-1），分析步（Step）为 forming1 的输出，单击继续…（Continue…）按钮，弹出编辑场输出请求（Edit Field Output Request）对话框，在作用域（Domain）选择集（Set），在右侧下拉框中选择 plate，在输出变量（Output variables）中，单击体积/厚度/坐标（Volume/Thickness/Coordinates）左侧的 ▶ 按

钮,勾选 STH,截面的厚度选项。

14.3.5　定义相互作用

Step 31　在环境栏中模块(Module)下拉列表中选择相互作用(Interaction),进入相互作用模块。

Step 32　在图形窗口中仅显示 plate-1。在菜单栏执行工具(Tools)→表面(Surface)→创建(Create)命令,弹出创建表面(Create Surface)对话框,定义名称为 platebot,选取plate-1 的下表面(靠近凹模的表面),单击提示区的完成(Done)按钮,在提示区选择棕色(Brown)的下表面(也可能显示为紫色(Purple)),完成 platebot 表面的定义。利用同样的方法,定义 plate-1 的上表面为 platetop,smoothbot-1 的上表面为 smoothbot,smoothtop-1的下表面为 smoothtop,finalbot-1 的上表面为 finalbot,finaltop-1 的下表面为 finaltop 的表面集合。

Step 33　单击工具箱中的 ▣ 创建相互作用属性(Create Interaction Property),弹出创建相互作用属性(Create Interaction Property)对话框,接受默认的名称 IntProp-1,选择接触类型:接触(Type:Contact),单击继续...(Continue...)按钮进入编辑接触属性(Edit Contact Property)对话框,单击力学(Mechanical)→切向行为(Tangential Behavior),在摩擦公式(Friction formulation)下拉列表中选择罚(Penalty),在摩擦系数(Friction Coeff)栏中输入 0.1。

Step 34　坯料与第一套模具接触。单击工具箱中的 ▣ 创建相互作用(Create Interaction),弹出创建相互作用(Create Interaction)对话框,定义名称为 smoothbot-platebot,分析步(Step)为 forming1,类型为表面与表面接触(Explicit)(Surface-to-surface contact(Explicit))的接触对,单击继续...(Continue...)按钮,单击提示区的表面...(Surfaces...),弹出区域选择(Region Selection)对话框,选取 smoothbot 作为主接触面,单击继续...(Continue...)按钮,选择提示区的表面...(Surfaces...),弹出区域选择(Region Selection)对话框,选取 platebot 作为从接触面,接触属性为 IntProp-1,单击确定(OK)按钮。单击工具箱中的 ▣ 相互作用管理器(Interaction Manager),弹出相互作用管理器(Interaction Manager)对话框,单击选中 smoothbot-platebot 接触对的 seperate1 分析步,单击对话框中的取消激活(Deactive)按钮,完成 smoothbot-platebot 接触对的创建。采用同样的方法,建立名称为 smoothtop-platetop,分析步(Step)为 forming1,主接触面为smoothtop,从接触面为 platetop 的接触对,并且也让此接触对在 seperate1 及以后分析步中取消激活。

Step 35　坯料与第二套模具接触。采用与 Step 34 类似的步骤,建立名称为 finaltop-platetop,分析步(Step)为 forming2,主接触面为 finaltop,从接触面为 platetop 的接触对,并且取消此接触对在 seperate2 中的激活;同样,建立名称为 finalbot-platebot,分析步(Step)为 forming2,主接触面为 finalbot,从接触面为 platebot 的接触对,也同样取消此接触对在seperate2 中的激活。相互作用管理器中的各接触对的激活情况如图 14-11 所示。

Step 36　赋予刚体质量。在菜单栏执行特殊设置(Special)→惯性(Inertia)→创建(Create)命令,弹出创建惯量(Create Inertia)对话框,输入名称为 smoothbot,类型为点质

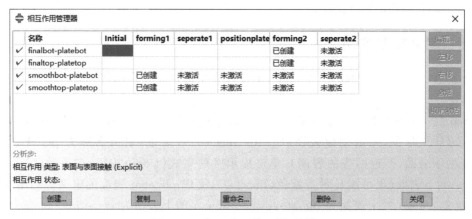

图 14-11　相互作用管理器对话框

量/惯性(Point mass/ inertia),单击继续…(Continue…)按钮,提示选择定义质量的点,选择提示区中的集…(Sets…),弹出区域选择(Region Selection)对话框,选择参考点 smoothbotRP,单击继续…(Continue…)按钮,进入编辑惯量(Edit Inertia)对话框,在质量栏输入 1.0,在转动惯量栏分别输入 1.0、1.0、1.0,单击确定(OK)按钮。利用同样的方法,也为 smoothtop-1、finalbot-1、finaltop-1 赋予相同的质量属性。

14.3.6　定义边界条件

Step 37　在环境栏中模块(Module)下拉列表中选择载荷(Load),进入载荷模块。

Step 38　在菜单栏执行工具(Tools)→幅值(Amplitude)→创建(Create)命令,弹出创建幅值(Create Amplitude)对话框,接受默认命名 Amp-1,类型(Type)选择平滑分析步(Smooth step),单击继续…(Continue…)按钮,弹出编辑幅值(Edit Amplitude)对话框,输入如图 14-12 所示数值,单击确定(OK)按钮完成操作。利用同样的方法,完成幅值曲线 Amp-2 的定义,幅值曲线的参数如图 14-13 所示。

图 14-12　幅值曲线 Amp-1

图 14-13　幅值曲线 Amp-2

Step 39　单击工具箱中的 创建边界条件(Create Boundary Condition),弹出创建边界条件(Create Boundary Condition)对话框,创建名称为 smoothtop,分析步(Step)为 Initial,类别为力学:位移/转角(Mechanical:Displacement/Rotation)的边界条件,单击继

续…(Continue…)按钮,单击提示区的集…(Sets…),弹出区域选择(Region Selection)对话框,选中 smoothtopRP 集,单击继续…(Continue…)按钮,弹出编辑边界条件(Edit Boundary Condition)对话框,选中 U1、U2、U3、UR1、UR2、UR3,单击确定(OK)按钮。单击工具箱中![icon]右侧![icon]边界条件管理器(Boundary Condition Manager),弹出边界条件管理器(Boundary Condition Manager)对话框,选择 smoothtop 边界条件中 forming1 分析步下的传递(propagated),单击右边的编辑…(Edit…)按钮,弹出编辑边界条件(Edit Boundary Condition),将 U2 改为－0.04,其他仍保持为零,同时选择幅值(Amplitude)的下拉框中 Amp-2,单击确定(OK)按钮;同样,选择 seperate1 分析步下的传递(Propagated),将 U2 改为 0.04,幅值(Amplitude)选择 Amp-1;选择 positionplate 分析步下的传递(Propagated),将 U2 改为 0,U3 改为－0.2,幅值选择 Amp-1。

Step 40 单击工具箱中的![icon]创建边界条件(Create Boundary Condition),弹出创建边界条件(Create Boundary Condition)对话框,创建名称为 smoothbot,分析步(Step)为 Initial,类别为力学:位移/转角(Mechanical:Displacement/Rotation)的边界条件,单击继续…(Continue…)按钮,单击提示区的集…(Sets…),弹出区域选择(Region Selection)对话框,选中 smoothbotRP 集,单击继续…(Continue…)按钮,弹出编辑边界条件(Edit Boundary Condition)对话框,选中 U1、U2、U3、UR1、UR2、UR3,单击确定(OK)按钮。单击工具箱中![icon]右侧![icon]边界条件管理器(Boundary Condition Manager),弹出边界条件管理器(Boundary Condition Manager)对话框,选择 smoothbot 边界条件中 positionplate 分析步下的传递(propagated),单击右边的编辑…(Edit…)按钮,弹出编辑边界条件(Edit Boundary Condition)对话框,将 U3 改为－0.2,其他仍保持为零,同时选择幅值(Amplitude)的下拉框中 Amp-1,单击确定(OK)按钮。

Step 41 单击工具箱中的![icon]创建边界条件(Create Boundary Condition),弹出创建边界条件(Create Boundary Condition)对话框,创建名称为 finaltop,分析步(Step)为 Initial,类别为力学:位移/转角(Mechanical:Displacement/Rotation)的边界条件,单击继续…(Continue…)按钮,单击提示区的集…(Sets…),弹出区域选择(Region Selection)对话框,选中 finaltopRP 集,单击继续…(Continue…)按钮,弹出编辑边界条件(Edit Boundary Condition)对话框,选中 U1、U2、U3、UR1、UR2、UR3,单击确定(OK)按钮。单击工具箱中![icon]右侧![icon]边界条件管理器(Boundary Condition Manager),弹出边界条件管理器(Boundary Condition Manager)对话框,选择 finaltop 边界条件中 forming2 分析步下的传递(propagated),单击右边的编辑…(Edit…)按钮,弹出编辑边界条件(Edit Boundary Condition)对话框,将 U2 改为－0.04,其他仍保持为零,同时选择幅值(Amplitude)的下拉框中 Amp-2,单击确定(OK)按钮;同样,选择 seperate2 分析步下的传递(propagated),将 U2 改为 0.04,幅值选择 Amp-1。

Step 42 单击工具箱中的![icon]创建边界条件(Create Boundary Condition),弹出创建边界条件(Create Boundary Condition)对话框,创建名称为 finalbot,分析步(Step)为 Initial,类别为力学:位移/转角(Mechanical:Displacement/Rotation)的边界条件,单击继续…(Continue…)按钮,单击提示区的集…(Sets…),弹出区域选择(Region Selection)对话框,

选中 finalbotRP 集,单击继续…(Continue…)按钮,弹出编辑边界条件(Edit Boundary Condition)对话框,选中 U1、U2、U3、UR1、UR2、UR3,单击确定(OK)按钮。由于第二套模具的凹模是始终保持不动的,因此 finalbot 边界条件中不需要修改任何值。

Step 43　单击工具箱中的 创建边界条件(Create Boundary Condition),弹出创建边界条件(Create Boundary Condition)对话框,创建名称为 plate,分析步(Step)为 positionplate,类别为力学:位移/转角(Mechanical:Displacement/Rotation)的边界条件,单击继续…(Continue…)按钮,单击提示区的集…(Sets…),弹出区域选择(Region Selection)对话框,选中 plate 集,单击继续…(Continue…)按钮,弹出编辑边界条件(Edit Boundary Condition)对话框,仅仅将 U3 设置为−0.1,同时在幅值(Amplitude)的下拉框中选择 Amp-1,单击确定(OK)按钮。单击工具箱中 右侧 边界条件管理器(Boundary Condition Manager),弹出边界条件管理器(Boundary Condition Manager)对话框,选择 plate 边界条件中 forming2 分析步下的传递(propagated),单击管理器对话框右侧的取消激活(Deactive)按钮,让 plate 边界条件在 forming2 及后续分析步中不起作用(或者单击编辑…(Edit…)按钮,U3 就设置为 0)。

Step 44　单击工具箱中的 创建边界条件(Create Boundary Condition),弹出创建边界条件(Create Boundary Condition)对话框,创建名称为 xcenter1,分析步(Step)为 Initial,类别为力学:位移/转角(Mechanical:Displacement/Rotation)的边界条件,单击继续…(Continue…)按钮,单击提示区的集…(Sets…),弹出区域选择(Region Selection)对话框,选中 xcenter 集,单击继续…(Continue…)按钮,弹出编辑边界条件(Edit Boundary Condition)对话框,选中 U1、UR2、UR3,单击确定(OK)按钮。选择 xcenter1 边界条件中 positionplate 分析步下的传递(propagated),单击管理器对话框右侧的取消激活(Deactive)按钮,让 xcenter1 边界条件在 positionplate 及后续分析步中不起作用。

Step 45　单击工具箱中的 创建边界条件(Create Boundary Condition),弹出创建边界条件(Create Boundary Condition)对话框,创建名称为 xcenter2,分析步(Step)为 forming2,类别为力学:位移/转角(Mechanical:Displacement/Rotation)的边界条件,单击继续…(Continue…)按钮,单击提示区的集…(Sets…),弹出区域选择(Region Selection)对话框,选中 xcenter 集,单击继续…(Continue…)按钮,弹出编辑边界条件(Edit Boundary Condition)对话框,选中 U1、UR2、UR3,单击确定(OK)按钮。

Step 46　单击工具箱中的 创建边界条件(Create Boundary Condition),弹出创建边界条件(Create Boundary Condition)对话框,创建名称为 zcenter1,分析步(Step)为 Initial,类别为力学:位移/转角(Mechanical:Displacement/Rotation)的边界条件,单击继续…(Continue…)按钮,单击提示区的集…(Sets…),弹出区域选择(Region Selection)对话框,选中 zcenter 集,单击继续…(Continue…)按钮,弹出编辑边界条件(Edit Boundary Condition)对话框,选中 U3、UR1、UR2,单击确定(OK)按钮。选择 zcenter1 边界条件中 positionplate 分析步下的传递(propagated),单击管理器对话框右侧的取消激活(Deactive)按钮,让 zcenter1 边界条件在 positionplate 及后续分析步中不起作用。

Step 47　单击工具箱中的 创建边界条件(Create Boundary Condition),弹出创建边

界条件（Create Boundary Condition）对话框，创建名称为 zcenter2，分析步（Step）为 forming2，类别为力学：位移/转角（Mechanical：Displacement/Rotation）的边界条件，单击继续...（Continue...）按钮，单击提示区的集...（Sets...），弹出区域选择（Region Selection）对话框，选中 zcenter 集，单击继续...（Continue...）按钮，弹出编辑边界条件（Edit Boundary Condition）对话框，选中 U3、UR1、UR2，单击确定（OK）按钮。

Step 48 所有边界条件的参数设置如图 14-14 及表 14-2 所示。其中，表 14-2 中的"√"表示边界条件在此分析步中有效并传递，"×"表示边界条件在此分析步中取消激活，"—"表示边界条件没有在此分析步中创建。

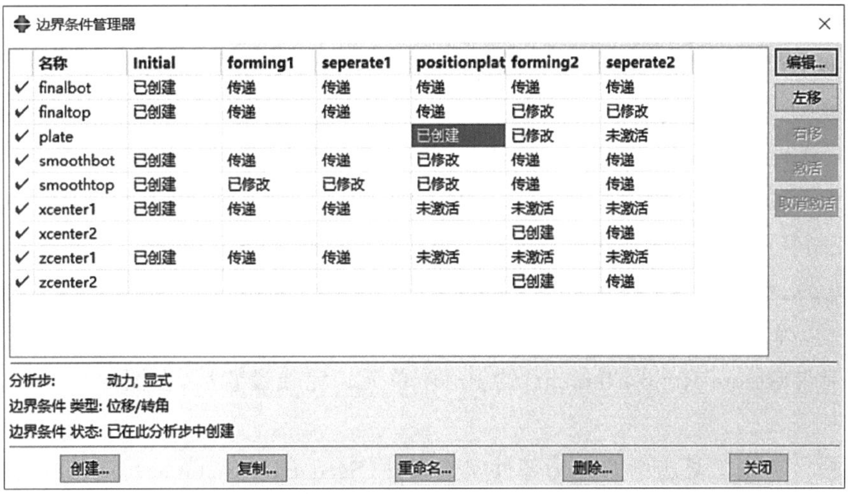

图 14-14 边界条件管理器对话框

表 14-2 边界条件参数设置

边界条件	分 析 步					
	Initial	forming1	seperate1	positionplate	forming2	seperate2
smoothtop	√	U2=−0.04	U2=0.04	U2=0 U3=−0.2	√	√
smoothbot	√	√	√	U3=−0.2	√	√
finaltop	√	√	√	√	U2=−0.04	U2=0.04
finalbot	√	√	√	√	√	√
plate	—	—	—	U3=−0.1	U3=0	×
xcenter1	U1\UR2\UR3	√	√	×	×	×
xcenter2	—	—	—	—	U1\UR2\UR3	√
zcenter1	U3\UR1\UR2	√	√	×	×	×
zcenter2	—	—	—	—	U3\UR1\UR2	√

14.3.7　网格划分

Step 49　在环境栏中模块(Module)下拉列表中选择网格(Mesh),进入网格模块。

Step 50　在菜单栏执行视图(View)→装配件显示选项(Assembly Display Options)命令,弹出装配件显示选项(Assembly Display Options)对话框,单击实例(Instance),取消 smoothbot-1、smoothtop-1、finalbot-1、finaltop-1 的可见(Visible)选项,在图形窗口仅显示 plate-1,单击确定(OK)按钮。在菜单栏执行网格(Mesh)→控制属性(Controls)命令,在图形窗口框选所有实例,单击提示区的完成(Done)按钮,弹出网格控制属性(Mesh Controls)对话框,选择四边形单元(Quad)、结构化网格(Structured)划分技术,单击确定(OK)按钮,所有实例显示绿色。单击工具箱中的 指派单元类型(Assign Element Type),在视图区选择所有模型,单击完成(Done)按钮,弹出单元类型(Element Type)对话框,选择显式 (Explicit)、线性(Linear)、壳(Shell)的 S4R 单元,单击确定(OK)按钮。

Step 51　在图形窗口中显示 smoothbot-1、smoothtop-1、finalbot-1、finaltop-1 四个刚体实例,控制其网格属性为四边形单元(Quad)、结构化网格(Structured)划分技术。单击工具箱中的 指派单元类型(Assign Element Type),在视图区选择所有模型,单击完成(Done)按钮,弹出单元类型(Element Type)对话框,选择显式(Explicit)、线性(Linear)、离散刚体单元(Discrete Rigid Element)的 R3D4 单元。完成设置后,在图形窗口中显示所有的实例。

Step 52　单击工具箱中的 为部件实例布种(Seed Part Instance),在图形窗口选择所有实例,单击提示区的完成(Done)按钮,弹出全局种子(Global Seeds)对话框,设置近似全局尺寸(Approximate global size)为 0.003,单击确定(OK)按钮,完成网格单元密度的设置。

Step 53　在菜单栏执行网格(Mesh)→实例(Instance)命令,在图形窗口框选所有实例,单击提示区的完成(Done)按钮,完成网格划分。单击工具箱中的 检查网格(Verify Mesh),在图形窗口框选所有实例,单击提示区的完成(Done)按钮,检查网格划分质量。

14.3.8　提交作业及结果分析

Step 54　在环境栏中模块(Module)下拉列表中选择作业(Job),进入作业模块。

Step 55　单击工具箱中的 创建作业(Create Job),弹出创建作业(Create Job)对话框,创建名称为 twostep 的任务,单击继续...(Continue...)按钮,弹出编辑作业(Edit Job)对话框,单击确定(OK)按钮。单击工具箱中的 右边的 作业管理器(Job Manager),弹出作业管理器(Job Manager)对话框,单击提交(Submit)按钮,提交作业。

Step 56　分析结束后,单击作业管理器(Job Manager)对话框的结果(Results)按钮,进入可视化(Visualization)模块,对结果进行处理。

Step 57　单击工具箱中的 在变形图上绘制云图(Plot Contours on Deformed Shape),在变形图上显示云图,默认为 Mises 应力云图,通过执行主菜单的结果(Result)→场输出(Field Output)命令,弹出如图 14-15 所示的场输出(Field Output)对话框,通过选择

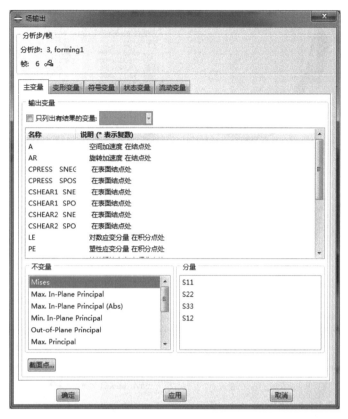

图 14-15　场输出对话框

不同的输出变量来改变窗口中实例的云图显示。

Step 58　执行主菜单的动画（Animate）→时间历程（Time History）命令，可以观看整个成形过程的动画过程，也可以执行主菜单的动画（Animate）→另存为...（Save as...）命令来保存动画。

Step 59　执行主菜单的工具（Tools）→显示组（Display Group）→创建（Create）命令，弹出创建显示组（Create Display Group）对话框，在项（Item）中选择单元（Elements），方法（Method）选择单元集（Element sets）：PLATE，单击对话框中的替换（Replace）按钮，结果的图形窗口只显示 plate-1。

图 14-16（a）为第一次成形后金属板的 Mises 应力分布云图。

图 14-16（b）为第二次成形后金属板的 Mises 应力分布云图。

图 14-16（c）为第一次成形后金属板的等效塑性应变 PEEQ 分布云图。

图 14-16（d）为第二次成形后金属板的等效塑性应变 PEEQ 分布云图。

图 14-16（e）为第一次成形回弹后金属板的 Mises 应力分布云图。

图 14-16（f）为第二次成形回弹后金属板的 Mises 应力分布云图。

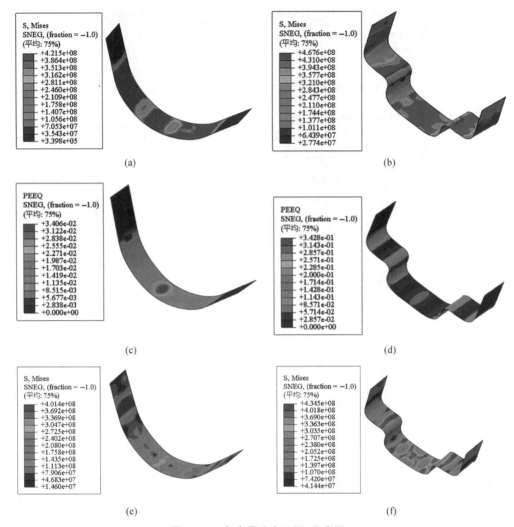

图 14-16　各变量分布云图（见彩图）

14.4　学习视频网址

第 15 章

金属稳态切削过程的模拟分析

金属成形过程的计算机模拟一直是机械制造领域比较关注的研究方向。一个成功的模拟过程在理论研究上对于分析金属切削的内部机理如切削力、材料应力、材料应变、热场分析以及切屑的形状等都有很好的帮助,在实际应用场合中对研究材料切削性能、机床的性能、刀具的优化设计以及寿命预测也有很好的帮助作用。

15.1 问题描述

长 0.4m 的 AISI4340 合金钢,装夹固定在切削平台上,刀具移动速度为 1m/s,试分析切削过程中材料的变形情况。

15.2 问题分析

使用 Abaqus 对金属稳态切削过程进行数值模拟需考虑以下问题:

(1)本章以正交自由切削常用材料 AISI4340 为例,利用软件优秀的自适应网格功能建立稳态切削过程模型,有效避免纯欧拉法模拟需要预先确定切屑形状的困难,以及靠定义材料失效来完成切削的切屑不成形问题,并且在仿真时间上有较大优势。

(2)分析中可以不考虑刀具的变形,因此,刀具定义为刚体。

(3)整个模拟过程采用的单位制为 kg-m-s。

15.3 Abaqus/CAE 分析过程

15.3.1 建立模型

Step 1 启动 Abaqus/CAE,创建一个新的数据库,选择模型树中的 Model-1,单击鼠标右键,执行重命名…(Rename…)命令,将模型重命名为 qiexiao,单击工具栏中的 ▉保存模型数据(Save Model Database),保存模型为 qiexiao.cae。

Step 2 单击工具箱中的 ┗ 创建部件(Create Part),创建名称为 Base 的二维平面(2D Planar)模型,类型(Type)为可变形(Deformable),基本特征为壳(Shell),大约尺寸(Approximate size)设为 1,单击继续...(Continue...)按钮,进入草图绘制环境。

Step 3 单击工具箱中的 ╱ 创建线:首尾相连(Create Lines:Connected),输入点坐标A(0,0),B(0,−0.15),C(−0.4,−0.15),D(−0.4,0.01),E(−0.1,0.01),F(−0.1,0),连接FA 点,单击工具箱中的 ┌ 创建倒角:两条曲线(Create Fillet:Between 2 Curves),输入圆角半径 0.005,按回车键,依次选中 EF 和 FA 两条直线,单击鼠标中键,完成圆角的创建。单击鼠标右键,取消步骤(Cancel Procedure),单击提示区的完成(Done)按钮,完成 Base 部件的创建,如图 15-1 所示。

Step 4 单击工具箱中的 ┗ 创建部件(Create Part),创建名称为 Tool 的二维平面(2D Planar)模型,类型(Type)为解析刚体(Analytical rigid),大约尺寸(Approximate Size)设为1,单击继续...(Continue...)按钮,进入草图绘制环境。

Step 5 单击工具箱中的 ╱ 创建线:首尾相连(Create Lines:Connected),输入点 G(0,0),H(0.02,0.14),I(0.09,0.14),J(0.07,0.02),连接 GJ,单击 ┌ 创建倒角:两条曲线(Create Fillet:Between 2 Curves),输入圆角半径 0.0002,选中 GH 和 GJ 两条直线,单击提示区的完成(Done)按钮,完成圆角的创建,单击取消步骤(Cancel Procedure),单击提示区的完成(Done)按钮,完成 Tool 部件的创建,如图 15-2 所示。

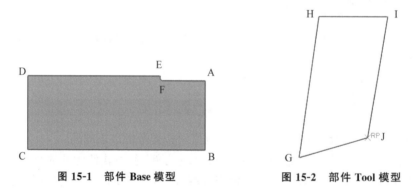

图 15-1   部件 Base 模型   图 15-2   部件 Tool 模型

Step 6 在菜单栏执行工具(Tools)→参考点(Reference Point),在图形窗口选择 J 点,创建一个参考点 RP。

15.3.2   创建材料

Step 7 在环境栏中模块(Module)下拉列表中选择装配(Assembly),进入装配模块。

Step 8 单击工具箱中的 ╱ 创建材料(Create Material),弹出编辑材料(Edit Material)对话框(也可以双击左侧模型树中的材料(Material)来完成此操作)。在材料名称中输入AISI4340,执行通用(General)→密度(Density)命令,输入密度 7850;执行力学(Mechanical)→弹性(Elasticity)→弹性(Elastic)命令,输入杨氏模量(Young′s Modulus)2.08e11,泊松比(Poisson′s Ratio)0.3;执行力学(Mechanical)→塑性(Plasticity)→塑性(Plastic)命令,在硬化(Hardening)选项中选择 Johnson-Cook,依次输入 A:1.15e9,B:

7.39e8,n：0.26,m：1.03,熔化温度（Melting Temp）：1723,过渡温度（Transition Temp）：298;单击子选项（Suboptions）下拉选项中的依赖于变化率（Rate Dependent）,弹出子选项编辑器（Suboption Editor）对话框,选择硬化（hardening）：Johnson-Cook,并在数据（Data）中输入 C 值为 0.014,Epsilon dot zero 值为 1,此参数设定了应变率对材料性能的影响;执行力学（Mechanical）→膨胀（Expansion）命令,勾选使用与温度相关的数据（Use temperature-dependent data）,输入表 15-1 中的参数;执行热学（Thermal）→传导率（Conductivity）命令,输入传导率 44.5;执行热学（Thermal）→非弹性热份额（Inelastic Heat Fraction）命令,保持默认设置;执行热学（Thermal）→比热（Specific Heat）命令,输入比热 502;单击确定（OK）按钮,完成 AISI4340 材料的定义。

表 15-1　AISI4340 材料的膨胀系数

编　　号	膨 胀 系 数	温度/℃
1	1.23e-5	293
2	1.26e-5	523
3	1.37e-5	773

Step 9　单击工具箱中的 创建截面（Create Section）,输入截面属性名称为 Section-Base,选择截面属性为实体：均质（Solid：Homogeneous）,单击继续…（Continue…）按钮,弹出编辑截面（Edit Section）对话框,在材料（Material）后面选择 AISI4340,单击确定（OK）按钮,创建截面属性。

Step 10　在环境栏部件（Part）中选取部件 Base,单击工具箱中的 指派截面（Assign Section）,在图形窗口中选择部件 Base,单击提示区的完成（Done）按钮,弹出编辑截面指派（Edit Section Assignment）对话框,在对话框中选择截面（Section）：Section-Base,单击确定（OK）按钮,把截面属性 Section-Base 赋予部件 Base。

Step 11　在环境栏部件（Part）中选取部件 Tool,在菜单栏执行特殊设置（Special）→惯性（Inertia）→创建（Create）命令,弹出创建惯量（Create Inertia）对话框,输入名称为 tool,类型为点质量/惯性（Point mass/ inertia）,单击继续…（Continue…）按钮,在图形窗口中选择部件 Tool 的 RP 参考点,单击继续…（Continue…）按钮,进入编辑惯量（Edit Inertia）对话框,在质量栏输入 0.02,单击确定（OK）按钮,完成部件 Tool 的质量属性定义。

15.3.3　部件装配

Step 12　在环境栏中模块（Module）下拉列表中选择装配（Assembly）,进入装配模块。

Step 13　单击工具箱中的 创建实例（Create Instance）,弹出创建实例（Create Instance）对话框,在部件（Parts）中选择 Base 和 Tool 部件,实例类型选择独立（Independent）,单击确定（OK）按钮,创建部件 Base 和 Tool 的实例。

Step 14　单击工具箱中的 平移实例（Translate Instance）,在图形窗口选择 Tool-1 实例,单击提示区的确定（Done）按钮;默认起点坐标为（0,0）,按回车键,终点坐标为（−0.09,0）,按回车键,单击确定（OK）按钮,确定实例位置,形成的装配模型如图 15-3 所示。

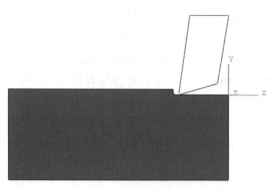

图 15-3   装配后模型图

Step 15   在图形窗口中仅显示部件 Tool-1。在菜单栏执行工具（Tools）→表面（Surface）→创建（Create）命令，弹出创建表面（Create Surface）对话框，定义名称为 Tool-surf，类型为几何（Geometry）的表面，单击继续...（Continue...）按钮，框选刀具零件并单击提示区中的完成（Done）按钮，在提示区中选择黄色（Yellow）的外表面（也可能是深红（Magenta），具体视外表面的具体颜色来定），完成 Tool-surf 表面的定义。

Step 16   在菜单栏执行工具（Tools）→集（Set）→创建（Create）命令，弹出创建集（Create Set）对话框，定义名称为 ToolRP，类型为几何（Geometry）的集，单击继续...（Continue...）按钮，选取实例 Tool-1 的参考点 RP，单击提示区的完成（Done）按钮，完成 ToolRP 集的定义。

Step 17   在图形窗口中仅显示实例 Base-1。在菜单栏执行工具（Tools）→集（Set）→创建（Create）命令，弹出创建集（Create Set）对话框，定义名称为 Set-base，类型为几何（Geometry）的集，单击继续...（Continue...）按钮，在图形窗口中框选整个实例 Base-1，单击提示区的完成（Done）按钮，完成 Set-base 集的定义。同理，创建名称为 Base-fix 的集合，集合区域为实例 Base-1 的底边和左右两个边。

15.3.4   定义分析步

Step 18   在环境栏中模块（Module）下拉列表中选择分析步（Step），进入分析步模块。

Step 19   单击工具箱中的 ⊷ 创建分析步（Create Step），弹出创建分析步（Create Step）对话框，输入分析步名称（Name）为 Orthogonal cutting，分析类型为通用：动力，显式（General：Dynamic，Explicit），单击继续...（Continue...）按钮，设置分析步时间长度为 0.08，几何非线性（Nlgeom）为开（On），其他保持默认设置，单击确定（OK）按钮。

Step 20   在菜单栏执行其他（Other）→ALE 自适应网格控制（ALE Adaptive Mesh Controls）→创建（Create）命令，弹出创建 ALE 自适应网格控制属性（Create ALE Adaptive Mesh Controls）对话框，接受默认名称为 Ada-1，单击继续...（Continue...）按钮，弹出编辑 ALE 自适应网格控制（Edit ALE Adaptive Mesh Controls）对话框，进行如图 15-4 所示的设置，单击确定（OK）按钮。需要指出的是曲率细化系数（Curvature refinement）的高低不但决定了网格优化的程度，另外也从反面直接影响计算速度。

Step 21   在菜单栏执行其他（Other）→ALE 自适应网格区域（ALE Adaptive Mesh

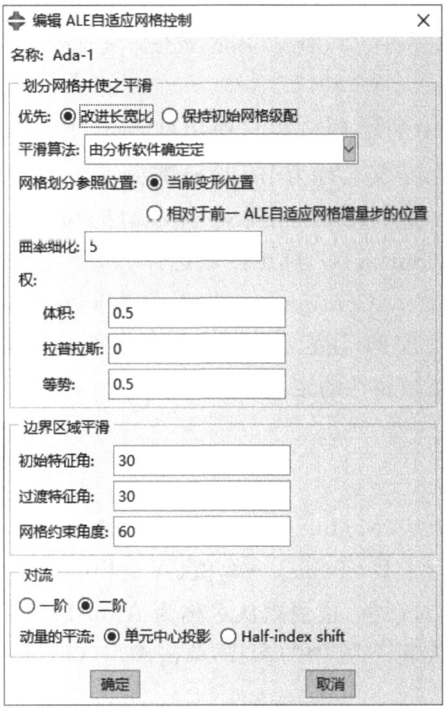

图 15-4　ALE 自适应网格控制参数设置

Domain)→编辑...(Edit...)→Orthogonal cutting 命令,弹出 ALE 自适应网格域(Edit ALE Adaptive Mesh Domain)对话框,单击选中使用下面的 ALE 自适应网格域(Use ALE Adaptive Mesh Domain below)按钮,单击区域(Region)后面的 编辑...(Edit...)按钮,在提示区右下角中选择集...(Sets...),弹出区域选择(Region Selection)对话框,选中 Set-base,勾选 ALE 自适应网格控制(ALE Adaptive Mesh Controls)复选框并选择上一步创建的 ALE 自适应网格控制 Ada-1,同时将频率(Frequency)改为 1,其他接受默认设置,单击确定(OK)按钮,完成自适应网格区域的设置。

Step 22　在菜单栏执行输出(Output)→场输出要求(Field Output Requests)→管理器(Manager)命令,在弹出的场输出请求管理器(Field Output Requests Manager)对话框中单击编辑...(Edit...),在弹出的对话框中,将结果输出间隔数(Interval)由默认的 20 修改为 100,其余输出参数保持默认设置,单击确定(OK)按钮。

15.3.5　定义相互作用

Step 23　在环境栏中模块(Module)下拉列表中选择相互作用(Interaction),进入相互作用模块。

Step 24　单击工具箱中的 创建相互作用属性(Create Interaction Property),弹出创建相互作用属性(Create Interaction Property)对话框,接受默认名称 IntProp-1,选择类型:接触(Type:Contact),单击继续...(Continue...)按钮,进入编辑接触属性(Edit Contact Property)对话框,单击力学(Mechanical):切向行为(Tangential Behavior),在摩擦公式

(Friction formulation)下拉列表中选择罚(Penalty),在摩擦系数(Friction Coeff)栏中输入0.4,单击力学：法向(Mechanical：Normal Behavior),其他保持默认设置,单击对话框底部确定(OK)按钮。

Step 25　单击工具箱中的 创建相互作用(Create Interaction),弹出创建相互作用(Create Interaction)对话框,定义名称为 Int-1,分析步(Step)为 Orthogonal cutting,类型为表面与表面接触(Explicit)(Surface-to-surface contact(Explicit)),单击继续...(Continue...)按钮,单击提示区的表面...(Surfaces),弹出区域选择(Region Selection)对话框,选取 Tool-surf 作为主接触面,单击继续...(Continue...)按钮,选择提示区节点区域(Node Region),在图形窗口中框选整个 Base-1 实例(注意在选择的时候不要选中实例 Tool-1)作为从接触面,单击确定(OK)按钮,完成接触属性的定义。

15.3.6　定义边界条件

Step 26　在环境栏中模块(Module)下拉列表中选择载荷(Load),进入载荷模块。

Step 27　在菜单栏执行工具(Tools)→幅值(Amplitude)→创建(Create)命令,弹出创建幅值(Create Amplitude)对话框,接受默认名称为 Amp-1,类型选择表(Tabular),单击继续...(Continue...)按钮,输入表 15-2 中的参数,单击确定(OK)按钮。

表 15-2　幅值曲线 Amp-1 的参数设置

编　　号	时间/频率	幅　　值
1	0	0
2	0.001	1
3	0.079	1
4	0.08	0

Step 28　单击工具箱中的 创建边界条件(Create Boundary Condition),弹出创建边界条件(Create Boundary Condition)对话框,创建名称为 Fix,分析步(Step)为 Initial,类别为力学：对称/反对称/完全固定(Mechanical：Symmetry/Antisymmetry/Encastre)的边界条件,单击继续...(Continue...)按钮,单击提示区的集...(Sets...),弹出区域选择(Region Selection)对话框,选中 Base-fix,单击继续...(Continue...)按钮,弹出编辑边界条件(Edit Boundary Condition)对话框,选中完全固定(ENCASTRE),单击确定(OK)按钮。

Step 29　单击工具箱中的 创建边界条件(Create Boundary Condition),弹出创建边界条件(Create Boundary Condition)对话框,创建名称为 Tool-move,分析步(Step)为 Orthogonal cutting,类别为力学：速度/角速度(Mechanical：Velocity/Angular velocity)的边界条件,单击继续...(Continue...)按钮,单击提示区的集...(Sets...),弹出区域选择(Region Selection)对话框,选中 ToolRP,单击继续...(Continue...)按钮,弹出编辑边界条件(Edit Boundary Condition)对话框,将 V1 设置为 −1,V2 和 VR3 设置为 0,幅值(Amplitude)选择 Amp-1,单击确定(OK)按钮。

Step 30　单击工具箱中的![icon]创建预定义场（Create Predefined Field），弹出创建预定义场（Create Predefined Field）对话框，创建名称为 Temp-works，分析步（Step）为 Initial，类别为其他：温度（Other：Temp）的初始条件，单击继续…（Continue…）按钮，单击提示区的集…（Sets…），弹出区域选择（Region Selection）对话框，选择 Set-base，单击继续…（Continue…）按钮，弹出编辑预定义场（Edit Predefined Field）对话框，在大小（Magnitude）中输入初始温度 298，单击确定（OK）按钮。

15.3.7　网格划分

Step 31　在环境栏中模块（Module）下拉列表中选择网格（Mesh），进入网格模块。单击工具箱中的![icon]为边布种（Seed Edges），在弹出的局部种子对话框中，基本信息（Basic）选项卡的方法（Method）中选择按个数（By number），尺寸控制（Sizing Controls）中设置单元数（Number of elements）为 20，在图形窗口中选择如图 15-5 所示的线段 AB，完成线段 AB 的单元种子布置。按照相同的操作，给线段 BC、CD、EF、FA 设置相应的种子数目。对于线段 DE，在弹出的局部种子对话框中，基本信息（Basic）选项卡的方法（Method）中选择按个数（By number），偏移（Bias）采用单精度（Single），尺寸控制（Sizing Controls）中设置单元数（Number of elements）为 150，偏心率（Bias ratio）为 5（注意偏移箭头需指向刀具，越靠近刀具种子数越密，如果不是，可单击翻转（Flip）按钮改变方向）。

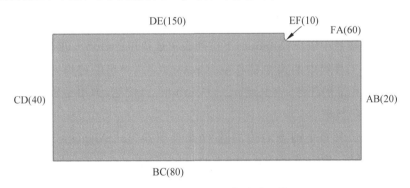

图 15-5　实例 Base-1 各边种子数

Step 32　在菜单栏执行网格（Mesh）→控制属性（Controls），弹出网格控制属性（Mesh Controls）对话框，选择四边形单元（Quad）、结构化网格（Structured）划分技术，其他保持默认设置，单击确定（OK）按钮，此时 Base-1 显示为绿色。

Step 33　在菜单栏执行网格（Mesh）→单元类型（Element Type），弹出单元类型（Element Type）对话框，选择显式（Explicit）、线性（Linear）、温度-位移耦合（Coupled Temperature-Displacement）的 CPE4RT 单元，同时在单元控制属性中设置二阶精度（Second-order accuracy）为是（Yes），如图 15-6 所示，单击确定（OK）按钮。

Step 34　在工具栏单击![icon]为部件划分网格（Mesh Part），选中实例 Base-1，单击提示区的是（Yes）按钮，完成网格划分，单击工具箱中的![icon]检查网格（Verify Mesh），在图形窗口框选 Base-1，单击提示区的完成（Done）按钮，检查网格划分质量。

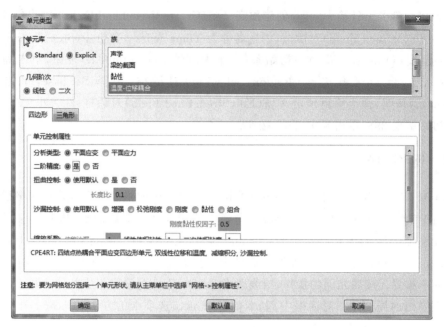

图 15-6　单元类型对话框

15.3.8　提交作业及结果分析

Step 35　在环境栏中模块(Module)下拉列表中选择作业(Job),进入作业模块。

Step 36　单击工具箱中的 ![icon] 创建作业(Create Job),弹出创建作业(Create Job)对话框,创建名称为 cutting 的任务,单击继续…(Continue…)按钮,弹出编辑作业(Edit Job)对话框,单击确定(OK)按钮。

Step 37　单击工具箱中的 ![icon] 右边的 ![icon] 作业管理器(Job Manager),弹出作业管理器(Job Manager)对话框,单击提交(Submit)按钮,提交作业。

Step 38　分析结束后,单击作业管理器(Job Manager)对话框的结果(Results)按钮,进入可视化(Visualization)模块,对结果进行处理。

Step 39　单击工具箱中的 ![icon] 在变形图上绘制云图(Plot Contours on Deformed Shape),在变形图上显示云图,默认为 Mises 应力云图。在菜单栏执行结果(Result)→分析步/帧(Step/Frame)命令,弹出分析步/帧(Step/Frame)对话框,选择分析步为 Orthogonal cutting,帧(Frame)分别选择 $t=0.04$s 和 $t=0.08$s,每次选择后单击应用(Apply)按钮,Mises 应力云图如图 15-7 所示。

Step 40　在菜单栏执行结果(Result)→场输出(Field Output)命令,弹出场输出(Field Output)对话框,选择输出变量 PEEQ,单击确定(OK)按钮,输出等效塑性应变场,如图 15-8 所示。

Step 41　输出刀具参考点在切削过程中的反力变化。单击工具箱中的 ![icon] 创建 XY 数据(Create XY Data),弹出创建 XY 数据(Create XY Data)对话框,在源(Source)中选择

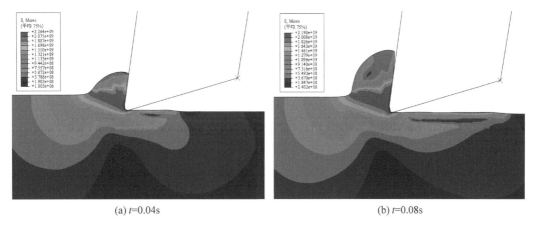

(a) t=0.04s　　　　　　　　　　(b) t=0.08s

图 15-7　实例 Base-1 的 Mises 应力云图（见彩图）

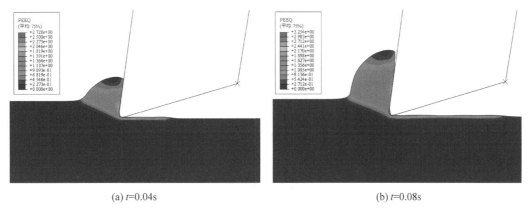

(a) t=0.04s　　　　　　　　　　(b) t=0.08s

图 15-8　实例 Base-1 的等效塑性应变云图（见彩图）

ODB 场变量输出（ODB field output），单击继续…（Continue…）按钮，弹出来自 ODB 场输出的 XY 数据（XY Data from ODB Field Output）对话框，在变量（Variables）选项卡中位置（Position）下拉列表中选择唯一节点的（Unique Nodal），勾选 RF 下的 RF1、RF2。切换到单元/节点（Elements/Nodes）选项卡，方法（Method）中选择节点集（Node sets）：TOOLRP，单击保存（Save）按钮，此时可以在左侧模型树的 XY 数据（XY Data）中看到刚刚保存的两条曲线。单击工具箱中的圕创建 XY 数据（Create XY Data），弹出创建 XY 数据（Create XY Data）对话框，在源（Source）中选择操作 XY 数据（Operate on XY data），弹出操作 XY 数据（Operate on XY data）对话框，在输入表达式框中输入负号，再选中 XY 数据中名称为 RF：RF1 PI：TOOL-1 N：1 的曲线并双击，单击另存为（Save As…），输入名称为 RF1。同理，对 RF：RF2 PI：TOOL-1 N：1 执行相同的操作。完成后，在模型树的 XY 数据中选中刚刚保存的 RF1 和 RF2 两条曲线，单击鼠标右键，单击绘制（Plot）进行绘制，刀具在加工过程中的反作用力如图 15-9 所示。

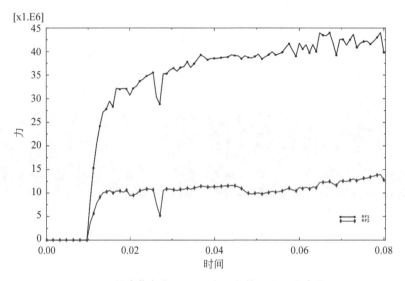

图 15-9   所选节点在 X 和 Y 方向上的反作用力变化图

15.4 学习视频网址

参 考 文 献

[1] 赵腾伦.Abaqus 6.6 在机械工程中的应用[M].北京：中国水利水电出版社,2007.

[2] 丁源.Abaqus 6.14 有限元从入门到精通[M].北京：清华大学出版社,2016.

[3] 江丙云,孔祥宏,树西,等.Abaqus 分析之美[M].北京：人民邮电出版社,2018.

[4] 江丙云,孔祥宏,等.Abaqus 工程实例详解[M].北京：人民邮电出版社,2014.

[5] 庄苗,由小川,廖剑晖,等.基于 Abaqus 的有限元分析和应用[M].北京：清华大学出版社,2009.

[6] 刘展.Abaqus 6.6 基础教程与实例详解[M].北京：中国水利水电出版社,2008.

[7] 石亦平,周玉蓉.Abaqus 有限元分析实例详解[M].北京：机械工业出版社,2006.

[8] 石钟慈,王鸣.有限元方法[M].北京：科学出版社,2010.

[9] 庄苗,张帆,等.Abaqus 非线性有限元分析实例讲解[M].北京：科学出版社,2005.

[10] 马晓峰.Abaqus 6.11 有限分析从入门到精通[M].北京：清华大学出版社,2013.

[11] 曹金凤,石亦平.Abaqus 有限元分析常见问题解答[M].北京：机械工业出版社,2009.

[12] 周贤宾,李硕本.锻压手册(第 2 卷·冲压)[M].3 版.北京：机械工业出版社,2011.

[13] Abaqus 公司中国区技术团队.Abaqus 经典例题集[M].北京：机械工业出版社,2016.